Scientific Governance on Innovation Ecosystem

创新生态与科学治理

——爱科创2021文集

陈 强 邵鲁宁 编著

同济大学出版社·上海

图书在版编目(CIP)数据

创新生态与科学治理：爱科创2021文集 / 陈强，邵鲁宁编著. —上海：同济大学出版社，2022.6
ISBN 978-7-5765-0214-5

Ⅰ.①创… Ⅱ.①陈… ②邵… Ⅲ.①生态环境—环境综合整治—中国—文集 Ⅳ.①X321.2-53

中国版本图书馆CIP数据核字(2022)第074997号

创新生态与科学治理——爱科创2021文集
陈 强 邵鲁宁 **编著**
责任编辑 翁 晗 **助理编辑** 孙铭蔚 **责任校对** 徐春莲 **封面设计** 陈杰妮

出版发行 同济大学出版社 www.tongjipress.com.cn
(地址：上海市四平路1239号 邮编：200092 电话：021-65985622)
经　销 全国各地新华书店
排　版 南京文脉图文设计制作有限公司
印　刷 上海丽佳制版印刷有限公司
开　本 710 mm×960 mm 1/16
印　张 25
字　数 500 000
版　次 2022年6月第1版
印　次 2022年6月第1次印刷
书　号 ISBN 978-7-5765-0214-5

定　价 98.00元

作者简介

尤建新，同济大学经济与管理学院教授，上海市产业创新生态系统研究中心总顾问。

任声策，同济大学上海国际知识产权学院教授，上海市产业创新生态系统研究中心研究员。

许　涛，同济大学创新创业学院教授、创新创业教育研究中心副主任，教育部高等学校创新创业教育指导委员会副秘书长，上海市产业创新生态系统研究中心研究员。

邵鲁宁，同济大学经济与管理学院副教授，上海市产业创新生态系统研究中心副主任。

李佳弥，同济大学经济与管理学院硕士研究生。

陈　强，同济大学经济与管理学院教授，上海市产业创新生态系统研究中心执行主任，上海市习近平新时代中国特色社会主义思想研究中心研究员。

丁佳豪，上海工程技术大学管理学院硕士研究生。

赵程程，上海工程技术大学工业工程与物流系副主任，上海产业创新生态系统研究中心研究员。

周文泳，同济大学经济与管理学院教授、科研管理研究室副主任，上海市产业创新生态系统研究中心副主任，中国工程院战略咨询中心特聘专家。

张晓旭，同济大学经济与管理学院博士研究生。

胡　雯，上海社会科学院信息研究所助理研究员，上海市产业创新生态系统研究中心研究员。

刘　笑，上海工程技术大学管理学院讲师，上海市产业创新生态系统研究中心研究员。

常旭华，同济大学上海国际知识产权学院副教授，上海市产业创新生态系统研究中心研究员。

沈其娟,同济大学高等教育研究所博士后。

蔡三发,同济大学发展规划部部长、联合国环境署—同济大学环境与可持续发展学院跨学科双聘责任教授,上海市产业创新生态系统研究中心副主任。

胡尚文,同济大学上海国际知识产权学院硕士研究生。

钟之阳,同济大学高等教育研究所教师,上海市产业创新生态系统研究中心研究员。

徐　涛,同济大学经济与管理学院博士研究生。

刘虎沉,同济大学经济与管理学院研究员,国家社会科学基金重大项目首席专家。

方海波,同济大学经济与管理学院硕士研究生。

薛奕曦,上海大学管理学院副教授,上海市产业创新生态系统研究中心研究员。

任　婕,上海大学管理学院硕士研究生。

王卓莉,上海大学管理学院硕士研究生。

龙正琴,上海大学管理学院硕士研究生。

鲁思雨,同济大学经济与管理学院硕士研究生。

鲍悦华,上海杉达学院副教授,上海市产业创新生态系统研究中心研究员。

夏星灿,同济大学经济与管理学院硕士研究生。

靳霄琪,同济大学高等教育研究所硕士研究生。

贾　婷,同济大学经济与管理学院博士研究生,大理大学经济与管理学院讲师。

赵小凡,同济大学高等教育研究所硕士研究生。

王倩倩,上海大学管理学院硕士研究生。

龙彦颖,同济大学高等教育研究所硕士研究生。

曾彩霞,同济大学法学院工程师,上海国际知识产权学院博士研究生。

杨　琪,同济大学法学院硕士研究生。

袁娜娜,同济大学法学院硕士研究生。

臧邵彬,同济大学法学院硕士研究生。

史　轲，同济大学法学院硕士研究生。

彭琪琴，同济大学法学院硕士研究生。

马军杰，同济大学法学院副研究员，上海市产业创新生态系统研究中心研究员。

操友根，同济大学上海国际知识产权学院博士研究生。

武小军，同济大学经济与管理学院副教授。

程敏倩，同济大学经济与管理学院硕士研究生。

汪　万，同济大学经济与管理学院博士研究生。

序

不知不觉中,“爱科创”已经走过三个年头。在上海市产业创新生态系统研究中心诸位同仁的共同努力下,第三本“爱科创”文集与大家见面了。2022年3月以来,上海又一次经历了新冠肺炎疫情的严峻考验,文集的整理、审校及出版进程也受到一定程度的影响,较预期的进度延后了较长的一段时间。

党的十九大以来,党中央系统分析全球科技创新竞争态势,深入研判国内外发展形势,坚持把科技创新摆在国家发展全局的核心位置,全面谋划科技创新工作。2021年是“十四五”的开局之年,也是全面建设社会主义现代化国家新征程的第一年,具有里程碑意义。当前,科技创新发展的内外部环境正在发生诸多深刻变化。从国内发展的需要看,国家在总体安全和高质量发展方面的战略需求,以及人民群众对于美好生活的渴望,都需要科技创新提供切实的保障。从科技和产业发展的国际环境看,单边主义、封闭主义、孤立主义迅速抬头,各种试图绕开中国的“圈子”正在形成,对我国科技创新及相关产业领域的进一步发展提出巨大挑战。在这种情况下,更加需要我们保持战略定力,在规律认知、趋势研判及需求把握的基础上,以系统思维进行超前部署,营造良好创新生态,着力增强科技创新治理的效能,推动形成科技创新的体系化能力。作为软科学研究基地,“爱科创”必须为此做出应有的贡献。

2021年,上海市产业创新生态系统研究中心聚焦年度任务,开展持续、稳定、有特色的研究,承担了包括国家社会科学基金重大项目“新形势下进一步完善国家科技治理体系研究”、科技部科技创新战略研究专项项目“促进高质量发展的科技评价体系改革研究”、国家自然科学基金项目“竞争互动视角下企业专利诉讼的时间策略选择机理研究”“全过程视角下高校专利转移多目标决策及归化激励机制研究”、国家社会科学基金项目“平台型企业拒绝交易数据行为的规制研究”等在内的一系列课题的研究工作,召开了“上海高校创新创业调查分析报告暨‘链科创’数据库发布会”“环同济‘十四五’规划专题研讨会”“环同济知识经济圈重点企业座谈会”“浦东打造自主创新新高地专家研讨会”“促进高质量发展的科技评价体系改革研究研讨会”，承办了上海市软科学研究基地 2021 年第二季度沙龙，集成专家智慧，并推进研究成果的社会传播。

“爱科创”能够坚持走下来，离不开上海市科委和同济大学一直以来的指导和支持，也得益于上海市政府发展研究中心、上海市发改委、上海市经信委以及浦东新区、杨浦区等部门和地方的关心和帮助。郑惠强教授、尤建新教授始终以他们的远见卓识，引领中心学术研究和业务发展的方向。目前，中心形成了结构较为合理的研究队伍，既有陈强、周文泳等“六零后”笔耕不辍，也有蔡三发、任声策、许涛、马军杰等“七零后”作为中坚力量，还有邵鲁宁、常旭华、鲍悦华、钟之阳、赵程程、曾彩霞、薛奕曦、胡雯、宋燕飞、敦帅、贾婷等“八零后”冲锋陷阵，更有尤筱玥、刘笑、徐涛、荣俊美、官磊、张晓旭、沈天添、汪万、杜梅、刘海睿、王浩、鲁思雨、夏星灿、李佳弥、梁佳慧等一众“九零后”源源跟进，更为可喜的是，杨溢涵、吴诗等“零零后”新生代也陆续加入“爱科创”队伍，增添了无穷的青春活力。

创新生态需要不断迭代更新，“爱科创”也永远在路上。我们愿与您共同努力，为繁荣产业创新生态的相关研究发光发热。

陈　强　邵鲁宁

2022 年 6 月

目 录

·科创中心建设·

·高校发展与科技成果转化·

·他山之石·

·新经济、新产业、新模式、新技术与创新治理·

创新生态的理论基础

解放思想，多维度认识软实力

| 尤建新

一、如何认识软实力

关于软实力的说法，往往见仁见智，没有标准答案。因为如果成为示范，一般而言会害人不浅；如果找到标杆，那可能就封杀了创新。对于这个问题，视角不同，回答不同。硬实力和软实力本身是一对相对概念，界限时而模糊。有些东西看似是软实力，但在某些情况下也是硬实力的一种体现，反之亦然。正确认识软实力的一个重要意义在于不忘初心。口是心非容易，言行一致很难。不忘初心要求我们用一颗朴素之心对待复杂的事情，要从"为人民谋幸福"的视角出发去思考和实践。

城市、企业、大学等各个组织都有软实力的概念，从城市的角度来看，首先要解放思想，多维度认识城市软实力。哈佛大学教授约瑟夫·奈(Joseph Nye)首创了"软实力"(Soft Power)概念，他认为软实力即一切非物化要素所构成的实力。简单来说，看得见、摸得着的是硬实力，而软实力就是硬实力之外的东西，看不见、摸不着，但是它存在着。如今数字化、互联网的发展使得许多我们原来看不见的东西能够被看见了，但是不一定能够被摸着，这也是一种软实力。因此很多事情我们必须要解放思想来看待。

二、GDP 体现的是城市硬实力还是软实力

在衡量城市实力时，国内生产总值(Gross Domestic Product, GDP)是最常使用到的指标之一。城市 GDP 是衡量一个城市发展能力和经济水平的主要指标，并且影响城市居民的归属感。城市 GDP 水平体现的不仅仅是硬实力——城市之间进行经济实力排名时，这个指标衡量的是硬实力，而谈到居民归属感的时候，这个指标衡量的又是软实力。由此可见，硬实力与软实力往往相辅相成，你中有我，我中有你。此外，人均 GDP 更是一个重要的维度，关系到城市居民的生

活水平，包括物质和精神层面的幸福水平。因此衡量城市的发展水平需要一个综合的评估体系，在探讨城市发展时，不能忽视 GDP 的作用，但也不能只看 GDP 这一个指标。在关注硬指标的同时，也要思考非物化要素包括哪些。文化(价值观)、体制机制的感召力等都是关键要素，同时也还要去发掘更多的要素。

三、提升城市软实力还有哪些挑战

第一，重视硬实力建设，轻视软实力建设。比如，我们很重视楼宇和道路建设，特别是重视建设速度，但轻视了全生命周期的规划、设计和运维等的系统建设。这需要我们加大对软实力的重视程度，因为在某种程度上软实力建设的重要性会超越硬实力。

第二，提升软实力的目的和目标不明确，甚至存在认知上的差异，这会导致效率降低，拖累硬实力的提升。

第三，对软实力的评价指标及其量化的认识和研究不充分。这方面的严重滞后导致了评价的“正确性”缺失，如果城市软实力的提升效果难以被正确衡量，那就会导致努力的方向出现偏差和动力不足。

四、如何提升城市软实力?

提升城市软实力，必须了解城市软实力的两个重要方面。第一，人才流动。人才流动是城市软实力的一个重要指示器。人才流动背后有哪些要素作为支撑? 从个人和家庭的视角，主要包括吃穿住行娱、教科文卫体这十个要素。从个人和企业发展视角，则包括经济和社会生态(市场生态)要素，这些也是个人与家庭支撑的基础。第二，市场生态。一般研究都会认为政府是政策制定者，从而把市场生态建设归结为政府的责任，其实，企业才是狠角色。因为企业是市场和创新的主体。市场和创新生态如何，需要看企业的创新态度和水平。政府和企业在健全市场生态方面的作用是相辅相成的:政府搭台，企业表演，政府和企业对于建设好这个舞台有共同的责任。如果没有名角到舞台上参演，那舞台效果就体现得不够好;如果演员在舞台上演不出很厉害的角色，相应地，舞台建设也上不去。

企业与城市是相辅相成、共荣共生的，提升城市软实力，企业责无旁贷。对应以上两个方面，企业必须发挥自己的作用。首先，从人力资源角度来看，城市软实力的提升有助于企业创新水平和竞争力的提升，尤其是人力资源的贡献。

同时,企业也是城市软实力提升的主力军,其贡献的不仅仅是 GDP,对人力资源的贡献作用是双向的。其次,从健康市场生态角度看,体制机制为健康市场生态创造宏观环境,而企业作为市场主体为健康市场生态注入活力。再次,从企业家精神角度来看,这是企业在提升城市软实力方面的溢出效应,其作用力不亚于企业为 GDP 所创造的贡献。

五、解放思想:多维度赋能

对软实力的多维度认识一定程度上也能够帮助我们厘清高质量发展的思路。高质量发展的场景是大质量,超越了微观狭义的质量。例如,大质量融合了可持续的概念,对质量的评估已经超越了生产制造产品和满足顾客需求的范畴,而且要考虑可持续发展的因素。高质量发展依仗的也是高(多)维度赋能。高质量的衡量是相对概念,供需视角下都是取得资源竞争优势的考量,即具备降维打击的能力。软实力赋能也是同样的道理,企业如此,城市也是如此。以基础设施为例,基础设施的许多概念转变就是随着人们对软实力的认识加深而改变的。高质量发展视角下,基础设施已经突破了传统的硬实力局限,教科文卫体等因素丰富了生命的内涵,成为生命线工程的必要设施。

归根结底,提升软实力必须解放思想。解放思想,就是破除边界,打破思维的禁锢,达到无界。我们必须从多个维度去思考,为什么全世界的人才都向发达国家或发达地区集聚?其背后强大的软实力是什么?而企业对于"发达"体现的软实力有什么贡献?碳排放、大数据、人工智能等表象背后的逻辑又是什么?一个可能的答案是:提升软实力的最重要因素之一在"人"。所有的政策、制度、生态的设计和建设都应该围绕人来展开。只有我们的城市、企业以及学校以人为本,注重人的成长发展,人才才会感受到强大的吸引力并慕名而来,才会为城市、企业、学校的发展做出贡献,才能使软实力得到真正的提升。

(本文根据尤建新教授在 2021 发展与管理论坛上的发言整理而成)

从习近平论创新看新时代我国科技创新十大关系（2013—2017）

| 任声策

通过总结习近平总书记关于科技创新的论述，可以归纳出新时代我国科技创新中的十大关系。这十大关系主要涉及三大方面：科技创新的领域、科技创新的组织、科技创新与社会经济发展。科技创新的领域包括：人和物的关系，基础研究和应用研究的关系，科技和经济的关系；科技创新的组织包括：政府和市场的关系，科技创新和制度创新的关系，中央和地方的关系；科技创新与社会经济发展包括：知识产权保护和社会发展的关系，创新和就业的关系，科技创新和制度创新的关系，自主创新和开放的关系。

一、关于科技创新的领域

1. 人和物的关系。人与物是科技创新的两个基本条件，人才是创新的根源。科技创新要取得突破，不仅需要各类科学研究基础设施等物质条件，更需要大量科技人才发挥潜能。习近平总书记在网络安全和信息化工作座谈会上指出："'功以才成，业由才广。'科学技术是人类的伟大创造性活动。一切科技创新活动都是人做出来的。我国要建设世界科技强国，关键是要建设一支规模宏大、结构合理、素质优良的创新人才队伍，激发各类人才创新活力和潜力。要极大调动和充分尊重广大科技人员的创造精神，激励他们争当创新的推动者和实践者，使谋划创新、推动创新、落实创新成为自觉行动。"目前，我国科技投入中存在"偏重对物的投入、忽视对人的投入"问题。习近平总书记指出："总体上看，现在一些地方和部门，科技资源配置分散、封闭、重复建设问题比较突出，不少科研设施和仪器重复建设和购置，闲置浪费比较严重，专业化服务能力不高。要从健全国家创新体系、提高全社会创新能力的高度，通过深化改革和制度创新，把公共财政投资形成的国家重大科研基础设施和大型科研仪器向社会开放，让它们更好为科技创新服务、为社会服务。"新时代尤其需要重视科技创新的人才问题。习近平总书记指出:“用好人才,重点是科技人员。科学家毕竟是少数,数量庞大的科研人员是创新的主力军。用好科研人员,既要用事业激发其创新勇气和毅力,也要重视必要的物质激励,使他们‘名利双收’。名就是荣誉,利就是现实的物质利益回报,其中拥有产权是最大激励。”

2. 基础研究和应用研究的关系。基础研究是建设创新强国的保障,基础研究和应用研究需要形成良性循环,从而能够“面向世界科技前沿、面向经济主战场、面向国家重大需求”产生更多更大的创新成就。新时代我国特别需要加强基础研究、提升原始创新能力,特别是解决“卡脖子”技术问题,“要在关键领域、卡脖子的地方下大功夫”。习近平总书记强调:“核心技术的根源问题是基础研究问题,基础研究搞不好,应用技术就会成为无源之水、无本之木。”“对承担国家基础研究、前沿技术研究、社会公益技术研究的科研院所,要以增强原始创新能力为目标,尊重科学、技术、工程各自运行规律,扩大院所自主权,扩大个人科研选题选择权。对已经转制的科研院所,要以增强共性技术研发能力为目标,进一步实行精细化的分类改革,实行一院一策、一所一策,有些要公益为主、市场为辅,形成产业技术研发集团;有些要进一步市场化,实现混合所有制,建立产业技术联盟;有些要考虑回归公益,改组成国家重点实验室,承担国家任务。”加强基础研究需要建设良好的基础研究环境。“科技创新,需要基础研究引领和支撑。要想让科学家多出成果,必须给他们创造条件。在基础研究领域,也包括一些应用科技领域,要尊重科学研究灵感瞬间性、方式随意性、路径不确定性的特点,允许科学家自由畅想、大胆假设、认真求证。”

3. 科技和经济的关系。创新是经济发展的第一动力,科技创新必须应用于经济主战场才能形成科技和经济的良性关系。习近平总书记强调:“着力推动科技创新与经济社会发展紧密结合。科研和经济联系不紧密问题,是多年来的一大痼疾。这个问题解决不好,科研和经济始终是‘两张皮’,科技创新效率就很难有一个大的提高。科技创新绝不仅仅是实验室里的研究,而是必须将科技创新成果转化为推动经济社会发展的现实动力。”“创新不是发表论文、申请到专利就大功告成了,创新必须落实到创造新的增长点上,把创新成果变成实实在在的产业活动。”“经过一定范围论证,该用的就要用。我们自己推出的新技术新产品,在应用中出现一些问题是自然的。可以在用的过程中继续改进,不断提高质量。如果大家都不用,就是报一个课题完成报告,然后束之高阁,那永远发展不起来。”新时代,我国需要大力提升科学研究与市场应用之间的衔接机制,将科学研究的力量充分释放。

二、关于科技创新的组织

1. 政府和市场的关系。习近平总书记在党的十八届三中全会上提出:“使市场在资源配置中起决定性作用和更好发挥政府作用”“更好发挥政府作用,不是要更多发挥政府作用,而是要在保证市场发挥决定性作用的前提下,管好那些市场管不了或管不好的事情。”政府和市场在科技创新中均具有重要作用,两者在创新系统中扮演不同的角色。处理好科技创新中政府和市场的关系,需要充分发挥政府和市场的功能,特别是使企业成为创新主体。习近平总书记强调:“实践证明,产业变革具有技术路线和商业模式多变等特点,必须通过深化改革,让市场真正成为配置创新资源的力量,让企业真正成为技术创新的主体。特别是要培育公平的市场环境,发挥好中小微企业应对技术路线和商业模式变化的独特优势,通过市场筛选把新兴产业培育起来。同时,政府要管好该管的,在关系国计民生和产业命脉的领域,政府要积极作为,加强支持和协调,总体确定技术方向和路线,用好国家科技重大专项和重大工程等抓手,集中力量抢占制高点。”“政府和市场需要做好分工,能由市场做的,要充分发挥市场在资源配置中的决定性作用,政府从分钱分物的具体事项中解脱出来,提高战略规划水平,做好创造环境、引导方向、提供服务等工作。”当前,我国企业在科技创新中的主体作用亟待加强。“要进一步突出企业的技术创新主体地位,使企业真正成为技术创新决策、研发投入、科研组织、成果转化的主体,变‘要我创新’为‘我要创新’。”[1]新时代,我国需要进一步完善营商环境、发挥市场作用。

2. 科技创新和制度创新的关系。习近平总书记在2016年两院院士大会上指出:“创新是一个系统工程,创新链、产业链、资金链、政策链相互交织、相互支撑,改革只在一个环节或几个环节搞是不够的,必须全面部署,并坚定不移推进。科技创新、制度创新要协同发挥作用,两个轮子一起转。”2018年5月28日,习近平总书记在两院院士大会上再次强调:“要坚持科技创新和制度创新‘双轮驱动’,以问题为导向,以需求为牵引,在实践载体、制度安排、政策保障、环境营造上下功夫,在创新主体、创新基础、创新资源、创新环境等方面持续用力,强化国家战略科技力量,提升国家创新体系整体效能。”制度创新是科技创新的保障,是高效协同创新体系的关键。制度创新需要“解决好‘由谁来创新’‘动力哪里来’‘成果如何用’三个基本问题,培育产学研结合、上中下游衔接、大中小企业协同的良好创新格局。”当前，“最为紧迫的是要进一步解放思想，加快科技体制改革步伐，破除一切束缚创新驱动发展的观念和体制机制障碍。”我国科技创新相关制度仍然存在许多需要完善的地方，例如，“我国的科技计划在体系布局、管理体制、运行机制、总体绩效等方面都存在不少问题，突出表现在科技计划碎片化和科研项目取向聚焦不够两个问题上”[2]。因此，制度创新依然是新时代我国科技创新体系建设中的关键任务，是建设良好创新环境的根本，也是建设现代化经济体系的核心。

3. 中央和地方的关系。在国家创新体系中，中央和地方之间应形成良好的协同关系，分工协作，各有侧重，区域创新体系和国家创新体系相互强化。习近平总书记指出：科技创新中“中央和地方分工，中央政府侧重抓基础，地方要更多抓应用”。我国中央与地方科技事权和支出责任划分中存在突出问题：一是政府和市场的职责边界不清；二是中央科技事权分散，部门事权交叉；三是地方科技事权采用跟随战略，支出责任与事权不匹配。新时代，需要发挥中央和地方两方面积极性，强化地方在区域创新中的主导地位，按照经济社会和科技发展的内在要求，整体谋划、有序推进科技体制改革。

4. 规模和效率的关系。创新投入是科技创新的保障，在加大投入规模的基础上，资源的使用效率至关重要。习近平总书记指出：“要保持财政对科技的投入力度，并全面提高科技资金使用效率。投入加大了，但不能浪费了、挥霍了，或者以各种形式进入个人腰包了，那就打水漂了。科研资金要进一步整合，不能分割和碎片化，不要作为部门的一种权威和利益，该集中的就要合理集中起来。”目前，我国科技创新资源的使用效率有较大提升空间。习近平总书记指出：“总体上看，现在一些地方和部门，科技资源配置分散、封闭、重复建设问题比较突出，不少科研设施和仪器重复建设和购置，闲置浪费比较严重，专业化服务能力不高。要从健全国家创新体系、提高全社会创新能力的高度，通过深化改革和制度创新，把公共财政投资形成的国家重大科研基础设施和大型科研仪器向社会开放，让它们更好为科技创新服务、为社会服务。推进这项改革要细化公开有关实施操作办法，加强统筹协调，一些探索性较强的问题可先试点。”

三、关于科技创新与社会经济发展

1. 知识产权保护和社会发展的关系。知识产权制度是促进创新的基本制度，在保护创新成果的同时促进创新扩散和技术进步。习近平总书记强调：“要加强知识产权保护工作,依法惩治侵犯知识产权和科技成果的违法犯罪行为。”“政府要做好加强知识产权保护、完善促进企业创新的税收政策等工作。要强化激励,用好人才,使发明者、创新者能够合理分享创新收益。要加快建立主要由市场评价技术创新成果的机制,打破阻碍技术成果转化的瓶颈,使创新成果加快转化为现实生产力。”“在构建国家创新体系特别是保护知识产权、放宽市场准入、破除垄断和市场分割等方面提出管长远的改革方案。”加强知识产权保护是我国促进创新的基本方向,但是,考虑到我国经济发展不平衡不充分,依然须注意妥善平衡知识产权保护和社会发展之间的关系,尤其是从社会福利角度满足落后地区人民日益增长的美好生活需要。

2. 创新和就业的关系。创新是为了发展,更是为了解决我国社会主要矛盾,满足人民日益增长的美好生活需要,因此必须处理好创新和就业的关系。习近平总书记强调:“在加快实施创新驱动发展战略的过程中要处理好创新和就业关系。我国发展面临双重矛盾,一方面要加快创新、形成新的增长动力,另一方面加快创新必然引起技术落后企业关停并转,带来相当数量的失业。有人说,现在是科技进步和教育在赛跑,结果是科技跑赢了,教育跑输了。科技进步和创新创造了很多新的业态,但劳动力难以适应,造成了大量结构性失业。我们必须从我国人口众多的国情出发,我们还处于社会主义初级阶段,还是一个发展中国家,还有很多贫困人口。要把握好科技创新和稳定就业的平衡点,既要坚定不移加快创新,也要实施有效的社会政策特别是教育和社保政策,解决增强劳动人口就业能力和保障基本生活问题,确保社会大局稳定。”

3. 自主创新和开放的关系。新时代我国必须加强自主创新,开放与自主创新之间的关系是辩证统一的,因此,也需要充分运用全球创新资源。习近平总书记指出:“我国的经济体量到了现在这个块头,科技创新完全依赖国外是不可持续的。我们毫不动摇坚持开放战略,但必须在开放中推进自主创新。”[3]“要正确处理开放和自主的关系。核心技术要立足自主创新、自立自强,但不是关起门来搞研发,要坚持开放创新。”“我们强调自主创新,绝不是要关起门来搞创新。在经济全球化深入发展的大背景下,创新资源在世界范围内加快流动,各国经济科技联系更加紧密,任何一个国家都不可能孤立依靠自己力量解决所有创新难题。要深化国际交流合作,充分利用全球创新资源,在更高起点上推进自主创新,并同国际科技界携手努力,为应对全球共同挑战作出应有贡献。”[3]“我们不拒绝任何新技术,新技术是人类文明发展的成果,只要有利于提高我国社会生产力水平、有利于改善人民生活，我们都不拒绝。问题是要搞清楚哪些是可以引进但必须安全可控的，哪些是可以引进消化吸收再创新的，哪些是可以同别人合作开发的，哪些是必须依靠自己的力量自主创新的。”

参考文献

[1] 习近平. 为建设世界科技强国而奋斗[M]. 北京：人民出版社，2016：13-14.

[2] 李振国，温珂，方新. 中央与地方科技事权和支出责任划分研究——基于分级制试验与控制权分配的视角[J]. 管理世界，2018，34(7)：26-31.

[3] 霍小光. 习近平考察中科大：要在开放中推进自主创新[EB/OL]. 新华网，(2016-04-27). http://www.xinhuanet.com/politics/2016-04/27/c_1118744858.htm.

加强通过国家最高科学技术奖弘扬科学精神

——记国家最高科学技术奖20周年

| 任声策

2021年是我国国家最高科学技术奖颁发20周年。2001年2月19日，国家科学技术奖励大会授予吴文俊、袁隆平2000年度国家最高科学技术奖。这是我国在1999年发布的《国家科学技术奖励条例》中首次决定设立国家最高科学技术奖后第一次颁发该奖。国家最高科技奖授予在当代科学技术前沿取得重大突破或者在科学技术发展中有卓越建树的或在科学技术创新、科学技术成果转化和高技术产业化中创造巨大经济效益、社会效益、生态环境效益或者对维护国家安全做出巨大贡献的公民，每年评选一次，每次授予不超过两名，由国家主席亲自签署并颁发荣誉证书、奖章，2019年起奖金由500万元增加到800万元。设立国家最高科学技术奖是为了在全社会形成尊重知识、尊重科学、尊重人才、激励创新的良好氛围，调动广大科技工作者的积极性和创造性，深入推进创新驱动发展战略实施。

国家最高科学技术奖颁发20周年来，除了2004年度和2015年度空缺之外，获奖科学家共有33位，其中只有三个年度为单人获奖（分别为2002年度计算机科学家金怡濂、2006年度遗传学家李振声、2014年度核物理学家于敏），其他年度均为两人获奖。获奖人中，按领域分布初步统计为：工程技术领域13人，医学与生物科学8人，物理学8人，数学和化学各2人。

一、国家最高科技奖与科学精神

科学精神的本质是求真和创新。“科学精神是科学的灵魂，以求实和创新为核心诉求，是现实可能性和主观能动性的结合。其中，现实可能性来自对客观性的追求，主观能动性则体现为强烈的创新意识。”其内涵主要包括理性信念、实证方法、批判态度、试错模式[1]。竺可桢认为科学精神就是“只问是非不计利害”。R. K. 默顿（R. K. Merton）在《科学的规范结构》中指出科学精神主要有四个特征:普遍性、无私利性、无偏见性、有条件的怀疑。科学精神源于古希腊,是一种“超越任何功利的考虑、为科学而科学、为知识而知识”的精神[2]。随着人类文明发展,科技进步加速,科学精神得以不断加强。我国五四运动时期,科学精神伴随科学救国而兴,中华民族在从科学救国、科教兴国到科技强国的历程中,对科技创新和科学精神的认识也不断加深。《中共中央关于制定国民经济和社会发展第十四个五年规划和二〇三五年远景目标的建议》提出“坚持创新驱动发展,全面塑造发展新优势”,要求弘扬科学精神和工匠精神,加强科普工作,营造崇尚创新的社会氛围。

国家最高科技奖获奖者是科学精神的最佳代表。科学家精神虽然不同于科学精神,但是科学精神的生动体现。“一代又一代的科学家,以追求客观真理为目标,自由探索、理性质疑、执着求新,为人类的进步、幸福和自我解放而不懈奋斗,展示了科学精神对塑造人类精神世界的引领作用。”[3]在 2020 年 9 月 11 日召开的科学家座谈会上,习近平总书记提出要大力弘扬科学家精神,号召广大科技工作者要肩负起历史赋予的科技创新重任。2019 年 5 月,中共中央办公厅、国务院办公厅印发了《关于进一步弘扬科学家精神加强作风和学风建设的意见》,明确了新时代科学家精神的内涵,包括爱国精神、创新精神、求实精神、奉献精神、协同精神、育人精神,对践行和弘扬新时代科学家精神、加强作风和学风建设等提出了具体要求。国家最高科技奖获得者均是在科学技术领域执着探索、实现重大贡献的科学家,他们是科学精神的生动写照。例如,2000 年度获奖者袁隆平先生 90 岁时,仍然“每天到田里看看”“满脑子都是稻子的事情”。

国家最高科技奖评奖制度和评价过程也是科学精神的体现。首先,国家最高科技奖评奖的评奖制度体现了科学精神,《国家科学技术奖励条例》对国家科学技术奖的设置、评审和监督工作,提名、评审和授予过程作了规定,对候选者、获奖者、评审委员、评审专家和提名专家、学者、相关机构,评审组织工作人员的法律责任提出了明确要求,目标是公平公正评选出符合要求的获奖者。其次,在执行层面,国家最高科技奖评奖工作体现了科学精神。评审坚持按照规定标准、严格按照程序评选,宁缺毋滥,因而产生 2004 和 2015 年度两次空缺,据悉 2015 年度的第二轮评审中三位候选人的得票数均未过半,有的候选人就差“一两票”。

二、当前比以往任何时期更需要弘扬科学精神

当前,我国比以往任何一个时期更需要弘扬科学精神。这是国际国内科技

发展的要求，是我国治理体系和治理能力现代化的要求，是当下新冠肺炎疫情防控的要求，也是弥补我国科学精神不足的现实要求。

首先，当前我国的科技发展更加需要弘扬科学精神。一是科技发展环境使然。国际方面，当今国际竞争与合作更加依赖科技实力，我国发展环境正面临深刻复杂变化，新一轮科技革命和产业变革深入发展，国际力量对比深刻调整，国际形势面临保护主义、霸权主义威胁。国内方面，我国虽已进入高质量发展阶段，但发展不平衡不充分问题仍然突出，创新能力不适应高质量发展要求，新发展格局亟需科技支撑。党的十九届五中全会提出，“坚持创新在我国现代化建设全局中的核心地位，把科技自立自强作为国家发展的战略支撑”，突出了科技发展的空前重要性。二是我国已具备大力发展科技的条件。我国科技人才、国家决心、经济实力、奋斗精神、稳定发展趋势等科技发展基础坚实，这些是科学精神的共生基础。因此，就内外部条件和现实条件而言，当前比以往任何时期更需要弘扬科学精神。

其次，我国治理体系和治理能力现代化更需要科学精神。十九届四中全会《关于坚持和完善中国特色社会主义制度推进国家治理体系和治理能力现代化若干重大问题的决定》提出，构建系统完备、科学规范、运行有效的制度体系，加强系统治理、依法治理、综合治理、源头治理，把我国制度优势更好转化为国家治理效能。实现这一宏伟目标必须贯彻科学精神。正因如此，《决定》在重点部署中充分体现了科学精神。例如提出“坚持和完善党的领导制度体系，提高党科学执政、民主执政、依法执政水平”；又如在“提高党依法治国、依法执政能力”中强调“全面推进科学立法、严格执法、公正司法、全民守法，推进法治中国建设”；在“坚持和完善中国特色社会主义行政体制，构建职责明确、依法行政的政府治理体系”中强调“使政府机构设置更加科学、职能更加优化、权责更加协同”；在“坚持和完善党和国家监督体系，强化对权力运行的制约和监督”中强调“形成决策科学、执行坚决、监督有力的权力运行机制”，等等。

再次，当前新冠肺炎疫情防控更需要科学精神。2020年以来，新冠肺炎疫情肆虐全球，各国新冠肺炎疫情防控举措是科学精神的重要展现。个别国家因在新冠肺炎疫情防控中科学精神不足而遭受严重冲击，人民和社会遭受重大损失。我国面对新冠肺炎疫情，“能够秉持科学精神，把遵循科学规律贯穿到决策指挥、病患治疗、技术攻关、社会治理各方面全过程”。习近平总书记在全国抗击新冠肺炎疫情表彰大会上总结的“生命至上、举国同心、舍生忘死、尊重科学、命运与共的伟大抗疫精神”，其中就包括了科学精神，因此而取得的抗疫成就也充分彰显了中国担当。如今，疫情仍在全球持续，我们更需要坚持弘扬科学精神，争取尽早战胜疫情。

最后，科学精神在我国依然有很大提升空间。无论是科技工作者，还是社会公众，抑或政府公务人员和媒体工作者，均需要提升科学精神。当前，我国科技领域仍存在学术造假、诚信缺失、浮躁功利等饱受诟病的不良风气，是科学精神缺失的体现。社会上各种谣言、骗局不断，算命看相、求神拜佛等迷信活动不绝。部分公务人员好大喜功，片面追求速度和规模、搞形象工程，忽视科学规律。个别媒体报道中存在一些缺乏论证、以讹传讹现象。可见，各个领域的科学精神均难以满足未来发展的需求，亟需加快提升。

三、加强通过国家最高科技奖弘扬科学精神

当前应通过加强对国家最高科技奖相关事迹的宣传，加快弘扬科学精神。特别需要面向科技工作者、社会公众、公务人员及媒体工作者开展科学精神普及和提升工作。

一是提升科技工作者的科学精神。我国科技工作者的科学精神虽在过去30 年进步显著，但是一些不良风气仍然广泛存在，与新时代对科学精神的要求形成明显冲突。弘扬科学精神需要与破除不良风气和创新体制机制同步推进。

二是提升社会公众的科学精神。随着基础教育普及，公众科学精神有所提升，但求真务实之风仍需不断加强。近年来，百姓盲信受骗，企业家、投资者违背科学精神事件不绝于耳。公众科学精神需要与时俱进，与社会诚信、市场生态协同升级。

三是提升政府公务人员的科学精神。我国公务人员队伍总体能力较好，但需要坚持实事求是作风，加强调查研究，密切联系群众，加强科学决策，不断完善科学的治理体系。切忌好大喜功、重表轻里。国家最高科技奖获奖者事迹中必然有值得公务人员学习的科学精神。

四是提升媒体工作者的科学精神。媒体工作者的科学精神对全社会科学精神提升起基础作用。进入自媒体时代后，媒体工作者的范围发生了巨大改变，首先需要媒体从业者、从业机构对科学精神有更高目标，切不能将科学精神置于利益之下。其次是媒体有义务监督提升关联自媒体用户的科学精神。只有如此，才能形成科学精神普及的健康基础。

总之，科学精神是我国迈向第二个一百年奋斗目标的重要文化支撑，需要全社会积极倡导和践行。国家最高科技奖获奖者事迹是弘扬科学精神的极佳素材，而国家最高科技奖首次颁发 20 周年之际，是系统设计并弘扬科学精神的好时机。

参考文献

[1] 刘大椿. 论科学精神[J]. 工会信息，2019(10)：4-7.
[2] 吴国盛. 科学精神的起源[J]. 科学与社会，2011，1(1)：94-103.
[3] 潜伟. 科学文化、科学精神与科学家精神[J]. 科学学研究，2019，37(1)：1-2.

共同富裕呼唤“共同富裕”式创新

| 任声策

习近平总书记在全国脱贫攻坚总结表彰大会上的讲话中强调，“实现共同富裕是社会主义的本质要求，是党和政府的重大责任”，并在《扎实推动共同富裕》一文中指出，现在已经到了扎实推动共同富裕的历史阶段，需要分阶段促进共同富裕：“到‘十四五’末，全体人民共同富裕迈出坚实步伐，居民收入和实际消费水平差距逐步缩小。到2035年，全体人民共同富裕取得更为明显的实质性进展，基本公共服务实现均等化。到本世纪中叶，全体人民共同富裕基本实现，居民收入和实际消费水平差距缩小到合理区间”，提出“鼓励勤劳创新致富、坚持基本经济制度、尽力而为量力而行、坚持循序渐进”等总体原则，以及坚持以人民为中心、在高质量发展中促进共同富裕，“提高发展的平衡性、协调性、包容性；着力扩大中等收入群体规模；促进基本公共服务均等化；加强对高收入的规范和调节；促进农民农村共同富裕”等基本思路。乡村产业生态系统创新和制度创新等“共同富裕”式创新是解决共同富裕关键问题的重要途径。

一、共同富裕要解决的关键问题

促进共同富裕，首先是要富裕，要增加人民收入。“不是所有人都同时富裕，也不是所有地区同时达到一个富裕水准”，要允许一部分人先富起来，也要强调先富带后富。因此，一要国家经济保持持续健康高质量发展，这是共同富裕的基本盘；二要推动更多低收入人群迈入中等收入行列，防止脱贫人群返贫，这是共同富裕的净增盘。

促进共同富裕，目标是全体人民共同富裕，即“不是少数人的富裕，也不是整齐划一的平均主义”，要缩小收入差距，防止两极分化。“我国发展不平衡不充分问题仍然突出，城乡区域发展和收入分配差距较大。新一轮科技革命和产业变革有力推动了经济发展，也对就业和收入分配带来深刻影响，包括一些负面影响，需要有效应对和解决。”因此要构建协同配套的分配制度，促进社会公平正义。

二、共同富裕问题需要“共同富裕”式创新解决

面对共同富裕所需要解决的核心问题，科技创新和制度创新仍然是基本解决之道。坚持高质量创新推动高质量发展是基本盘，是全要素生产率提升、国家财富持续积累的动力之源，也是共同富裕的大前提。正如《关于支持浙江高质量发展建设共同富裕示范区的意见》强调“以改革创新为根本动力，在高质量发展中扎实推动共同富裕”“提高发展质量效益，夯实共同富裕的物质基础”。在基本盘发展基础上，需要进一步聚焦共同富裕，开展“共同富裕”式创新。

对于增加收入问题，已有面向低收入群体的创新理念难以从实质上解决共同富裕问题中的低收入人群收入增长问题。BOP 创新和开辟式创新是面向低收入群体开发创新产品或服务的理念，前者为面向金字塔底部用户即低收入群体市场的创新，后者提出面向未消费市场开发创新产品或服务的理念；节俭式创新则强调在资源有限条件下如何开展创新。这些观念虽然对提升低收入群体的消费水平有很大参考价值，但是对提升低收入人群的收入水平却无能为力。因此，必须找到并借助其他创新思路。

增加低收入人群收入，最艰巨最繁重的任务在农村，“共同富裕”式创新必须做好农村产业创新，农村产业发展是增加农村人群收入的根本路径，因此要通过乡村产业生态系统创新开辟新时代的农村致富模式。如何构建乡村产业生态系统，是新时代乡村发展必须回答的问题。以安徽凤阳小岗村率先开启的包产到户的“大包干”为例，“共同富裕”式创新要探索的新命题是：我们是否需要新时代的“小岗村”，新时代的“小岗村”会是什么模样？新时代的“小岗村”，不一定是制度创新，可以是制度创新和产业创新协同，切切实实帮助农村升级产业生态系统。

新时代的乡村产业生态系统具有创新发展机遇。一是一些地区城乡融合发展的基础条件得到了大幅改善，交通、通信等基础设施瓶颈不断被突破；二是一些地区乡村生产要素得到激活，生活配套设施得到完善；三是部分城市产业发展空间和其他约束日益明显，向乡村溢出、与乡村融合的意向在增强。习近平总书记在《扎实推动共同富裕》中强调“要全面推进乡村振兴，加快农业产业化，盘活农村资产，增加农民财产性收入，使更多农村居民勤劳致富”。通过产业发展增加收入是勤劳智慧促进共同富裕的基本途径。

对于缩小差距问题，则需要通过积极探索制度创新缩小差距和有效克服部

分产业技术创新导致差距扩大来解决。现有研究认为，我国地区差距、全要素生产率差距并未显著缩小，甚至存在部分地区差距加大的现象。新一轮科技革命对就业和收入分配存在潜在的负面影响，特别是对于农村和基层、欠发达地区，会给缩小差距带来障碍，正如《关于支持浙江高质量发展建设共同富裕示范区的意见》要求“以解决地区差距、城乡差距、收入差距问题为主攻方向，更加注重向农村、基层、相对欠发达地区倾斜，向困难群众倾斜”。

制度创新是缩小差距的基本驱动力。促进共同富裕的制度创新是新挑战。习近平总书记指出，“我们对解决贫困问题有了完整的办法，但在如何致富问题上还要探索积累经验”，我们在共同富裕上更需要探索积累经验。“构建初次分配、再分配、三次分配协调配套的基础性制度安排，加大税收、社保、转移支付等调节力度并提高精准性”，如何促进基本公共服务均等化，如何改善城乡居民居住条件，如何完善社会保障，如何实现先富带后富，这些问题仍需要“共同富裕”式制度创新予以回应。

新一轮科技革命对就业和收入分配存在潜在的负面影响这一问题值得研究。人工智能和数字技术创新发展，既有缩小地区差距的可能，也存在扩大地区和人群之间收入差距的可能。当前，我国数字经济发展存在显著的地区不平衡。因此，如何在新技术发展过程中，积极运用制度创新等手段，克服地区差距扩大、收入差距扩大的倾向，值得在追求共同富裕的道路中加以重视。

习近平总书记强调：“要实现 14 亿人共同富裕，必须脚踏实地、久久为功。不同人群不仅实现富裕的程度有高有低，时间上也会有先有后，不同地区富裕程度还会存在一定差异，不可能齐头并进。这是一个在动态中向前发展的过程，要持续推动，不断取得成效。”共同富裕需要摸索着前进，“共同富裕”式创新将在前进中诞生，也必将成为中国特色社会主义理论的重要组成部分，为人类命运共同体发展贡献中国智慧。

关于创新生态建设的几点思考*

| 许　涛　邵鲁宁

随着新一轮科技革命和产业变革的突飞猛进，技术创新和经济社会发展范式正在发生深刻变革，科学技术和经济社会发展加速渗透融合，“人机物”三元共生日渐成为现实。而实现并保持这一发展成果和趋势取决于政府、企业、大学和其他利益相关者或机构形成的创新生态。创新生态是创新成果得以有效产生、开发、验证并规模化发展的物质、环境和文化基础。结合近期的企业创新治理体系调研和创新人才培养实践，笔者对创新生态建设产生了以下思考。

一、完善国家创新政策体系

近年来，出现了一种新的创新政策研究范式，强调政策制定应追求路径创造而非路径发展，认为政府是机会创造者，而非问题解决者。但长期以来，传统的新古典主义经济学认为经济增长和创新发展受自由市场而非政府的驱动。实践表明，政府作用的弱化会威胁到创新政策的有效性，限制国家对经济增长的作用。因此，政府应承担风险，对企业不会投资的领域进行投资。比如，从太空技术到纳米技术，大多数突破式技术创新的背后都有政府支持。数据表明，美国大约75%的新药研发背后都有美国国家卫生研究院的资助。当然，政府的作用不只是提供资助，还在于围绕关键核心技术制定宏大的发展战略和愿景，例如《美国先进制造业国家战略计划》《德国工业4.0战略》和《英国工业2050战略》等。

没有政府的引导，高科技创新的效益就难以最大化。对于政府而言，仅仅建设合适的基础设施和制定宏观经济政策难以应对日趋激烈的各国创新体系之间的竞争。因此，要利用多种政策工具，加强对高科技创新领域的投资和对战略性

* 本文为2020年中国工程院咨询研究项目“现代企业创新治理体系与产品创新效益提升路径研究”(项目编号:2020-SH-XY-1)、教育部第二批新工科研究与实践项目“创造力与创新创业融入新工科人才培养的理念、模式与路径研究”(项目编号:E-CXCYYR20200924)的阶段性研究成果。

新兴产业的扶持，利用我国巨大的市场优势、资本优势、人力资源优势和独特的体制优势，完善国家创新体系，建设高质量创新生态，支撑经济转型发展和强国建设战略。

二、发挥大企业创新资源优势

国内外研究和实践表明，大企业在创新生态中占据着核心位置，创新绩效显著，对区域或国家创新生态建设、产业升级和高质量发展具有重大影响。创新经济学大师熊彼特(J. A. Schumpeter)就指出，“大企业在经济发展和创新过程中起着决定性作用”。比如华为、腾讯、中国商飞、上汽集团、海尔、阿里等制造业和互联网平台企业显著带动了深圳、上海、青岛、杭州等区域创新创业生态的形成与发展。在走出了华为、中兴、大疆等高科技制造业和互联网科技巨头的深圳市南山区粤海街道 23.8 平方公里的辖区内，分布着大小 212 个产业园区，活跃着 2 万多家企业，其中 90%以上是基于科技创新的小企业或初创公司，催生了 90 多家上市公司、9 家“独角兽”企业，见证了从中国加工到中国制造再到中国创造的改革开放史，成为中国科技创新、产业升级和高质量发展的窗口。华为、腾讯就像巨大的孵化器，二者的大量员工自主创业。天眼查 App 统计显示，腾讯员工在深圳和北京分别创建了 433 个和 414 个初创公司，并大都成长为“专精特新”企业，在“专业化、精细化、特色化”的创业道路上以创新为灵魂，成为掌握独门绝技的“单打冠军”或“配套专家”。

创新是企业之魂。多年来，华为坚持每年将 10%以上的销售收入投入研究与开发，尤其是将基础研究和创新策源作为突破口。近十年累计投入的研发费用超过 7 200 亿元，从事研发的人员约 10.5 万名，取得了举世瞩目的创新成就。然而，大企业的普遍症状是，管理越来越优良，控制越来越多，创新越来越弱，所以很多管理优良的大企业最终走向了衰败。同时，正如区域和国家发展中的“资源诅咒”一样，企业成长史揭示，尽管拥有创新资源优势，大企业往往患有成功路径依赖症，也就是说，过往的成功常常阻碍着大企业的文化、技术与模式创新。比如，最早发明数码成像技术的柯达，摩托罗拉、爱立信、黑莓、诺基亚等手机生产商，这些辉煌一时的全球大企业在固守成功的路上最终被更具创新力的后来者超越、颠覆、取代。

三、形成中小企业创新的热带雨林

如果把大企业比作创新生态的骨骼的话，那么相互依存、彼此独立的中小企业就是创新生态的毛细血管。因此，发挥大企业在产业升级和高质量发展中的创新资源优势的同时，要充分认识到中小企业是市场的主体，是保就业的主力军。习近平总书记指出，“我国中小企业有灵气、有活力，善于迎难而上、自强不息”“中小企业能办大事”。这也印证了“珠三角”和“长三角”区域经济发展的历程和现实：中小企业发展得好的地方，经济都很好。

当前，我国已建设了20多家国家自主创新示范区，50多家国家级高新技术产业开发区，169家高新技术开发区。这些开发区里，有体量巨大的企业，也有更多的中小企业。这些中小企业在企业文化、组织和管理模式、员工思维和行为模式方面具有较强的创新性，产生了大量突破性、开辟式、颠覆性创新。比如关于深圳创新的4个90％现象（90％以上研发人员集中在企业、90％以上研发资金源于企业、90％以上研发机构设立在企业、90％以上职务发明专利来自企业）实际上反映的是深圳欣欣向荣的中小企业创新的热带雨林。因此，加快发展“专精特新”中小企业成为近来国家解决“卡脖子”技术、实现自主创新的重点政策领域。

四、加强硬科技创新

硬科技一般是指科学新发现或有意义的工程技术创新，介于基础创新和应用开发之间，是能够市场化、商业化的科技，对科学研究、经济发展和社会进步具有强大的助推作用。硬科技通常包括人工智能、新材料和新能源技术、生物科技、区块链、量子计算等。硬科技公司往往致力于解决人类发展的挑战和问题，比如，用于癌症治疗的创新性生物科技或医疗设备公司、高科技绿色农业企业、清洁能源公司、飞行汽车、无人驾驶和新能源汽车公司。相关统计显示，初创硬科技公司的产品或服务创新关注较高的领域依次是健康和福祉（51％），工业、创新和基础设施（50％），可持续城市和社区（28％），负责任的生产和消费（25％），气候行动（22％），支付得起的清洁能源（18％），清洁水和卫生（10％）。

在硬科技创新方面，华为近年来从战略层面进行了三项变革：一是强化软件开发与服务创新，二是开创和加大对于先进工艺依赖性相对较低的产业的投资，三是持续加大对自动驾驶产业的投资。比如，从海思芯片到“1＋8＋N”全场景生态战略，再到 Harmony OS“人机物”三元融合的超级智能终端，持续发力硬科技创新。这些创新举措表明华为正聚焦数字领域的硬科技产品和技术创新，以期引领低碳社会、智能社会的创新发展。

此外，除了诸如大疆、柔宇科技、国盾量子等知名的硬科技公司外，安集微电子科技(上海)股份有限公司、上海阀门厂股份有限公司、深圳吉兰丁智能科技有限公司、北京福田康明斯发动机有限公司、上海之江生物科技股份有限公司、上海智驾汽车科技有限公司等基于硬科技创新的初创企业正日渐成长为各个行业产业领域的突破性或颠覆性硬科技创新力量。

五、营造创新文化

在《大繁荣》(*Mass Flourishing*)一书中，诺贝尔经济学奖得主埃德蒙·费尔普斯(E. S. Phelps)提出了与创新有关的新观点。他认为创新是文化、价值观的结果和表现，与制度、政策关系不大。大范围的创新活力只能由正确的价值观激发，比如倡导创新、探索和进取能够促进个人自由成长的价值追求。这些价值观会激发全社会的创造力和创新活力，如同上海浦东新区、美国硅谷、深圳不再只是传统意义上的地名或区域，而成为创新精神、创造行为、创业文化和活动的代名词。

建设开放、包容、鼓励试错的创新文化氛围，尤其是鼓励创新人才培养的教育体系和社会环境，是创新生态建设的关键。关于创新人才培养，华为总裁任正非直言：“我们正走在大路上，要充满信心，为什么在小路上走的人我们就不能容忍？谁说小路不能走成大路呢?”在包容、鼓励试错方面，华为过去 20 年在研发上花费了超过 1 000 亿元。但正是这 1 000 亿元的试错学费买来了无价的成功创新经验。可以说，允许试错、鼓励试错是创新人才得以更好成长的文化基础。

文明的进步、国家的富强、经济的繁荣越来越依赖创新的广度和深度。创新生态建设需要营造创新的文化氛围，从建设开放、包容、鼓励试错的创新文化开始，厚植创造力、创意和创新的文化土壤，推动大企业和中小企在硬科技创新、开辟式创新、颠覆性创新的星辰大海中引领未来、创造未来。

RTP 创新生态系统的分层特征分析

| 李佳弥　陈　强

与“硅谷”齐名的高科技产业园区——北卡三角研究园(Research Triangle Park, RTP)位于美国北卡罗来纳州由北卡罗来纳州立大学(North Carolina State University)、杜克大学(Duke University)、北卡罗来纳大学教堂山分校(University of North Carolina at Chapel Hill)围合而成的三角形区域,以生命科学、生物科技、电子信息技术闻名于世(图 1)。

RTP 内共有企业和各类机构、组织近 300 个,包括美国国家环境卫生科学研究中心、美国国家环境保护局、北卡罗来纳州生物技术中心等,还是联想集团全球总部所在地、IBM 全球重要运营地等。

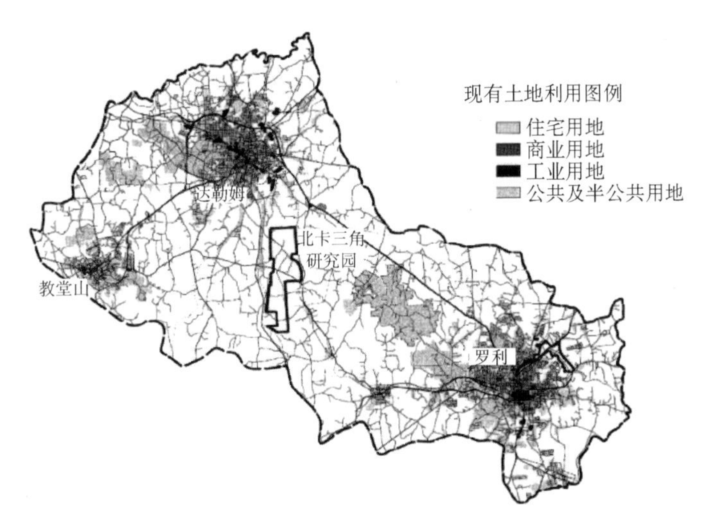

图 1　三角地区地图

RTP 的蓬勃发展与其逐渐形成的分层创新生态系统紧密相关。如图 2 所示,RTP 创新生态系统呈现出三圈层的结构特征。

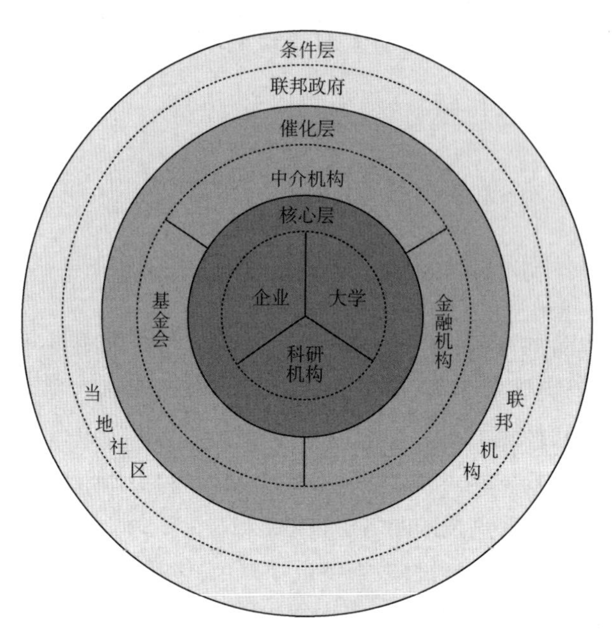

图 2 RTP 创新生态系统的三圈层结构

一、条件层:提供发展空间

RTP 创新生态系统的最外一层为条件层,为园区科技创新发展提供所需要的各种条件,由美国联邦政府、联邦机构和当地社区共同构成,它们通过政策、资金、人才支持,推动园区的产学研合作。

1980 年,《拜杜法案》(*Bayh-Dole Act*)出台,规定大学、研究机构可以享有政府资助科研成果的专利权,激发了技术发明人进行成果转化的热情。法案出台后的十年间,受三所大学的知识溢出效应影响,大量中小微企业落户 RTP,为其蓬勃发展打下了坚实的基础(表 1)。

表 1 《拜杜法案》出台十年间 RTP 发生的变化

年份	研发公司数量(个)	服务公司数量(个)	开发面积(平方英尺)	雇员数(名)
20 世纪 80 年代	40	33	6 468 912	17 500
20 世纪 90 年代	66	47	11 620 000	325 000

2011 年,美国国家科学基金会(National Science Foundation, United States,

NSF)提出“创新站点项目”(Innovation Corps Program)。2021 年 8 月,美国国家科学基金会宣布新建五个 I-Corps 中心,旨在推动高校的技术成果向市场转化,扩大美国创新网络,迅速推进造福社会的解决方案。北卡罗来纳州立大学和北卡罗来纳大学教堂山分校被选为中心之一的大西洋中部地区十个站点中的两个站点,通过其孵化的创新项目或创业公司,均可以享有该项目的资金支持、技术评估、市场分析、商业计划制定等服务。

二、催化层:释放核心能量

第二层为催化层,由入驻 RTP 的中介机构、金融机构及基金会构成,在创新生态系统中,发挥着至关重要的催化作用。这些机构和组织的存在使得创新系统的资源利用率和协同运作效率都得到了有效的提升,极大程度地加速了产学研合作和高校技术成果转化。

中介机构主要指充当沟通桥梁、提供相关培训和服务的政府机构和非营利组织。多数中介机构均可提供专业化的知识和技能培训。初创公司往往对市场和企业运营发展缺乏了解,尤其是由高校师生技术成果孵化的企业,可能与实际的市场需求脱节严重,因此,另外一部分中介机构致力于帮助初创公司成长和发展,包括投资、提供平台、提供服务与解决方案等。除此以外,由政府直接管理的机构也起到了不可或缺的支持作用,在提供更多交流学习渠道的同时,也进一步提升了园区的知名度和社会形象,从而吸引更多的企业和机构入驻园区。

根据三角基金会官网数据,RTP 的金融和保险服务机构目前有 4 家,为园区孵化创新创业提供了强有力的资金流转和资产管理运营保障,能够帮助企业解决后顾之忧,从而使企业专注于创新工作。基金会则主要从事资金资助和项目扶持工作。

三、核心层:孕育创新成果

核心层是创新生态系统的活力源泉,随着 RTP 发展日益成熟,企业—大学—科研机构的产学研合作网络不仅是新型知识生产中心,更成为新型成果转化中心,并形成了新型人才培养模式,为园区科技创新提供源源不断的动力。

截至 2021 年 12 月底,园区内公司的类型统计如图 3 所示,与生物技术、生命科学、信息技术、先进材料等学科相关的公司占大多数,这既是大学充分发挥学科优势的体现,也是集聚效应的题中应有之义。

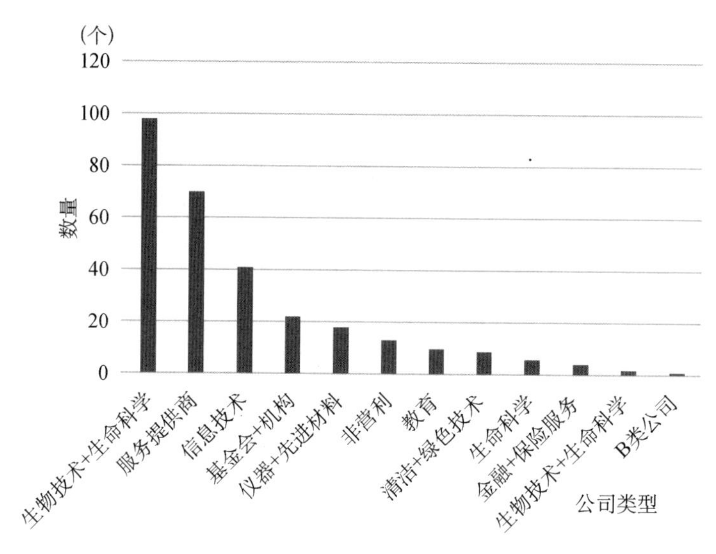

图 3　RTP 园内公司的类型分布

发展至今,高校与园区内企业、机构的合作已经不再局限于设立研究中心、参与研发任务,大学从“辅助”角色逐步转为“主要”角色。基于高校技术成果的初创公司落地园区,高校也开始参与园区内部分企业、机构的协同管理。根据三角基金会官网披露信息,笔者绘制了大学与 RTP 的社会网络图(图 4),校企之间的连线表示企业隶属于大学或是由大学参与经营管理。园区内现有企业、机构、基金会等 200 余家,其中为大学所有的共计 32 家,超过 10%。

在新型的产学研合作中,高校的自主性和开放性与日俱增,产学研三方之间的人员流动和互动更加顺畅。为了加强大学与企业、研究机构的联系,RTP 专门划出土地用于大学校区和研究中心在园区内部的扩建。在新型合作模式中,高校不再局限于供给方的角色,会聘请创业人员承担学校教学工作,以培养学生的实践能力,同时帮助他们更早明确方向,进行合理的职业规划。各类创新主体之间的人员流动与融合进一步促进了技术扩散和知识外溢,有利于创新成果的产出和转化。

新型人才培养模式较过去发生了三大变化:一是联合培养模式逐步取代大学为主的培养模式;二是人才培养的对象不只局限于“学生”,“教师”培训成为关注重点;三是更强调实践指向,打破大学“围墙”,帮助学生更快接轨市场和职业需求。RTP 的人才培养模式可以总结为如下三类。

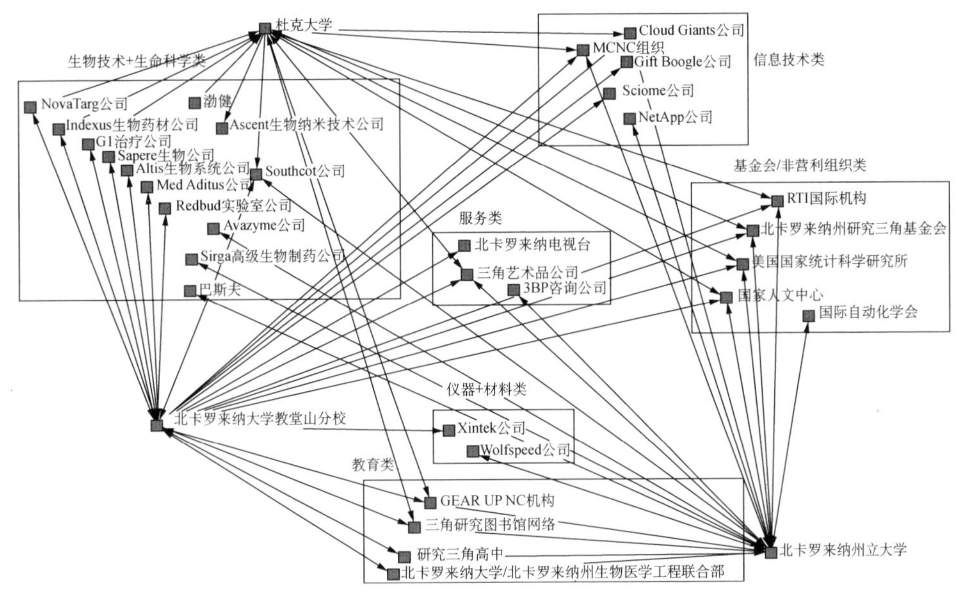

图 4　三所大学与其经营企业的社会网络

1. 企业/机构项目驱动

由企业和机构向学生提供实习培训机会和学习资源。值得注意的是，在这类培养模式中，对象除了“学生”，还包括“教师”。譬如，非营利组织数字学习机构(Digital Learning Institute)为帮助教师快速成长，有效促进数字化教学实践，专门提出“数字学者计划”。

2. 政府项目主导

北卡罗来纳州公共教育部提出“基于工作的学习培养项目”(Work Based Learning, WBL)，认为优质的以工作为基础的学习计划可以使学生、雇佣企业、高校及社区同时受益。

作为北卡罗来纳州最大的合作项目，北卡罗来纳州合作教育计划(CO-OP)强调实践的重要性，通过与 600 多家公司或机构合作，要求学生一个学期参与全日制学习，下一个学期则参与全日制工作，旨在通过这样的循环，使学生做到学以致用，在实践中不断夯实理论基础。

3. 企业/机构—学校双主体培养

在这种模式下，企业或机构会通过签订订单的方式，委托高校进行专业人才培养，合作协议包括意向协议、选择性协议等。企业会和大学一起制定教学计划和培养方案，并共同组织教学。对于企业而言，可以根据需求通过契约形式培养自己所需人才。对于大学而言，可以实现人才的直接就业。生物医药公司渤健(Biogen)与北卡罗来纳大学格林斯波洛分校已经建立了这种模式。

在三层创新生态系统(图 5)中，如果用核心层赋值为 0～1 的变量 x，代表创新成果的从无到有；用催化层赋值为 1～10 的参数 α，代表释放核心层的创新能量；用条件层赋值为 0～1 的虚拟变量 c，代表创新成果持续和有效产出的可能性，那么，代表整个创新生态系统的总产出或经济效益的总能量 y 可以表示为 $y=c\times\alpha\times x$。在生机勃勃的创新生态系统中，每一种力量都不可或缺。

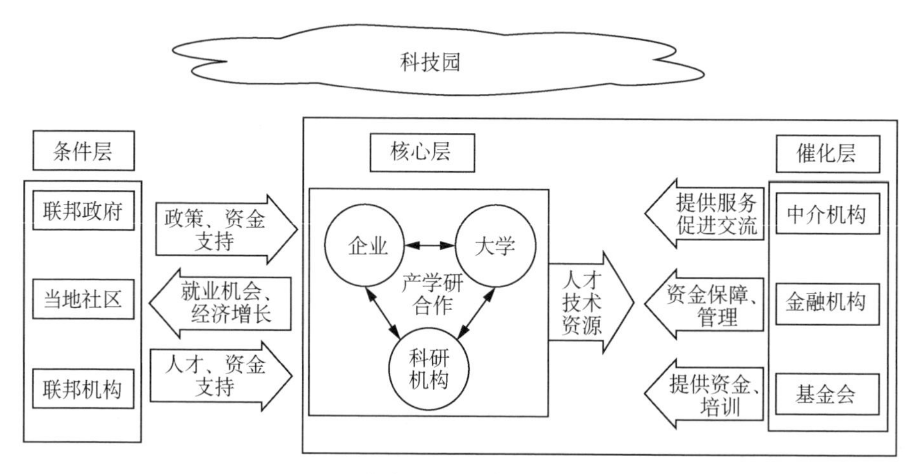

图 5　RTP 创新生态系统的整体关系框架

笔者认为，研究园或是科技园这一类主体在整个系统中，很难归结到某一个具体圈层，而是渗透于每一个圈层，不仅为同一圈层中的各个对象提供联系与服务，同时也充当了各圈层之间的黏合剂。借鉴计算机中云可以时刻为各地对象提供服务、统一管理资源的概念，笔者将科技园描述为一朵渗透服务于系统各处的云；而在三个圈层中，催化层会获得核心层的人才、技术以及资源支持，提供发展空间与重要保障作用的条件层也会得到核心层和催化层的能量反馈，包括进一步的就业机会扩张与经济效益增长。

全球创新型国家或区域的若干基本特征

| 陈强教授课题组

世界是平的，世界也是尖的。对全球范围内典型的创新型国家或区域进行观察和分析，可以梳理出一些共同的基本特征：持续高强度的研发投入、较高的高等教育水平、科研组织的建制化发展、雄厚的技术基础以及开放包容的文化环境。

一、持续高强度的研发投入

经济为科技创新提供物质基础，持续高强度的研发投入是推动科技创新高质量发展的基本保障。根据经济合作与发展组织（OECD）统计数据（图 1），美国、日本、德国的研发经费投入长期保持在较高水平，2019 年全社会研究与试验发展（R&D）经费与国内生产总值（GDP）之比已增长到 3%以上；韩国作为典型的政府主导创新发展的国家，在经济高速增长期在研究开发方面不断发力，创造了 2019 年 4.64%的高比例，达到美、日、德的 1.5 倍，中国的 2.08 倍。

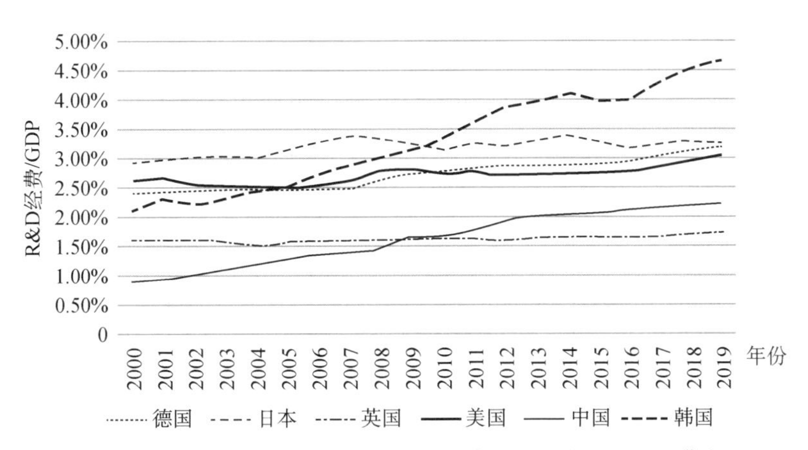

图 1 全球主要创新国家 2000—2019 年研发投入强度(R&D 经费/GDP)

二、较高的高等教育水平

高校集聚优渥的资金、技术、人才、设施等科技创新资源，往往承担着与国家重大战略需求密切相关且需要长期大量投入的科研项目，是各国科研活动的核心力量。全球主要创新国家均有多所大学跻身 2021 年泰晤士高等教育世界大学排名前百强(图 2)，其中美国以 37 所世界一流大学遥遥领先，英国 11 所次之。这些顶尖大学在知识溢出和人才供给方面，发挥了不可或缺的重要作用。

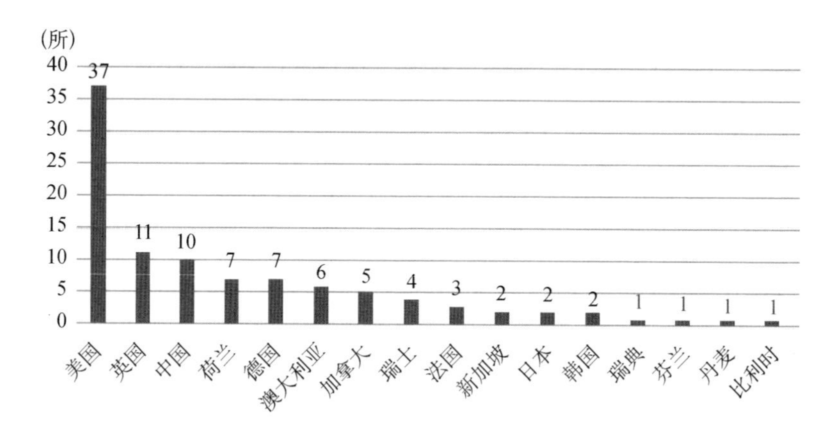

图 2　2021 年各国泰晤士高等教育世界前百强大学拥有数量

三、科研组织的建制化发展

科研组织建制化有利于集聚科技力量，实现资源利用最大化，促进科研快速转化为生产力，最终形成全球战略引领效应。国立科研机构的成立和发展是科研组织建制化的体现。国立科研机构由国家建立并资助，围绕国家战略需求有组织、规模化地开展跨学科、跨领域的交叉融合性科研活动，是国家创新体系的重要组成部分。全球主要的创新区域大都集聚了国立科研机构，如美国旧金山湾区的劳伦斯伯克利国家实验室、劳伦斯利弗莫尔国家实验室和桑迪亚国家实验室。这些机构在基础研究和应用研究方面与当地大学合作，在技术和成果商业化方面与当地企业合作，产学研协同合作成为旧金山湾区创新创业的重要推动力。

国立科研组织的建制化发展与科技发展相适应，随着学科交叉会聚和科技活动分散化趋势的不断加剧，为了满足新兴领域对创新人才的需求，科研机构还与大学合作探索未来科技人才培养的新渠道。例如：美、德、法、日等国家的国立科研机构以项目资助、合作研究等联合培养方式开展研究生教育，为组织自身发展储备高素质人才资源。旧金山湾区的劳伦斯伯克利国家实验室自建立以来，先后培养出了 9 位诺贝尔物理学奖和化学奖得主，成为美国乃至全球核物理学、化学等基础科学研究的聚集地。

四、雄厚的技术基础

从技术来源看，实现技术发展的基本途径可分为内生性技术进步和外源性技术进步两种方式。前者是指通过国内技术积累和自主创新提高技术水平，而后者是指通过技术进口等方式引进国外技术后，在消化吸收和再创新的基础上提高技术水平。创新型国家拥有雄厚的技术基础，对国外资源和技术引进的依赖程度普遍较低。

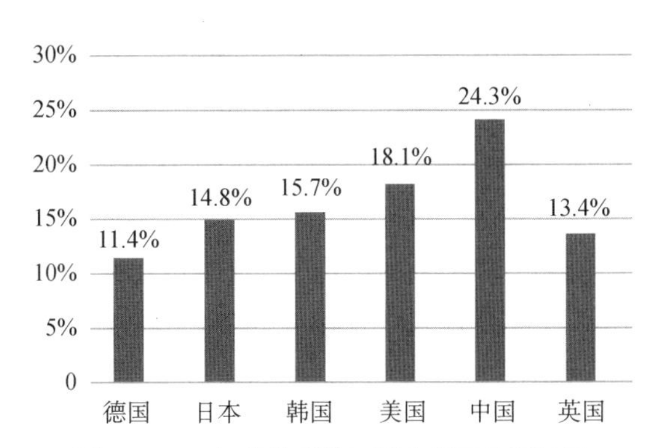

图 3　2018 年高技术进口额占贸易总额比重

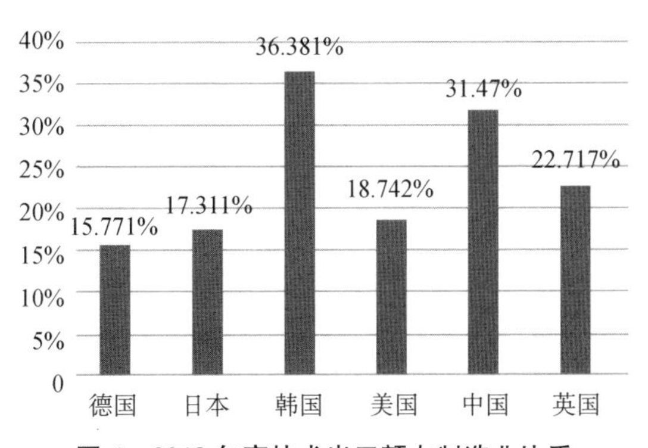

图 4　2018 年高技术出口额占制造业比重

根据世界银行的数据显示(图 3),2018 年除中国以外的典型创新国家高技术进口额占贸易总额的比重均低于 20%。其中,德国的高技术发展对进口的依赖程度最低,仅有 11.4%,2020 年更是下降到了 9.9%,依赖程度不到中国的一半。而中国依赖程度 2020 年略有下降,但是仍旧处于 23.9%的高依赖水平。这些国家长期的技术积累,不仅对本国的技术创新形成了强有力的支持,还可以输出到其他国家,从而进一步拉动本国经济的增长。从图 4 所列的国家看,2018 年这些国家高技术的出口额均达到制造业出口额的 15%以上,韩国这一指标高达 36.38%,是日、德的 2 倍多。

五、开放包容的文化环境

全球典型创新区域对不同的文化都具有高度的包容性。美国旧金山湾区历来是各种思潮的大本营和艺术家的聚集地;日本东京打造“安全、多元、智慧城市”,为各类人群创造舒适环境;英国伦敦则以其完整的“创意”产业链引领艺术文化创意潮流。这些地区开放包容的文化氛围和积极向上的创新精神,给创新主体带来观念意识和行为准则上的无形引导,为创新发展注入蓬勃生命力。总的来说,全球典型创新区域允许冒险试错,鼓励创新包容的制度文化环境,与其优质雄厚的资源储备、开放自由的市场环境等共同构成区域创新生态,为科技创新活动提供沃土。

全球人工智能人才流动趋势判断与中国对策

| 丁佳豪　赵程程

人才是赢得全球人工智能技术竞争的关键要素。在各国发布的人工智能战略中，对本土人才的培养和对国际人才的争夺一直都是其中的重要组成部分。《新一代人工智能发展规划》直接指出，中国 AI 尖端人才远远不能满足需求，要把高端人才队伍建设作为人工智能发展的重中之重，坚持培养和引进相结合，建成中国人工智能人才高地。基于此，本文对全球人工智能人才流动趋势进行分析，并提出中国人工智能人才战略的阶段性部署意见。

一、全球人工智能人才流动特征分析

1. 人才数量增长迅猛，人才跨部门、跨地区流动频繁

总体上，全球人工智能人才分布与流动主要有以下特征：一是随着各国在人工智能领域进行战略布局，人才数量呈快速增长状态。Element AI 统计数据显示，2007 年至 2020 年每年在 arXiv 上发表文章的作者总数平均每年增长 52.69%。特别是 2020 年受新冠肺炎疫情影响，九大顶会在线上召开，因此参会人数都增长了将近一倍。二是由于科技巨头开出的超高起薪，AI 人才流动表现出较强的从学术界流向产业界的特征。根据爱思唯尔对美国、欧洲、中国三地人工智能人才跨部门流动的调查，相较于美国 AI 人才流动本土内循环的特征，中国和欧洲的人才呈现出较强的流向国外产业界（外循环）的态势。马可·波罗智库相关数据显示，全球 53% 的顶级 AI 研究人员都带有“移民”属性，即读完本科之后前往另一个国家深造或工作，而在这部分具有“移民”标签的 AI 科学家当中，中国人数最多。

2. 美国 AI 从业人员与产品应用存在种族歧视

透过斯坦福大学《2021 年 AI Index 报告》(*AI Index 2021 Report*)数据分析，发现美国对 AI 人才的包容度偏低，存在种族歧视。2019 年美国的 AI 应届博士毕业生中，白人（非西班牙裔）所占比例最大（45.6%），其次是亚裔

(22.4%),相比之下,西班牙裔和非裔美国人占比较小,分别为 3.2%和 2.4%,种族不均衡现象明显。AI 开发进程中同质化的开发者群体会延续某种“惯性”,导致 AI 产品呈现种族特性。斯坦福大学在对美国五大领军企业(苹果、IBM、谷歌、亚马逊、微软)的语音转文字技术进行测试时就发现,自动语音识别(ASR)系统对不同种族的适用度相差较大,发生在黑人身上的错误率是白人的将近两倍。

3. 新冠肺炎疫情冲击降低全球人才需求增速,特别是北美地区需求总量下降近 10%

虽然全球人工智能人才一直呈现供不应求的状态,但是这种高需求在 2020 年的新冠肺炎疫情中大降温。据 Element AI 发布的《2020 年全球 AI 人才报告》(*Global AI Talent Report 2020*),2019—2020 年数据分析师的职位需求增速下降了 30%,数据科学家下降了 27%,机器学习工程师下降了 20%,研究人员下降了 21%。其中,值得注意的是,相较于其他国家在新冠肺炎疫情期间 AI 招聘人数仍呈增长态势,美国的 AI 岗位发布总数下降了 8.2%,从 2019 年的 325 724 个岗位减少到 2020 年的 300 999 个职位,这也是 6 年来首次下降。相反,受到特朗普政府为保障新冠肺炎疫情期间美国本土公民就业而发布诸如暂停发放绿卡的新签证政策的影响,中国的海外研究人员引进政策表现出了前所未有的效果,人才需求增长 145.6%,增速较 2018 年提高 37%。由此可见,新冠肺炎疫情对全球人工智能行业冲击较大,那么抓住新冠肺炎疫情常态化的机遇,保持人才流入增速便可成为当前中国人工智能国际人才引进战略的突破口之一。

二、对中国人工智能人才战略阶段性部署的建议

“不谋万世者,不足谋一时;不谋全局者,不足谋一域”。中国人工智能的本土企业在从低附加值的加工产业向高附加值的创新体系转型,既面临技术创新的瓶颈,又面临美国主导的外国跨国公司和政府机构的技术封锁和制约。如果此时中国尝试在人工智能关键点实施全方位突破,势必遭遇美国及其同盟国的刁难和抵制。因此,中国人工智能人才战略布局应该分阶段、抓重点,有的放矢,精准发力,最终从“赢得技术竞争”到“重塑国际权力格局”。AI 人才战略作为中国 AI 战略的关键组成部分,要围绕着“技术”和“权力”展开:一方面以 AI 总体战略为蓝图,扬长补短,重点部署人才的培育和争夺;另一方面依靠既有的资源优势和技术优势,争夺人工智能技术的规则体系话语权,从而影响国际竞争格

局。具体分为三个阶段(表1)。

表1　中国人工智能人才战略阶段性部署建议

阶段 \ 战略部署	战略目标	
	赢得技术竞争	重塑国际权力格局
第一阶段:聚焦本土人才培育和国际人才争夺	引才不设“高门槛” 留才不当“拦路虎” 育才得从“娃娃抓”	基于创新链、产业链和供应链上的人才部署
第二阶段:为激发人才能动性优化创新环境	深化公私合作关系	拓宽AI技术应用场景
第三阶段:提升AI国际话语权	—	深化国际人才交流与合作 参与和主导国际标准的制定

第一阶段:聚焦本土人才培育和国际人才争夺。

引才不设“高门槛”。为填补中国AI国际人才缺口,政府在吸引人才时不应只瞄准高端人才,而要降低门槛来延伸引才的“半径”。引才方式上,不能单靠资金诱惑,更要在激发人才的价值感、认同感上下功夫,激活人才“此心安处是吾乡”的归属感。同时,要从稳定就业、亲属落户、增进文化认同等多方面保障人才的日常生活,真正让人才得实惠、有理想、能绽放。

留才不当“拦路虎”。随着AI技术和国家安全的深度捆绑,开放性世界经济体系遭遇碎片化危机,因此,我们要警惕“技术民族主义”,不应设卡阻拦人才流动,而要以更开放的姿态促进国际交流。“长才靡入用,大厦失巨楹。”留才,关键是通过打造研究平台和成熟的产业生态给人才无限的发展希望和浓厚的科研氛围,激发人才的潜能、实现人才的价值,使其能动地在攻克核心技术上有贡献、有作为。

育才得从“娃娃抓”。充足的“预备军”是中国能够持续赢得AI技术竞争的重要保障。中小学阶段是一个人培养兴趣的关键时期,这个阶段的学生具有强烈的好奇心和求知欲,只要稍加引导便能在他们的心里埋下人工智能的种子,遇到合适的土壤就会生根发芽。因此,必须推进教育体系改革,将STEM课程渗透到K12教育中,加强基础教育阶段AI师资队伍的建设,将更多前沿知识普及给青少年。

第二阶段:为激发人才能动性优化创新环境。

为激发人才能动性,提供更为灵活的公私合作范式。即突破传统的“高校—

科研机构—企业”研发合作范式，形成涉及主体更为广泛的公私研发合作模式——“科研—军方—商业”新型模式，发挥国家重点实验室、技术创新中心和军工研究所的科研资源的作用，激发人才群体的创新性和创造力。

为人才提供更为广阔的天地，拓宽 AI 技术应用场景。高赋能性的 AI 技术，在对传统产业产生冲击之时，也会为经济发展带来新增量。传统的学科边界变得模糊，产业的边界也不再清晰。伴随着各种应用场景的开启，技术发展会不断催生出新的产业，也必然会开辟更多新职业和新岗位。

第三阶段：提升 AI 国际话语权。

抢占全球人工智能战略高地，人才是关键。通过中国 AI 人才战略，打造一批国际顶尖的人才队伍，切实发挥顶尖人才的“虹吸效应”，主导国际政治格局，提升中国 AI 国际话语权。

深化国际人才交流与合作。美国已经认识到不可能单方面中止与中国在人工智能领域的研发合作和商业贸易。因为，与中国广泛的技术脱钩只可能致使美国大学和企业失去稀缺的人工智能人才和 STEM 人才。因此，美国不得已提出“在合作中的竞争”，即在合作中建立技术弹性，减少非法技术转让威胁，保护美国国家安全。在全球人工智能创新体系中，中美长期战略竞争的客观存在使“共生格局”成为两国竞争的基本要义。中国可以鼓励国内机构与美国人工智能创新创业企业的人才交流合作。这些小企业往往聚集在距离政府权力机构较远的地区，对投融资的需求比较迫切。美国政府对其监管较弱，和中国机构容易形成合作关系。

参与和主导国际标准的制定。AI 技术的进步带来了经济利益的同时，也会引发新型的社会伦理安全等新问题、新难题。中国拥有丰富的应用场景可以为探索新技术新规则提供试验载体和空间，完全有底气、有实力和美国等国家共同商讨人工智能治理的国际规则，构建人工智能研发与应用的伦理道德框架，制定人工智能全球社会治理的“共赢”方案。

加快推动基础研究项目评价机制改革*

| 周文泳

基础研究是原创理论与颠覆性技术的源头活水，加快推动基础研究项目评价机制改革，符合我国“十四五”期间深化科技创新体制机制改革的新要求。

一、现行基础研究项目评价机制的薄弱环节

现阶段，从促进原创理论与颠覆性技术发展的角度看，我国基础研究项目评价机制存在如下薄弱环节。

一是保障性投入力度不足，项目立项评价机会成本过高。现阶段，自由探索性基础研究投入过程中，存在有效保障不足而竞争有余的情况。每年定期出现的全国“千军万马”申报科学基金项目的不正常现象，导致项目立项机会成本过高，如：集中申报期间，打磨符合“评委要求”的项目申请书，挤占科研人员探索科学规律的宝贵时间；科研单位项目申请书预审辅导和项目委托单位立项评审占用大量的人力和财力；容易引发“唯项目”和“重立项轻结果”的不良倾向，形成冲击平心静气学术环境的隐性成本。

二是现行评价机制尚有争议，项目投入与成果质量不匹配。现阶段，我国以科学基金为代表的基础研究项目评价机制，存在如下问题：只凭申请书是否符合评审专家“眼顺”要求确定项目是否立项，扼杀了有原创思想但不擅长写标书的科研团队获得资助的机会；项目一经立项就确定资助金额，违背了自由探索不确定性的特征；项目验收通过后拨付余款，且缺乏对项目成果的长期跟踪评价，为同行评议滋生不良行为提供了机会。

三是项目成果评价周期过短，违背原创成果价值发现规律。现阶段，颠覆性的基础原创成果发现往往需要较长的时间，而现行科学基金项目成果评价存在

* 本文为上海市 2020 年度“科技创新行动计划”软科学重点项目“促进原创的基础研究项目评价机制研究”（项目编号：20692102200）阶段性研究成果。

评价周期过短的问题，既违背基础研究成果价值发现规律，也不能给予科研人员与贡献相匹配的资助与激励，还不利于科研人员平心静气地创造基础研究原创成果。

二、加快推动基础研究项目评价机制改革建议

为了顺应我国基础研究高质量发展需求，尊重原创成果形成规律，弥补现行自由探索性基础研究评价机制的短板，在此提出如下三点建议。

一是要加强保障性投入力度，探索选题注册与项目成果认证机制。持续增强对基层科研单位自由探索性基础研究保障性投入力度，制定鼓励研究机构为潜心研究的科研人员提供必要条件的政策；改革科学基金项目资助模式，积极探索选题注册与项目成果认证机制，即：科研团队先在科学基金官网自由注册研究选题，自主开展研究，取得阶段研究成果后提交成果材料与资助申请，给予作出实质贡献的科研团队项目阶段成果认证，以实质贡献为主、实际工作投入为辅确定资助对象及阶段补偿资助额度，引导科研团队潜心探索科学规律。

二是要强化质量、贡献与实效导向，探索后期补偿制度机制。为鼓励原始创新，探索经认证的自由探索性基础研究项目成果（含阶段成果）的发布机制，促进项目成果由学术同行自由评鉴，以利于项目成果在传播中“大浪淘沙”；经长期沉淀和同行检验，评判项目成果的真实质量、贡献与实效等级，并按等级高低给予必要的后期补偿。

三是坚持短中长周期相结合原则，探索成果价值发现机制。为鼓励科研人员潜心探索科学规律，对于经认证的基础研究项目各阶段成果，建议探索短中长周期相结合的项目成果价值发现机制：短期主要评价项目成果的科学性与可验证性；中期主要评价项目成果后续的正面采用情况；长期发现项目成果的客观价值，即经学术界自由评鉴遴选出具有重大科学价值的项目团队。

科技创新治理需要系统认知和辩证思维

| 陈　强

《中华人民共和国国民经济和社会发展第十四个五年规划和 2035 年远景目标纲要》已经发布，创新作为引领发展的第一动力，在纲要中居于显著位置。在题为“坚持创新驱动发展，全面塑造发展新优势”的第二篇中，共有“强化国家战略科技力量”“提升企业技术创新能力”“激发人才创新活力”“完善科技创新体制机制”四章，总计十三节。为未来一个时期的国家科技创新治理指明了方向，勾勒出清晰的行动路线。四章十三节的内容十分丰富，涉及科技资源配置、关键领域科技攻关、基础研究、科技创新平台、企业研发投入、产业共性基础技术、创新服务体系、人才队伍建设、人才激励、创新创业创造生态、科技管理体制、知识产权保护运用、科技开放合作等方面。体现出编制者对于科技创新治理的系统认知和辩证思维。

科技创新治理是一个复杂巨系统，需要回答“谁来治理?”（主体）、“治理什么?”（对象）、“如何治理?”（手段）、“如何说明治理效果?”（评价）等一系列问题，包含目标设计和战略部署、条件和能力建设、主体互动和协同、要素配置、运行机制设计、活动组织和环境和生态构建等多个方面。每一个方面还可以进一步细分，譬如，条件和能力建设包括科技创新平台建设、人才队伍建设、投入保障建设等。运行机制则涉及决策、评价、激励、协调、协同等方面。对于这样一个错综复杂的治理体系，可以从要素—结构—功能的角度出发，逐步形成系统认知。

需要注意的是，科技创新治理只是国家治理体系的一个组成部分，与其并行的还有其他一些体系，关乎政治体制、经济发展、社会治理、生态建设、文化传承等各个方面。这些体系与科技创新治理体系相互关联，彼此耦合。科技创新在赋能其他体系发展的同时，也持续不断地得到这些体系的资源输入、能量反馈、协同保障以及场景支持。因此，科技创新治理具有嵌入性，应充分考虑与其他体系的要素共享、结构互恰及功能对接。简单而言，“科技创新”可以分为“科学研究”“技术发明”及“产业创新”，这三个部分分别需要实现与教育和研究体系、工程和社会服务体系、产业和金融资本体系的融合发展。

在新发展背景下，一个国家的科技创新治理不仅要保证其创新体系内部运行的质量和效率，还应努力融入国际大循环。一方面，通过与国外创新主体的充分互动，相互激发灵感，实现彼此的要素互补和能量交换。另一方面，通过参与重大科学问题的议题设置和新兴技术发展的规则议定，组织并牵头重大科学活动，深度参与全球科技治理，为解决人类共同面对的重大问题贡献力量。当今世界，国际科技合作形势趋于严峻，部分国家的单边主义和孤立主义倾向抬头。在这种情况下，科技创新治理一方面要超前布局和潜心深耕，坚持科技自立自强，塑造创新体系运行的“韧性”。另一方面，还是要努力探索更高水平开放的新模式和新策略，着力形成体系运行的“张力”。

科技创新治理要有辩证思维。科技创新治理的有效性与科技创新进展至特定阶段的内外部环境有关，在前沿科学和关键技术领域持续取得重大突破的背景下，科技创新治理的理念、模式及路径必须不断随之调整。应该认识到，未来一个时期，科技创新治理将面对一系列背景变化。首先，科学研究、技术发明及产业创新可能呈现加速突破态势，突破的方向、规模及节奏都具有很大的不确定性。其次，创新要素的流动规律及开发利用方式也在持续发生深刻变化，新型创新要素不断涌现。再次，科技创新突破对经济、社会和生态可能造成的影响越来越难以预期，需要在趋势预测、情境推演及风险控制方面未雨绸缪。实际上，科技创新治理就是要通过不断调整科技创新的“生产关系”，来满足科技创新快速发展的需要，调整成败的关键就在于能否准确识别每一个阶段的主要矛盾和矛盾的主要方面。

科技创新治理必须处理好政府与市场的关系。在科技进步和产业发展的过程中，“政府失灵”和“市场失灵”的情况都难以避免。在涉及国家安全和产业发展的重要领域，不能完全寄希望于市场机制，必须探索适合现阶段国情的新型举国体制，“集中力量办大事”，落实国家战略意志，努力形成在关键技术领域的战略制衡能力。但是，在科技创新治理的更多领域，还是需要发挥市场在资源配置方面的决定性作用。政府的政策设计和制度安排往往具有很强的导向性，“指挥棒”如果指错了方向，后果不堪设想。毕竟，已经有太多“评价什么，得到什么”的情况发生。因此，在科学技术突飞猛进和国际政治格局云谲波诡的新形势下，需要通过“学思践悟”，不断提升科技创新制度供给的有效性和效率。

科技创新治理还要处理好建制性科技力量与社会创新力量的关系。两支力量各有优势，各有所长，应分别赋予不同的任务。以高校、院所、国有企业为主的建制性科技力量作为"主力军"，具有人才、平台及经验优势，擅长打"阵地战""攻坚战"，适合承担基础性科学前沿探索及关键核心技术领域攻坚的任务。由科技型中小企业、新型研发组织、社会公众等组成的社会创新力量则是"游击队"，具有组织方式灵活、人才背景多样、信息交互畅通、网络效应明显等特点，长于"运动战""麻雀战"，适合承担"有限目标突破"和颠覆式创新等任务。因此，未来一个时期，科技创新治理的重心应逐步"至上而下""从内到外"，依托建制性科技力量，为社会创新力量的能量释放提供更多条件，创造更多可能性。

当然，对于科技创新治理的系统认知和辩证思维远不只是以上这些，还需要更多相关研究者群策群力，进一步厘清治理逻辑，在实践中不断深化认识，并借此推动科技创新治理效能的提升。

完善哲学社会科学研究评价的若干思考

| 张晓旭　周文泳

习近平总书记在在哲学社会科学工作座谈会上的讲话中提出，“坚持和发展中国特色社会主义必须高度重视哲学社会科学”，可见哲学社会科学对推动我国社会进步关键作用。中共中央、国务院印发的《深化新时代教育评价改革总体方案》（以下简称《总体方案》），为深化教育评价改革指明了方向，教育部印发了《关于破除高校哲学社会科学研究评价中“唯论文”不良导向的若干意见》（以下简称《意见》），为哲学社会科学研究评价提供了指导思想。本文根据《总体方案》和《意见》，参考英国官方教育机构对该国高等教育机构各学科研究水平的评价经验（即 REF2014 和 REF2021），提出哲学社会科学研究评价的几点思路和建议。

一、切实践行新发展阶段哲学社会科学的研究使命

哲学社会科学致力于研究人类社会与文化，以及社会中人与人之间的关系，涵盖的研究领域广泛丰富。相对于“硬”的自然科学，人文社会科学是一种“软”科学，对推动人类社会与文化发展进步具有重要意义。

当前，我国将进入新发展阶段，面对各种新问题、新情况、新机遇，哲学社会科学研究也需要肩负起更加重大的历史使命：一是为国家社会和谐稳定提供正能量，防范潜在社会风险；二是在国际上更多更广泛地传播中国主张、中国声音，助力国家营造良好的国际环境；三是为人民美好生活提供精神产品；四是为国家经济社会发展提供智慧和有效方案；五是在国家和地方政府科学决策中发挥智库作用；六是传承与充实我国人文社科知识财富。

为促进哲学社会科学发展，充分激发科研人员的动力和灵感，切实践行相关学科在新发展阶段的历史使命，高校应在《总体方案》和《意见》等有关文件指导下，完善符合学科特征的研究评价制度，同时制定和实施保障评价有效性的支撑政策。

二、完善符合学科特征的研究评价制度

为贯彻落实《意见》的指导思想和主要内容，可以将以下五个方面作为完善研究评价制度的切入点。

一是增加评价体系中研究成果的形式。哲学社会科学研究成果形式具有多样性，除期刊论文外，还包括著作、会议论文、研究报告、决策咨询报告、专利、软件、研究数据集或数据库（如重大工程案例库、法律法规库和古籍库等）、媒体作品（包括优秀网络文化成果、中央和地方主要媒体上发表的理论文章等），以及与研究相关的翻译、创作、展览和表演等。因此，评价时应尽可能覆盖所有的研究成果类型，以确保每一个有价值的学术成果都有机会被发现和被认可，每一个学者的任何努力都不会被遗漏。

二是公正评价性质相同而表现形式不同的研究成果。对性质相同而表达不同的哲学社会科学科研成果，应采用相同的标准进行评价。在项目管理、平台建设、成果奖励、职称评审等过程中，为避免产生不良导向，应将不同形式的研究成果赋予同等重要的地位，重点考察研究成果的政治立场、理论创新、学术贡献和严谨性，评价标准不因成果形式不同而有所区别。

三是有效合理地评价研究成果。包括期刊论文在内的所有学术成果评价应以专家评审为主要评价手段，以便对所有评价指标做出全面的判断。对于期刊论文的评价，在能够获取数据和适当的情况下，可将正向引用率作为参考指标，但不应将其作为主要的评价依据。需要注意的是，该类信息有时候无法获取，因此没有引用数据并不意味着没有学术意义，引用水平也因学科不同而存在差异，中文论文与英文论文在引用情况方面也有差别。另外，不应将期刊的影响因子或级别作为评价标准，出版机构、出版地点和出版媒介也不应对学术成果评价产生影响。

四是推行代表性成果评价。在各类评审过程中，应更加注重研究成果的质量而非数量，需要设定每一名研究人员提交研究成果的数量上限，其中应包括合著或合作的研究成果。依据评审目的，由研究人员个人、团队或成果归属机构决定提交参与评价的研究成果，如研究人员个人决定职称评审时所提交的研究成果，研究团队或个人决定项目评审时所提交的研究成果，成果归属机构决定平台建设评审时所提交的研究成果等。对于合著和合作的研究成果，需要合理恰当地评价研究人员的个人贡献。

五是开展社会影响评价。社会影响是研究成果对学术界以外事物的广泛影响，包括对经济、社会、文化，如对公共政策或服务、健康、环境或生活质量等的影响、改变或益处，研究成果与社会影响的关系既有直接的，也有间接的、非线性的，既有可预见的，也有未预见的。社会影响评价对象是优秀或杰出的研究成果，可采用案例研究法，依据学科特征，明确且详细地定义社会影响的证据、范围、类型、指标和等级等，避免评价标准模糊导致评价结果无效或扭曲。另外，除研究成果所属学科的学者外，参与社会影响评价的专家还应包括研究使用者或相关行业的实践人员，如来自政府、企业和非营利组织的有关人士。

三、制定和实施保障评价有效性的支撑政策

为保障哲学社会科学研究评价制度的有效实施，需要制定和实施相应的支撑政策。专家是评价主体，在评价过程中采用定量与定性相结合的评价方法，为规避人为因素对评价客观性产生的负面影响，需要针对评价主体、评价方法和评价过程制定相应的管理制度和工作规范，可以从以下三个方面开展工作。

一是完善权责对等的评审专家管理制度。在合理预测提交材料情况的基础上，确定评审专家组成员的数量、专业知识的深度和广度。在选聘评审专家时，需要全面考察和评估备选人员的研究背景、工作能力、以往评审工作中的表现。评审工作应当在评审委员会的指导和监督下开展，评审专家对评审过程和结果负责，评审委员会定期检查评价工作实施情况，对于有争议或存在问题的评审过程或结果，需要组织重新评审，评审委员会对评审专家的工作情况进行评价并记录，作为工作报酬发放和未来评审工作聘用的依据。

二是制定并执行清晰明确的评价标准。根据各学科特点，由专家委员会和评审专家共同制定评价标准，对评价标准中涉及的概念、维度、指标、评价等级和程序等作出明确且详细的规定和说明，必要情况下需要给出具体范例，并将这些内容整理制定成规范性文件。在开展评价工作前，对评价专家进行统一培训，在评价工作过程中，定期对评价过程和结果进行检查，保证评价工作严格按照标准执行。

三是构建并实施公开透明的信息披露机制。建立信息公开网站或网页，及时向提交材料的个人、团队、单位和社会公众提供必要信息，披露的信息包括且不限于开展评审的组织机构信息、政策文件、管理规范、报告、评价结果、评价委

员会与评价专家信息、材料提交系统使用说明和对常见问题的解答等，尤其应当公开评审委员会和评审专家会议讨论信息、社会影响评价的案例及评价结果。目的在于让提交材料的相关方和社会公众全面详细地了解评价规则、评价标准、评价过程和评价结果，尽可能地使评价全生命周期受到全方位监督，以保障评价过程和标准的公平公正和评价结果的合理有效。

推进科研评价体系改革赋能科技创新发展

| 胡　雯

当前,我国科技创新发展正面临“百年未有之大变局”,科研评价体系改革正当其时,科技部、教育部、发改委等相关部委先后发布涉及科技评价、人才评价、项目评价改革的多项举措,为赋能“从 0 到 1”的原始创新突破奠定了基础。科研评价体系改革面临三个方面的挑战:一是新一轮科技革命和产业变革推动科技创新研究范式加速迭代,学科交叉融合不断催生出更多颠覆性成果,对传统项目评价机制提出新要求;二是国际科技竞争格局发生显著变化,全球科技资源争夺呈现白热化态势,智力资本和科技人才国际流动性明显减弱,要求进行人才评价和激励机制改革以积极应对变局;三是我国进入高质量发展新阶段,科技创新成为高质量发展的根本动力,需要提升科技评价机制的引导能力,推动科研成果提质增效并发挥“乘数效应”。推进科研评价体系改革,赋能科技创新发展的具体措施包括三个方面。

第一,发挥项目评价机制支持颠覆性创新的防御作用。近年来,新一轮技术革命和产业变革方兴未艾,科技创新的范式革命正在兴起,颠覆性技术呈现几何级渗透扩散态热,以革命性方式对传统产业产生“归零效应”。由于颠覆性技术具有前瞻性、基础性、范式变异性等特点,围绕颠覆性技术开展的创新活动往往需要建立保护空间以抵御来自既有环境的压力。项目评价机制作为既有环境的重要组成部分,是科技创新资源配置的核心工具,发挥项目评价机制支撑颠覆性创新的防御作用可关注以下三点:一是树立尊重科技创新规律的思想理念,破除评价体系中有碍于颠覆性创新和原始创新的制度藩篱。正确认识新一轮科技革命和产业变革对创新范式的动态影响,积极开展项目评价体制试点改革,建立更完善的项目评价机制。二是支持以非共识评价为代表的非常规评价体系的发展和应用。颠覆性创新的困境在于,以同行评议为核心的常规评价体系更容易受到现行知识创新活动、技术标准和制度化组织的特点影响,进而使增加项目评价规则对颠覆性创新活动造成的不利影响。为此,有必要借鉴非共识项目、交叉学科项目、自由探索创新项目的评价经验,以弥补常规评价体系可能存在的选择性偏误。三是营造包容性的评价环境。颠覆性创新活动往往具有较高的不确定性和风险,特别是具有重大原创性的前沿科学技术研究,需要大胆创新的研究意识,这就要求评价环境更加包容。

第二,突出人才评价机制对青年人才的扶持培育作用。国际科技竞争格局的重塑正在显著影响创新资源流向,同时国际智力资本和科技人才跨国流动性减弱,对新兴经济体本地人才培育体系和青年人才就业发展提出新的挑战。人才评价是科研评价体系的重要组成部分,也是本地人才管理和使用的前提。国务院印发的《关于分类推进人才评价机制改革的指导意见》明确指出,要完善青年人才评价激励措施,破除论资排辈、重显绩不重潜力等陈旧观念,加大青年人才支持力度。因此,突出人才评价机制对青年人才的培育作用是赋能我国科技创新的重点内容之一。具体而言,一是在青年人才评价中凸显原创性导向,破除数量崇拜和短平快倾向,使青年人才能够静下心来长期从事前沿性、突破性、颠覆性研究。二是注重用育结合,采用代表作评审制度,弱化“五唯”评价倾向。同时,在评价指标的设置中,强化对人才发展潜力的考察,进一步优化多元评价和分类评价方法,强调评价体系的培育作用。三是完善青年人才评价的激励措施。既要正视学术性荣誉对青年人才发展的激励作用;又要发挥人才评价在降低青年人才居住和生活成本等方面中的作用,切实增强青年人才的获得感、幸福感。

第三,增强科技评价机制面向高质量发展的赋能作用。新时代我国经济发展的基本特征是由高速增长向高质量发展转变,科研高质量发展是经济高质量发展的重要支撑,应着力增强科技评价机制面向高质量发展的赋能作用。一是在强调科技自立自强目标的前提下,科技导向应向有利于支撑经济社会高质量发展、有利于科技与经济深度融合的方向倾斜,对科技成果转化过程中的评价问题予以重点关注。既要根据科技成果使用主体的价值诉求,综合判断科技成果的科学价值、技术价值、经济价值、社会价值;又要在尊重科技成果转化规律的基础上,正确认识成果转化的复杂性和系统性,采用综合指标而非单一指标对成果转化效率进行客观评价。二是科技评价标准应突出成果质量在体系中的权重,避免“五唯”倾向、“以刊代文”等问题,以提升国际竞争力、增加知识有效供给、增强社会公众获得感为核心目标。首先,提高“从0到1”的原始创新成果在评价标准中的重要地位,延长对前沿基础研究成果的评价周期,助力前瞻性、长周期、高风险科研项目获得更稳定的资助,为引领国际科学研究和研发合作奠定基础。

其次，以国家经济社会的战略性需求为导向，提高有助于实现关键核心技术自主可控的成果在评价标准中的地位，鼓励以企业为主体、产学研合作的技术创新系统成为评价中的重要主体，通过紧密联结创新链的上中下游实现科技自立自强。最后，为了不断满足人民群众对美好生活的需要，提高有利于可持续发展和数字化转型的科技成果在评价标准中的地位，应将生态环境影响、法律制度影响、道德伦理影响、文化意涵影响纳入综合考量范围，推动科技创新赋能科技治理体系和治理能力现代化，为新兴技术发展冲击下的社会—技术体制转型提供有力支持。

（转载自中国社会科学网，本文内容已发表于《中国社会科学报》，2021-03-23）

加快构建面向颠覆性创新的财政科研资助机制

| 刘　笑　胡　雯　常旭华

伴随新一轮科技革命的深化，颠覆性创新呈现几何级渗透扩散态势，使科研项目的结果不确定性和投入风险急剧增加。近年来，虽然我国科研经费和科研项目数量激增，但竞争性资助比例过高导致以颠覆性创新研究为代表的非常规项目难以获得充足经费，不利于我国科技强国目标的实现。

托马斯·库恩(Thomas Kuhn)在《科学革命的结构》(*The Structure of Scientific Revolution*)一书中指出，科学家通过累积性知识增长致力于解决当前某一知识领域留下的谜题与难题的工作方式，被认为是从事常规科学活动，据此逐渐形成了受学界认可的常规科学范式。常规范式下的科研项目以竞争性资助模式为主，该模式实现了市场价值和效率优先，推进了科技资源的优化配置，但难以满足新科技革命深化下新兴技术发展的需求，与科学研究宽容失败、忌讳急功近利的内在意图存在价值冲突，不能贴合颠覆性创新行为的特征，因此科研资助模式在逐渐固化的过程中挤压了非常规科学活动尤其是颠覆性创新活动的生存空间。基于这一现实，本文以常规科学范式的突破为切入点，在把握常规科研资助模式弊端的基础上，为我国培育颠覆性创新项目提供新思路。

一、常规科研资助模式的弊端

1. 项目选题的灵活度不够。颠覆式创新主要发生在科技前沿的模糊地带，具有很强的前瞻性，同时需要与国家发展战略、国家发展需求紧密结合。因此，自由选题或直接发布指南予以资助，容易导致需求和能力不匹配，引起基于研究基础和基于前沿选题的矛盾，从而很难把握好需求和供给匹配度的契合。同时，竞争性资助要求申请时必须承诺明确的研究目标，包括研究计划、预期成果等，这与颠覆性创新的特征背道而驰，因此颠覆性创新项目可能因为难以明确具体目标或未来成果而遭到淘汰。

2. 项目评审的开放度不够。由于颠覆性创新往往与已知的科学知识不相吻合，与权威论断不相一致，属于非共识创新，加之创新性太强而实现的难度大、风险高，难以得到业界和同行的普遍认同。因此，仅采用同行专家对资助对象进行筛选，容易使资助对象被贴上“离经叛道”的标签，从而很难得到支持与资助。就竞争性资助机制的资助对象筛选方式来看，主要考察的是项目的创新性、可行性以及首席科学家的研究能力，通过对多种要素的综合衡量最终确定资助对象。这样的评审方式虽从一定程度上可以把握科学技术价值，但因评审过程缺乏科学顾问等人员的广泛参与，对项目经济性与社会性等其他维度的评估不足。

3. 项目实施过程中的自由度不够。常规项目资助机制赋予承担机构的自主权不够，因缺乏灵活的变更和退出机制难以满足颠覆性创新项目高不确定性的资助需求。竞争性资助要求申请时必须承诺明确的研究目标，包括研究计划、预期成果等，这与颠覆性创新的特征背道而驰，因此颠覆性创新项目可能因为难以明确具体目标或未来成果而遭到淘汰。此外，竞争性资助过程中的目标考核要求，特别是中期考核要求，也与颠覆性创新规律不甚相符，限制了申请者在开展研究过程中发现新方向、转变研究方向的自由。

二、对策建议

1. 探索建立竞争性资助和非竞争性资助的互补机制。目前，国内科研项目最长资助期限为 5 年，且均为竞争性资助，给科研人员的持续研究带来较大不确定性，不利于颠覆性创新项目的培育。同时，竞争性资助和非竞争性资助间缺乏转化和互补机制，难以高效支撑颠覆式创新和渐进式创新活动的螺旋式演进。因此，一是应考虑在生命科学、理论物理等纯基础科学领域先行试点开展非竞争性等系列资助机制，给予科研人员长周期稳定资助，实行分阶段资助，通过延续申请或追加申请等方式，增加非竞争性项目的比重；二是在相关领域试点首席科学家领衔重大前沿攻关项目，注重对其当期研究能力、持续活跃能力以及冒风险能力的综合考察，允许其负责重大科技发展计划路线图的制定，开展重大技术应用推广等。

2. 构建有利于颠覆式创新项目筛选的多层级评审机制。同行评审作为科研资助机构的“守门人”，对项目评议的侧重点仍局限于科学共同体内部认可的主流研究，多从科学的维度对申请项目进行评审，往往容易忽略项目的经济维度和社会维度。所以，对颠覆性创新项目的甄别，不仅要依靠科学共同体的识别标准判断其科学与技术价值，而且要依靠项目官员、科学顾问等共同识别其经济增长点与社会价值。因此，建议构建“同行专家＋项目官员＋科学顾问”的多层次评审机制，明确设置合理的评审权限，综合评审项目的科学价值、经济价值与社会价值。

3. 构建有利于颠覆性创新项目培育的评价机制。颠覆性创新项目具有高风险性、高不确定性的特点，风险控制和绩效管理往往相互矛盾，加之投入周期较长，对科研项目的中期和后期评价提出了全面挑战。因此未来一是要减少过程考核次数，赋予科研人员更大自主权，采取不预设研究目标方案，并允许其在中途灵活变更研究目标、选择退出资助范围，为其提供宽松的科研环境；二是项目管理部门应建立颠覆性技术创新活动免责机制，进一步完善资助机构考核机制和人员、组织、机构评价机制，以较长时间跨度的成果综合考察项目执行效果；三是借助科研人员诚信体系要求开展项目自评估，促使项目负责人主动采取措施控制项目风险、提高资金使用效率。

［摘选自：刘笑，胡雯，常旭华．颠覆式创新视角下新型科研项目资助机制研究[J]．经济体制改革，2021(2)：35-41．］

以一流学科建设促进一流高新区发展

| 沈其娟　蔡三发

知识经济时代，大学在国家和区域经济发展中发挥着日益强大的创新辐射作用。高新技术发展区（下称“高新区”）作为政府主导规划建设的科学—产业综合体，正是发挥这一作用的重要载体。20 世纪 80 年代以来，我国已批准建立了 169 个国家级高新区，各省、自治区、直辖市的区域高新区也得到飞速发展。我国大学通过科技成果转移、研发合作和支持、人才输送和资源共享等形式，为所在区域的高新区发展提供有力支撑。但是当前国内高新区建设仍然普遍存在创新链与产业链割裂、产学研合作机制不尽完善、国际竞争力有待提高等问题。

随着我国“双一流”建设不断推进，大学一流学科建设的成果如何能够更好促进一流高新区建设已经成为一个亟待探索的问题。一流高新区需要具备以下四个基本特征：其一，聚集大量高端要素和专业要素（集群）；其二，培育新兴产业和新业态，引领世界的产业发展趋势；其三，具有较强的内生增长机制，能孵化出具有国际竞争力的企业；其四，创造引领时代前沿的组织模式、制度和文化。结合国内外高新区发展的有益经验和宝贵教训，我国政府、大学和企业可从以下三方面着力，构建一流学科建设与一流高新区发展之间的高效互动机制。

一是政府应将大学科技成果转化纳入大学评价体系，引导大学办学理念、学术评价政策的转变，鼓励大学和相应学科深度参与高新区建设。政府应充分践行管理、协调和服务的职能，减少不必要的管制和审批，为产学研机构之间的联系和合作搭建平台、创造条件、提供保障。例如，政府可以根据产业集群发展的需要选定重点科研项目，组织大学、科研机构及企业搭建创新平台，调动并整合各方的人力和资源进行科研攻关；搭建沟通各部门各地方成果管理机构的交流平台，加强科技成果工作的信息化互动式管理。政府应制定推动产学合作的系列政策、法规和制度，明确双方的权利、义务与仲裁办法。加强创业服务中心的建设，优化孵化机制。在高新区内培育并规范相应的咨询和中介服务机构，如市场调查公司、技术咨询公司、科技成果交易中心、知识产权事务中心、律师事务所、会计师事务所等，为区内高新技术产业的发展提供服务支撑。

二是大学应主动将学科链融入企业生产大循环，支持和鼓励学术人才从事科技成果转化工作，营造创新创业氛围。优化学科布局，结合产业发展趋势建立优势学科群和交叉平台，强化一流学科的辐射效应。出台措施推动校内科技资源和科研平台的社会共享，例如国家重大研究和工程项目向企业开放和扩散，国家重点实验室和工程研究中心与企业形成互通共享机制。优化大学科研管理部门、科技开发部门等组织机构功能，充分发挥其在推进科技成果转移、促进产学合作过程中的沟通协调作用。推进校企合作教学，高校学科负责人与高新区企业以及相关政府部门可共同参与制定相关的学生培养计划和培养方案，根据双方要求设置相关课程与开展教学活动，确定相关考核标准和评估标准，降低高新区企业再培训成本，为高新产业发展提供人力资源保障。

三是企业应深度参与校企合作研发平台，建设自身研究机构与大学和学科的合作网络，积极将最前沿的产业信息反馈给大学及相应学科，共同攻克尖端难题、突破关键性技术障碍。企业是科技成果转化的直接主体，是科技成果转化的最佳场所。应营造重视创新的企业文化，改变一味追求短期利益、盲目跟风市场的组织发展策略，保证足够的研发投入。与大学和相应学科一起完善人才联合培养和交流机制，不断吸引和培养高端研发人才。企业间应合作共同营造园区创新环境，建立良好的企业集群和产业集群。当前，高技术产品的开发和生产越来越需要产业融合和交叉繁殖，需要知识的创新和弥漫而不仅是扩散或传播。只有当相关学科交叉、相关产业融合、相关科教机构和企业人员合作，以及产供销相关的企业发挥协同效应时，一流高新区才能真正发挥创新引领作用，实现高质量的知识经济发展。

2021年科创板上市公司科创力排行榜

| 任声策　胡尚文 等

一、科创力排行——目的与范围

1. 目的

科创板在2021年6月13日迎来正式开板两周年，同年7月22日迎来正式开市两周年。截至2021年6月底，科创板申请上市企业632家，注册企业326家。科创板的初衷是改革我国资本市场，促进经济转型、高质量发展，加快培育发展一批硬科技领军企业。那么，科创板企业的科创力到底如何？本报告以已上市科创板企业为样本，按行业分析评价我国科创板企业创新能力，旨在及时把握科创板企业创新能力，促进科创企业提升科创力，促进我国高质量发展。

2. 范围

纳入本次排行榜分析的企业为科创板已上市公司中披露2020年年度报告的企业，截至2021年4月30日，共计247家。其中，新一代信息技术领域企业70家，高端装备领域企业58家，新材料领域企业41家，新能源领域企业9家，节能环保领域企业13家，生物医药领域企业56家。上述企业多集中在沿海省份，企业数量前五的省(直辖市)分别为：江苏省(48家)，上海市(39家)，广东省(39家)，北京市(36家)，浙江省(23家)。

二、科创力排行——指标构成与方法

1. 评价指标

科创板上市公司科创力评价指标主要根据科创板文件中的《科创属性评价指引》确定，结合对企业科技创新能力的研究，为简化有效目标，本报告从创新投入、创新产出、创新效果等主要维度选择了9项指标。这9项指标分别为：发明专利数量与软件著作权数量、国际专利数量、研发人员数量、研发人员占比、研发投入、研发投入占营业收入的比例、主要研发投入业务的营业收入占营业收入的比重、所获得的重要科技奖项。根据重要程度，课题组经讨论确定赋予各项子指标 5～15 分值，总计分数为 100 分。各项指标的具体含义参见文末所附的指标说明。

2. 评价方法

(1) 数据来源

报告以权威公开数据作为评价计算基准。在 9 个指标中，除国际专利数量来自于市场公开专利数据库之外，其他各项指标的原始数据均来自上市企业在上海证券交易所官网披露的 2020 年年度报告。

(2) 分行业排行

本报告充分考虑科创板重点支持领域在技术创新上存在的差异，对于各科创板上市公司的科创力进行分析计算，之后按行业分别排行。因此，主要报告新一代信息技术领域、高端装备领域、新材料领域、新能源领域、节能环保领域、生物医药领域等行业的科创板上市企业科创力排行。

三、2021 年科创板上市企业科创力排行榜

排名依据科创板六大行业开展，反映的是被研究企业在所属领域的科创力得分和排名，不同行业的分数不具有可比性。以下是各行业科创力排名前十的企业及其科创力得分(表 1～表 6)。

表 1　2021 年新一代信息技术领域科创板上市企业科创力排行榜

排行	证券代码	公司简称	注册地/总部*	总分
1	688981	中芯国际	上海*	64.06
2	688256	寒武纪-U	北京	36.96
3	688111	金山办公	北京	36.45
4	688036	传音控股	广东深圳	35.30
5	688521	芯原股份-U	上海	29.62
6	688561	奇安信-U	北京	29.49
7	688777	中控技术	浙江杭州	27.82
8	688579	山大地纬	山东济南	24.54
9	688568	中科星图	北京	24.25
10	688088	虹软科技	浙江杭州	23.32

* 注册地在中国境外的企业按实际经营总部统计，下表同。

表 2　2021 年高端装备领域科创板上市企业科创力排行榜

排行	证券代码	公司简称	注册地/总部*	总分
1	688009	中国通号	北京	49.90
2	688012	中微公司	上海	47.42
3	688099	晶晨股份	上海	46.21
4	688007	光峰科技	广东深圳	38.83
5	689009	九号公司-WD	北京*	35.53
6	688208	道通科技	广东深圳	32.02
7	688169	石头科技	北京	28.45
8	688001	华兴源创	江苏苏州	28.40
9	688003	天准科技	江苏苏州	25.97
10	688055	龙腾光电	江苏苏州	25.37

表 3　2021 年新材料领域科创板上市企业科创力排行榜

排行	证券代码	公司简称	注册地	总分
1	688126	沪硅产业-U	上海	54.85
2	688106	金宏气体	江苏苏州	49.54
3	688219	会通股份	安徽合肥	45.01
4	688019	安集科技	上海	42.77
5	688122	西部超导	陕西西安	42.15
6	688005	容百科技	浙江宁波	34.25
7	688181	八亿时空	北京	32.78
8	688378	奥来德	吉林长春	31.18
9	688333	铂力特	陕西西安	29.59
10	688157	松井股份	湖南长沙	28.85

表 4　2021 年新能源领域科创板上市企业科创力排行榜

排行	证券代码	公司简称	注册地	总分
1	688819	天能股份	浙江湖州	59.11
2	688599	天合光能	江苏常州	56.93

（续表）

排行	证券代码	公司简称	注册地	总分
3	688567	孚能科技	江西赣州	39.46
4	688339	亿华通-U	北京	35.62
5	688006	杭可科技	浙江杭州	26.06
6	688551	科威尔	安徽合肥	21.22
7	688063	派能科技	上海	18.77
8	688390	固德威	江苏苏州	17.96
9	688408	中信博	江苏苏州	16.86

注:新能源领域科创板上市公司数量为9家。

表5 2021年节能环保领域科创板上市企业科创力排行榜

排行	证券代码	公司简称	注册地	总分
1	688057	金达莱	江西南昌	74.02
2	688101	三达膜	陕西延安	54.80
3	688196	卓越新能	福建龙岩	44.99
4	688350	富淼科技	江苏苏州	39.37
5	688021	奥福环保	山东德州	35.70
6	688679	通源环境	安徽合肥	29.66
7	688335	复洁环保	上海	27.98
8	688096	京源环保	江苏南通	22.89
9	688466	金科环境	北京	21.63
10	688069	德林海	江苏无锡	18.56

表6 2021年生物医药领域科创板上市企业科创力排行榜

排行	证券代码	公司简称	注册地	总分
1	688180	君实生物-U	上海	48.54
2	688520	神州细胞-U	北京	43.90
3	688266	泽璟制药-U	江苏苏州	43.77
4	688166	博瑞医药	江苏苏州	38.04

（续表）

排行	证券代码	公司简称	注册地	总分
5	688202	美迪西	上海	37.50
6	688222	成都先导	四川成都	37.23
7	688578	艾力斯-U	上海	36.70
8	688177	百奥泰-U	广东广州	33.80
9	688289	圣湘生物	湖南长沙	32.52
10	688108	赛诺医疗	天泽	31.34

四、2021年科创板上市企业科创力排行分析

1. 经济发展领先区域科创板上市企业科创力明显领先

结果表明，科创力领先企业主要分布在经济发展领先地区。

首先，北京市、上海市科创板上市公司总体科创力在全国处于领先位置。在六大行业科创力排行前十位的企业中，上海共占据11家（占11/60），并在三个行业排行榜中居首位（占1/2），在各行业排行榜前三位中共出现5次（占5/18），并在六大行业中均有入榜。在六大行业科创力排行前十位的企业中，北京共占据11家（占11/60），并在一个行业排行榜中居首位（占1/6），在各行业排行榜前三位中共出现4次（占2/9）。

其次，江苏省拥有最多数量的科创板企业，其科创板上市公司总体科创力在全国也处于领先位置，在六大行业科创力排行前十位的企业中，江苏共占据12家（占1/5），在各行业排行榜前三位中共出现3次（占1/6），但没有一家企业在这次排行榜中处于首位。

再次，在六大行业科创力排行前十位的企业中，浙江企业占据5家（占1/12），且有一家位于榜首；广东占据4家（占1/15），但没有一家处于榜首。另外有山东、安徽、陕西、吉林、湖南、江西、福建、四川、天津的企业上榜。

2. 主要行业科创板上市企业科创力分布有差异

结果表明，各地区在科创力领先企业分布上存在差异，具有不同的行业优势。

首先，新一代信息技术行业科创力领先企业相对集中，前十位企业主要分布

在北京、上海、浙江等省市。高端装备领域科创力领先企业也同样相对集中，前十位企业主要分布在上海、北京、广东、江苏四省市。

其次，在生物医药行业科创力领先企业之中，上海具有明显优势，有三家。另外江苏有两家，其他则分散分布。北京在信息技术和高端装备领域有优势，上海在信息技术、高端装备和生物医药领域领先。

再次，北京、上海和江苏在六大行业科创力领先企业之中均有企业入榜，说明优势行业较为广泛，而其他地区优势行业分布相对集中。

（本次排行榜报告由同济大学上海国际知识产权学院、上海市产业创新生态系统研究中心课题组联合发布，受到上海市科创企业上市服务联盟，上海浦东科技金融联合会的支持。课题组将围绕科创板上市企业科创力等继续跟踪分析。）

附：指标说明

指标 1：发明专利数量与软件著作权数量

指标 1 衡量企业创新能力和创新绩效，满分为 15 分。专利和软件著作权是科创企业的两类重要知识成果，是企业拥有的知识产权。在专利中，授权的发明专利经过了实质审查，具有更高的价值和稳定性。而科创板部分企业的核心业务与软件相关，因而将软件著作权也纳入了科创成果的衡量指标。指标 1 的数据均来自上市企业披露的 2020 年年度报告。

指标 2：国际专利数量

指标 2 衡量企业创新能力和创新绩效，满分为 10 分。根据国家知识产权局关于高价值专利的定义，在海外有同族专利权的发明专利属于高价值专利，因而本指标反映企业高价值的知识产权成果。指标 2 的数据来自市场公开专利数据库。

指标 3：研发人员数量

指标 3 衡量企业研发投入、研发能力，满分为 15 分。研发人员数量反映企业科创人才方面的绝对实力。指标 3 的数据来自上市企业披露的 2020 年年度报告。

指标 4：研发人员占比

指标 4 衡量企业研发投入、研发能力，满分为 10 分。根据证监会公布的《科创属性评价指引》，研发人员数量占当年员工数量的比例应不低于 10%。研发人员占比反映的是企业的人员构成，侧面反映企业对于研发人员的重视程度。高科创属性的企业在人才结构上往往更偏向研发部门，有着较高的研发人员占比。指标 4 的数据来自上市企业披露的 2020 年年度报告。

指标 5：研发投入

指标 5 衡量企业研发投入、研发能力，满分为 15 分。研发投入反映企业科创投入方面的绝对值，也是《科创属性评价指引》中重要的评价指标。指标 5 的数据来自上市企业披露的 2020 年年度报告。

指标 6：研发投入占营业收入的比例

指标 6 衡量企业研发投入、研发能力，满分为 10 分。研发投入反映科创投入方面的相对强度，也是《科创属性评价指引》中重要的评价指标。指标 6 的数据来自上市企业披露的 2020 年年度报告。

指标 7：主要研发投入业务的营业收入占营业收入的比重

指标 7 衡量企业研发投入、研发能力，满分为 10 分。本指标主要为了调整部分综合性企业基本指标和科创业务的匹配关系，突出科创属性强的企业。指标 7 的数据来自上市企业披露的 2020 年年度报告。

指标 8：主营业务的营业收入

指标 8 衡量企业科创业务的经营绩效，满分为 10 分。科创板上市企业的主营业务相对集中，一般为主要研发投入的业务。本项指标反映企业围绕核心业务的运营能力，数据来自上市企业披露的 2020 年年度报告。

指标 9：所获得的重要奖项

指标 9 衡量企业的创新能力和绩效，满分为 5 分。根据国家知识产权局关于高价值专利的定义，获得国家科学技术奖或中国专利奖的发明专利为高价值专利。本指标借鉴了高价值专利的部分定义，突出企业的代表性科技成果。纳入本指标的奖项为国家级一、二等奖和省部级一等奖，包括但不限于国家科技进步一、二等奖，省级科技进步一等奖，中国专利金奖等。指标 9 的数据来自上市企业披露的 2020 年年度报告。

从 NSFC 交叉科学部会评专家看学科交叉与交叉学科

| 常旭华

当前，新一轮科技革命蓬勃兴起。传统科研范式和组织模式不断打破原有边界，交叉融合成为科学发展潮流，各个领域的颠覆性创新正在酝酿和爆发。同时，大国竞争愈来愈表现为基于科技实力的多维度竞争，应对全球性挑战和满足国家重大需求对基础研究的需求也比任何时候都更加迫切。习近平总书记指出，“基础研究是整个科学体系的源头，是所有技术问题的总开关”。国家自然科学基金是我国科技计划项目体系的五大核心之一，承担着资助前瞻性基础研究、引领性原创成果重大突破，增强源头创新能力的重任。自2018 年以来，国家自然基金委员会开始全面改革，并于 2020 年成立了第九个学部—交叉科学部。不同于传统的八大学部，交叉科学部以重大基础科学问题为导向，以交叉科学研究为特征，聚焦国家重大战略需求和新兴科学前沿交叉研究。

在国家自然科学基金资助序列中，基础科学中心项目和创新研究群体项目历来处于资助体系的顶端，受到学界的高度重视。交叉科学部对这两类项目的资助导向更是值得特别关注。2021 年自然科学基金尚未放榜，本文仅尝试从公开的会评专家名单一窥究竟。

一、会评专家名单概况及特征归纳

2021 年是交叉科学部首次组织会评，首批项目遴选对构建新学部的公信力，营造交叉科学研究文化具有重要意义。考虑到多学科交叉，交叉科学部针对基础科学中心项目和创新研究群体项目的会评专家达到 34 人，远超传统的八大学部。根据附表 1 中 34 位会评专家的基本信息，可以总结出如下规律。

1. 专家来源广泛。34 位会评专家全部来自双一流高校，如中国科学院大学、清华大学、南京大学等。除中国科学院大学有 7 位专家参加会评外，其他高校通常仅有 1 位专家参加会评，反映出会评专家分布的平衡性。

2. 学科分布广泛。34 位会评专家的学科背景分布广泛，包括半导体、材料科学与工程、生物医学工程、工程力学、控制科学与技术、光学、化学、微电子、机械制造及其自动化、光谱学与量子信息学、生物物理学、环境学等，充分体现了新学部学科交叉融合的特征。

3. 会评专家级别高。绝大部分会评专家是所在学科/学院的学术带头人，其中 18 人是国家杰出青年科学基金获得者，13 人是教育部长江学者。特别需强调的是，大部分会评专家都有行政职务，兼任所在单位的所长、院长甚至校长，反映出新学部希望自上向下推进学科交叉和交叉学科建设，通过行政领导克服部分传统学科可能存在的阻力。

4. 会评专家自身具备交叉学科背景。部分会评专家本身就在从事学科交叉或交叉学科研究，具有宽阔的研究视野。这有利于会评专家结合自身研究经历，打破学科偏见，打破基础研究与应用研究间的隔阂，从更高的视野维度遴选出真正有价值的交叉研究项目。

二、启示与建议

1. 交叉科学部应尽量回避学科，避免资源固化

交叉科学部由交叉科学一处（物质科学领域）、二处（智能与智造领域）、三处（生命与健康领域）、四处（融合科学领域）构成，从机构命名看，尽管现有四个处没有采用以往的学科门类或一级学科命名规则，但依然可以看出学科色彩。交叉学科一旦自身变为一个独立的学科，就天然地具有争夺学科资源的动机。因此，交叉科学部应根据需要打造流动的学科池，避免学科固化导致资源分配格局固化，相应地也应当进一步加强会评专家的流动性。

2. 交叉科学部应纳入人文艺术与社会科学

无论是交叉科学部机构设置还是会评专家名单，都没有人文艺术和社会科学领域的身影。但从历史发展的客观规律看，每一轮科学和技术革命带来的不仅仅是生产力的巨大飞跃和社会财富的极速膨胀，还包括社会关系的彻底改变或颠覆。以当下最新的大数据和人工智能为例，其已经对传统的社会治理体系、法律关系结构、伦理道德产生了相当大的冲击。因此，当交叉科学部面向科技前沿和国家重大战略需求资助科研项目时，需要人文艺术和社会科学同步跟进，引导科学技术实现服务人类美好生活的终极目的。

3. 交叉科学部与交叉学科建设应互相支持,协调推进

无论是交叉学科或学科交叉,其最终目的都是解决全人类共同面临的问题、解决国家重大战略需求、服务人民健康安全等。当前,一些传统学科(如法学)依然固守学科边界,只认可学科交叉,不认同交叉学科,甚至以此为由阻碍交叉学科建设。笔者在参与交叉学科申报时也亲身感受到,最大的阻力往往就来自最接近的母体学科。实际上,从学科发展的历史维度看,交叉学科是学科交叉的裂变反应,学科交叉不断繁衍出交叉学科,二者是共生关系,需要资源共享、相互支持、协调推进。

附表 1　交叉科学部基础科学中心项目和创新研究群体项目会评专家名单

姓名	机构	所在部门	研究领域
常　凯	中国科学院大学	半导体研究所	拓扑绝缘体、石墨烯、自旋电子学、固态量子信息、半导体纳米结构物性
陈　红	中国科学院大学	大气物理研究所	气候预测及可预报性研究
陈洛南	中国科学院大学	分子细胞科学卓越创新中心(生物化学与细胞生物学研究所)	网络生物学及生物大数据、生物信息学、计算系统生物学、机器学习及人工智能
陈学思	中国科学院大学	长春应用化学研究所	交酯和环酯开环聚合催化剂的合成与性能表征、生物可降解高分子材料与纳米无机材料的复合与医学应用探索、具有功能性和智能性生物可降解高分子材料的设计与合成、生物可降解材料在基因和抗肿瘤药物缓释上的应用研究、组织工程支架与骨组织工程修复、聚乳酸产业化开发、尼龙-11 产业化关键技术开发
董晓臣	南京工业大学	数理科学学院	导体生物光电子(肿瘤光治疗)、柔性电子和先进能源材料
杜　杰	首都医科大学	附属安贞医院	心血管疾病防治研究
段纯刚	华东师范大学	物理与电子科学院常务副院长	固体材料结构和物性的理论研究和计算模拟

（续表）

姓名	机构	所在部门	研究领域
樊瑜波	北京航空航天大学	生物与医学工程学院院长	致力于生物力学、力生物学及其与生物材料交叉融合的基础和应用研究，从交叉学科角度研究疾病与健康相关问题、开展新型医疗器械基础及关键技术及医疗器械科技发展战略研究，探索飞行员损伤机理和防护方法、发展航空航天生命防护与保障技术
顾　宁	东南大学	生物科学与医学工程学院院长	从事分子功能材料薄膜、纳米加工以及纳米材料制备、表征、及其在生物医（药）学领域中的应用研究
郭万林	南京航空航天大学	纳米科学研究所所长	面向飞行器安全和智能化的需求，长期从事飞机结构三维损伤容限和低维功能材料力电磁耦合和流固耦合的力学理论和关键技术研究
黄攀峰	西北工业大学	西北工业大学自动化学院院长	空间智能机器人技术、空间遥操作技术、智能控制技术、机器视觉、飞行器导航制导与控制、复杂空间绳系系统动力学与控制、空间细胞机器人技术、人机融合智能技术、分布式群体智能技术、自主智能系统
黄　强	北京理工大学	机械电子工程学院	仿生技术、机器人
蒋欣泉	上海交通大学	口腔医学院副院长	口腔颌面组织再生与修复的研究与转化
李传峰	中国科学技术大学	光学与光学工程系	构建有特色的量子纠缠网络、利用量子信息技术研究量子物理
李国红	中国科学院大学	生物物理研究所	染色质结构和表观遗传调控
李　振	武汉大学	化学与分子科学学院	有机、高分子光电功能材料化学。研究对象主要为有机共轭体系和功能高分子，研究范围涉及二阶非线性光学、有机室温磷光、力致发光、聚集诱导发光、传感器、太阳能电池、磁性纳米材料等

(续表)

姓名	机构	所在部门	研究领域
林海青	中国科学院大学	北京计算科学研究中心	凝聚态物性理论和相关的计算物理研究
刘昌胜	上海大学	党委副书记、校长	兼具材料、生物和化工的学术背景，主要从事生物材料的研究，包括组织修复与再生材料、纳米生物材料、可注射生物材料、药物/生物活性因子控释等
刘连庆	中国科学院大学	沈阳自动化研究所	开展微纳操控技术研究，操纵生命介质与机电系统在分子细胞尺度融合，创建跨介质类生命系统，推动机器人由仿生学向类生学发展
刘文广	天津大学	料科学与工程学院先进高分子材料研究所	再生医学相关生物医用高分子材料、高强度水凝胶的设计及其生物医学应用、药物/基因递送载体、功能高分子材料
龙世兵	中国科学技术大学	微电子学院	从事微纳加工、阻变存储器、超宽禁带半导体器件领域的研究
孙长银	东南大学	自动化学院	模式识别与智能控制、自主无人系统控制等
唐智勇	国家纳米科学中心	副主任	纳米功能材料在环境和能源领域的应用
王建浦	南京工业大学	先进材料研究院	有机及钙钛矿光电子器件与物理
王欣然	南京大学	电子科学与工程学院	在国际前沿的下一代电子信息材料领域取得了一系列国际领先的原创成果，长期保持着石墨烯场效应晶体管开关比的世界纪录
翁羽翔	中国科学院大学	物理研究所	时间分辨超快激光光谱仪技术、光合作用系统及人工模拟系统能量和电荷转移的超快光谱、蛋白质动态结构及快速折叠动力学研究、界面电荷转移动力学研究
吴华强	清华大学	集成电器学院院长	长期从事新型存储器及基于新型器件的类脑计算研究，涵盖了器件、工艺集成、架构、算法、芯片以及系统等多个层次

(续表)

姓名	机构	所在部门	研究领域
杨志谋	南开大学	生命科学学院	多肽自组装:①药物递送;②疫苗递送;③多肽自组装方法
尹周平	华中科技大学	机械科学与工程学院院长	电子制造装备与技术、智能制造技术与应用
曾和平	华东师范大学	精密光谱科学与技术国家重点实验室	精密光谱与量子探测
张浩力	兰州大学	化学化工学院	有机光电材料的设计与合成、纳米材料与纳米器件的制备与表征、有机非线性光学材料、微区与超快光谱技术的应用
张天材	山西大学	物理电子工程学院量子光学与光量子器件国家重点实验室	主要从事原子冷却与操控、量子态产生与量子测量等方面的科研
张文科	吉林大学	化学学院	揭示超分子体系形成的推动力、从单个分子水平阐述聚合物的结晶及熔融过程的机理、研究病毒颗粒的动态组装及解组装过程、高子在力诱导下的化学反应
邹志刚	南京大学	环境材料与再生能源研究中心主任	长期从事光催化材料的设计、制备、反应机理及其应用的基础研究

注:人员名单来自国家自然科学基金委网站,专家信息来自相关单位网站。

深化科技人才评价机制改革的几点思考*

| 周文泳

《中华人民共和国经济和社会发展第十四个五年规划和二〇三五年远景目标纲要》指出："贯彻尊重劳动、尊重知识、尊重人才、尊重创造方针，深化人才发展体制机制改革，全方位培养、引进、用好人才，充分发挥人才第一资源的作用。"进一步深化科技人才评价机制改革，营造顺应科技人才发展规律的人才评价环境，顺应我国科技自立自强、打造战略科技力量、推动经济社会发展和科技进步的现实需要。

一、改革开放以来我国科技人才评价机制改革的探索过程

改革开放四十余年以来，我国科技人才评价机制改革经历了建章立制、局部完善、国际接轨等阶段。在不同阶段，我国结合特定时代特征积极探索改进顺应国家科技事业发展的科技人才评价举措，并取得了积极成效。

1. 建章立制阶段(1978—1994年)。十一届三中全会之后，我国面临科技人才匮乏，科技人才评价中普遍存在"论资排辈"与"吃大锅饭"现象。在此时期，我国将探索现代科技人才评价机制和弥补科技人才评价制度缺失问题等作为科技人才评价机制改革的重点任务。在人事部(现人力资源和社会保障部)牵头下，逐步形成了科技人才的收入分配制度、专业技术职务制度以及各类奖励制度，但是，依然存在政策可操作性不足、政策覆盖面小、激励性不足等问题。

2. 局部完善阶段(1995—2001年)。1995年，我国提出了科教兴国战略，把科技和教育摆在经济社会发展的重要位置。在此时期，我国把完善科技人才评价体系、增强科技人才激励制度等作为科技人才评价机制改革的重点任务，并取得了如下改革进展：一是对科研人员实施跟踪考核，破格提升有突出贡献的人

---

* 本文为科学技术部2021年度科技战略研究专项项目"促进高质量发展的科技评价体系改革研究"(项目编号：ZLY202148)阶段性研究成果。

员；二是加大对科技人才的政策环境与资金支持，鼓励科技成果转化；三是完善科技人才收入分配制度。但科技人才评价机制中依然存在跨部门协调不够、科技人才评价制度系统不足等问题。

3. 国际接轨阶段(2002—2012年)。2001年12月，我国正式加入WTO，与此同时，人才流失严重问题备受关注(1978—2002年出国留学人员共有58万人，回国率25.86%)，2002年5月7日中央批准印发《2002—2005年全国人才队伍建设规划纲要》，2006年3月，人才强国战略作为专章被列入“十一五”规划纲要。在此期间，科技人才评价机制改革加强了部门间合作多元化(国家部委联合发文约占40%)，推动了政策工具，关注分类评价指标、评价流程与国际接轨、科学规范，形成了多样化的激励手段。从国家到基层科研单位，科技人才评价领域的规章制度日趋健全。但科技人才评价机制中，依然存在偏重物质激励，学术话语主体意识薄弱的现象，逐步暴露出“四唯”/“五唯”等问题。

二、现行科技人才评价机制运行过程中的薄弱环节

《中华人民共和国经济和社会发展第十四个规划和二〇三五年远景目标纲要》指出：“完善人才评价和激励机制，健全以创新能力、质量、实效、贡献为导向的科技人才评价体系，构建充分体现知识、技术等创新要素价值的收益分配机制。”现有的科技人才评价机制的相关制度规范日趋完备，但是，在科技人才评价机制运行过程中，依然存在如下薄弱环节。

1. 关注履历有余，德行评鉴不足。各类科技人才项目评审比较侧重于候选人的过往经历及前期成果积累，尽管学术规范、科学精神与道德品质已列入评审标准，但评审对候选人的德行评鉴力度不足，导致部分入选人才称号者道德示范不够显著的情况。

2. 指标照抄有余，测度依据不足。中办国办的“分类评价指导意见”与“三评意见”的主要条款被各类科技人才项目评价定性指标普遍引用或参考使用，但指标测度依据不足，导致实际操作问题。科技人才项目评选中，隐形的“四唯/五唯”现象依然严重，如“唯国外顶级期刊论文论”现象依然客观存在。

3. 建章立制有余，规矩意识不足。各类人才评价规制比较齐全，但落实却不够到位。科技人才项目与科技奖励评审中，跑人情关系既有个人行为，又有组织行为。人才项目评审中，依然存在专家行为随意性过强，客观性、科学性不足等问题。

三、进一步深化科技人才评价机制改革的几点建议

1. 加强德行评鉴力度，强化人才称号的道德示范作用。坚持德行评鉴正负面清单并举原则，强化负面清单（如学术不端等）体检，设置正面清单的加分项（如被公认的且具有影响力的道德示范事项荣誉）。进一步增强人才称号的道德示范作用，既要加强新闻媒体、社会公众与单位同事对入选人才称号的科技人才的道德监督力度，也要从严设置德行清退制度，及时取消道德失范者的人才称号。

2. 探索价值发现机制，加强不同领域成果前沿溯源。首先，要遵循实践检验真理标准，探索价值发现机制。探索“实践检验真理”的价值发现机制，即构建“实践活动—应用研究—应用基础研究—基础研究”的路径，逐级研究成果价值发现机制，客观评判科技成果价值。其次，要健全成果前沿溯源库建设，支撑高层次人才评选工作。成果前沿溯源库建设内容主要包括：一是基于原创论著（原创思想、原创理论、原创观点等）的基础研究原创成果库；二是基于基础专利、原创原理、原创方法等的应用研究与技术开发成果库；三是首次综合技术集成案例库。

3. 探索多种科技人才遴选方式之间的“赛马”制度。首先，要完善现行科技人才遴选方式。在人才项目遴选过程中，可以尝试适当增设一些便于双盲评审的措施，探索全程双盲评审制度。其次，要探索基于人才发现、人才举荐等的多种遴选方式。在人才项目遴选过程中，鼓励社会公认的在专业领域研究广泛的德高望重学者做伯乐，推荐人才。在人才项目遴选过程中，建议使多种方式各占一定比例，同期开展遴选；期末，对不同方式遴选的同类人才项目执行绩效进行对比，形成人才项目“赛马”制度。

参考文献

[1] 李燕萍，刘金璐，洪江鹏，等. 我国改革开放 40 年来科技人才政策演变、趋势与展望——基于共词分析法[J]. 科技进步与对策，2019，36(10)：108-117.

[2] 谭玉，吴晓旺，李明雪. 科技人才评价与激励政策变迁研究[J]. 基于 1978—2018 年政策文本分析[J]. 科技与经济，2019，32(5)：66-70.

财政资助科研项目经费如何用在"人"身上

| 常旭华

2021年7月28日，李克强总理主持召开国务院常务会议，提出"给予科研人员更大经费管理自主权""加大中央财政科研经费对科研人员的激励，提高科研项目间接费用比例，科研项目经费中用于'人'的费用可达50%以上，对数学等纯理论基础研究项目，间接费用比例可提高到60%"；同时，会议也提出"科研单位可将间接费用全部用于绩效支出"。消息一出，受到广大科研工作者和科技管理人员的热烈欢迎。但细想之下，笔者认为这一改革还有诸多值得商榷的地方。例如，财政资助科研项目经费的本质是什么？项目经费如何合理用于单位在编人员激励？这种激励方式能否解决当下科研人员痛点？由于未见到改革文件全文，本文仅尝试就以下三个问题做些讨论。

一、财政科研经费是国家与科学共同体之间订立的合同契约

新中国成立以来，我国财政科研经费管理模式经历了数次改革，从计划经济时代的"任务分配制"到改革开放初期的"任务分配制＋科研合同制"，再到如今的"科研合同制"。国家将纳税人税金透过公共财政分配系统资助科学研究活动，本质上是在国家和项目承担单位之间确定合同契约关系[1]。科学研究越是偏基础理论（如天文学、数学等），其实现越依赖执行主体的专业性，项目结果也越是不可预期。基于此，国家自身难以提供此类创新公共产品，只能以科研经费和科学自治权交换科学共同体的科学发现、技术创新。当前，我国财政科研经费管理具有浓厚的国家本位主义，科技管理部门围绕科技事权，以"管项目、管成果、管经费执行效率"为核心，管制性特征明显而契约精神不足，科研人员的经费支出和使用受到严格限制，既有悖于科学研究活动的基本规律，实质上也反映了项目管理部门对项目承担单位和科研人员个体的不信任。例如，即便科研人员圆满完成了科研合同规定任务，如果经费预算执行率不高，项目结项评估依然可能不通过。这不完全符合契约惯例。

二、提高间接费用占比值得商榷，项目报酬需要封顶

财政科研经费主要是为了给科研人员创造必要的科研环境，经费可以用在设备、材料、差旅、劳务等领域。财政科研经费既然是政府与科学共同体之间的科研契约，理论上当然可用于支付单位内部在编人员的工作津贴。这次改革文件特别强调要加大对科研人员的激励，科研项目经费中用于“人”的费用可达50%以上。这正是本次改革最受科研人员瞩目的关键原因。改革总体方向获得认可，尤其是加大对数学等基础学科的经济激励的决策充分考虑到学科差异，体现了对项目承担者纯粹智力活动的尊重。

但是，提高间接费用占比这一激励方式值得商榷。理由如下：①回归契约本身，科研人员参与项目“按劳取酬”，需要对科研人员智力劳动进行定价或“锚”定参照价格，并根据单位定价和劳动时长计算劳动报酬，从劳务费科目支出；而间接经费主要用于支付单位内部无法独立核算的公摊成本，包括科研人员办公场所维护、水电气等公共服务及组织管理成本，用于“人”的费用属于奖励性绩效支出而非劳动报酬，且占比通常也不超过 50%，因此，通过提高间接经费占比而非提高劳务费占比实施经济激励从财务逻辑上讲不通。②单纯提高间接费用占比而不考虑绝对值差异的话，可能会出现“按下葫芦浮起瓢”现象。考虑到学科差异，基础研究和应用研究的经费规模有时相差甚至超过 100 倍。如果只按比例提取间接费用而不封顶，基础研究与应用研究两个不同领域科研人员在单位内部的相对收入差距只会大幅扩大而非缩小。这不仅可能抵消基础研究科研人员的政策获得感（不患寡而患不均），更可能诱导科研人员转行从事应用研究，与国家倡导基础研究的文件精神相悖。

对此，我们不妨看看美国的做法。美国国立卫生研究院（NIH）允许的项目预算科目包括劳务费（包含项目负责人、主要参研人员的薪金和津贴福利）、设备费、专家咨询费、改造和翻新费用、出版和杂项费用、合同服务、财务成本、差旅费、设备和管理成本（间接费用）[2]。针对劳务费部分，NIH 每年都会更新对参与项目科研人员的薪金限制要求（2021 年限制要求为 *Guidance on Salary Limitation for Grants and Cooperative Agreements FY 2021*）。

具体操作层面，NIH 要求科研项目申请人提供所在单位发放的基础薪金信息（Base salary，特指因完成单位科研、教学等获得的工资性收入，但不包括其他

单位外收入)，并以基础薪金和联邦行政二级薪金(Federal Executive Level II salary，2021 财年为 19.93 万美元/年)的最低值为基数，根据科研项目实际投入时间计算劳务费。计算方法如式(1)。

$$\text{科研项目劳务费} = \min\{\text{基础薪金};\text{联邦行政二级薪金}\} \times (\text{工作月数}/12\text{个月}) \tag{1}$$

由于采用“锚”定联邦行政二级主管年薪的办法，参照美国劳工部 2016 年的数据，美国大学教授全时工作年薪约为 10 万美元，按式(1)计算全时科研劳务费最高为 10 万美元，则该教授全时工作最高年薪约为 20 万美元。

三、当前的改革措施能否解决科研人员痛点

关于科研人员收入待遇问题，关键痛点集中在两方面：①基础性工资收入严重偏低，在编科研人员的工资性收入远低于企业同类人员，高校博士与硕士毕业生的收入倒挂现象严重，导致科研人员不得不耗费本应用于科研的精力去从事其他非科研活动，弥补自我认可市场价值与单位劳动报酬之间的缺口；②科研人员贫富悬殊，即便不考虑单位外收入，大部分高校内“穷教授”与“富教授”的综合年收入差距超过 5 倍。除非家里有“粮”，否则科研人员几乎不可能坐得住基础研究“冷板凳”。

改革文件通过财政资助项目筛选出有科研潜力、有强烈意愿的学术精英，重点予以经济激励，固然可以提高一部分科研骨干的工资性收入。但不足之处同样明显：一是政策覆盖面太窄，没有根本性解决绝大部分科研人员收入低的问题；二是可能在单位内部造成“项目等于收入”的局面，变相诱导科研人员放弃风险性高、不可预期性强、具有颠覆性的科学研究，转而不断申请累积性强、成果可预期、周期短的科研项目，这本质上也是一种“唯项目”。

当然，关于“收入少，所以不做科研”和“不做科研，所以收入少”的争论由来已久。尽管很难说清楚二者因果关系，但笔者建议，国家应为普通科研人员和学术精英设置两个收入“锚”，确定收入下限和上限，优先解决科研人员的基础性收入保障问题，增强科研人员职业认同感，在普惠激励基础上通过项目遴选机制予以重金激励。如此“由面到点，多点普惠，少点刺激”，可能更符合科技治理能力现代化的客观规律。

参考文献

[1] 蒋悟真.科研项目经费改革的法治化路径[J].中国法学,2020(3):185-205.

[2] 常旭华,陈强,刘笑.美国 NIH 和 NSF 的科研项目精细化过程管理及对我国的启示[J].经济社会体制比较,2019(2):134-143.

《科学：无尽的前沿》：科学永无止境

| 钟之阳

一、报告的前生今世

第二次世界大战时，美国的科学与开发办公室直接向总统汇报，曾用无限量的资源和资金进行战时的科学研究，其中包括“曼哈顿计划”。随着战争即将结束，美国政府开始重新审视在和平年代应如何看待科学研究。1945 年，该办公室负责人、麻省理工大学教授范内瓦·布什（Vannevar Bush）递交给总统一份题为《科学：无尽的前沿》（*Science: The Endless Frontier*）的报告。

报告主线是对罗斯福总统的四个问题“战争期间的科学知识如何普及应用”“如何推进医学和相关领域的工作”“如何促进公共及私人组织的研究活动”以及“如何发现和发展美国青年科学人才”进行了回复。这份报告不长，强调的诸多科研发展原则在今天已经成为共识，例如要给予科学家足够的经费和自由，强调“不考虑实际需求”且由大学主导的基础研究，要培养足够大基数的人才以找到顶级科学研究者，同时不能忽视人文社会科学领域的研究。

布什提交报告后，他的期望并没有完全实现。一方面，报告完成时罗斯福总统已经去世；另一方面，当时对科学应如何发展这一议题存在着理念上的根本分歧，布什认为应当以科学家的自主权为基础，而另一种观点则主张研究应能直接面向国家的社会和经济需求。经过五年的辩论，这份报告才算是得到了一些落实，结果就是成立了美国国家自然科学基金会（NSF），由此带动了美国科学政策的变化以及此后几十年美国惊人的科学进步。可以说，这份报告是美国科技政策的“开山之作”，奠定了美国战后至今的整个科研体系，其重要性怎么强调都不过分。

尽管多年来，围绕这份报告不断出现争议和讨论，可这也正体现了此报告持久的影响力。每次高调宣传的时候，都是美国科学面临了新的挑战。1945 年提交报告，是为了应对战后的新局面；1950 年成立 NSF，有苏联研制原子弹成功的因素;而后的四十年是此消彼长的美苏争霸;2020 年,NSF 成立 70 周年,布什报告递交 75 周年,美国科学面临着新的挑战——所以,在 2021 年 5 月美国参议院通过了《无尽前沿法案》(*Endless Frontier Act*)。可见,美国当下的一项重要法案仍然要打着《科学:无尽的前沿》的名号来争取支持。这份法案提出,政府的公共资金要支持关键技术领域的研发以此保持美国在科学领域的领先地位,而中国则被当成了头号对手。

二、历史是一面镜子

近年来,中国科技领域出现"卡脖子"问题,让我们不得不再次思考关于科技政策的问题。而正当此时,美国再版了此报告,中国也出版了全新的中译本。此次再版除了布什当年的报告以外,还加入了美国科学促进会前首席执行官拉什·霍尔特(Rush Holt)写的导读《科学之议》,从当下的视角评判了布什这份报告的成败得失和当前美国面临的新挑战。中译本还收录了华为创始人任正非、计算机科学家吴军等众多大咖的精彩评述。

书一出版就引起了国内科学界的广泛关注。虽然尚不能严格论证此报告与后来 50 年美国的科技大繁荣有多大因果关系,但毫无疑问,报告是极具有前瞻性的。时至今日,美国已经是世界第一科技强国。美国的科技发展史就是一面镜子,要了解美国科技的发展思路,离不开这份报告。更具有现实意义的是,它让我们了解了现今科技政策界基本思想的来龙去脉,也给我们一个思考科学问题的机会。

一是基础研究的重要性。基础研究填补的是一口井,这口井正是所有"实用知识的来源"。美国高度重视基础研究,迅速摆脱了对于欧洲基础研究的依赖,成就了今日的科技强国地位。信息时代,我们依靠市场力量,以企业为主导的创新主体在移动互联网上抢占先机。下一个赛段的竞争一定建立在更为前沿的科学领域之上。"不考虑实际需求"的基础研究必然是有用的。"有剑不用"和"没有剑用"是两回事,无论是对扩大知识边界,还是对国家关系而言,科学是一切谈判的基础。

二是要有长远的眼光和韬略。对今天的中国而言,发展科技已经成为共识,而如何发展则是需要思考的问题。布什认为,当科学家完全自由地不受公众意见干扰地独立研究,反而对公众最有利。也就是说,如何建立一套政策体系以保证个人才能释放,是布什理论的核心,只要科学家充分释放才能,政府、公众以及工业界想要的东西就都有了，有人称之为科学自由主义。与此相对的是科学国家主义，是以政府、公众以及工业界的诉求和目的为起点，科学家以及承载科学家的组织体系要服务于这一目的，当他们的目标达到，科学家及其组织才能够实现价值。在我国科研举国体制时代，这一答案是非常明确的。但在今天的环境下，似乎两者都成立，这种模棱两可落实到一些具体问题上可能会造成矛盾。从长期看，关于两者关系的讨论是无法回避的。

三是科学不是一场竞赛。科学不是零和游戏，是正和游戏，需要包容性、分布性和参与性。任何一个国家不可能在让其他人在失势的情况下取得成功；同样，任何一个国家也不可能与人类科学共同体渐行渐远。

经过几十年的努力，我们今天终于有机会能够讨论科学发展路径这类问题，是幸运的。就像任正非先生所说的那样，我们处在一个最好的时代，我们的年轻人又充满希望，中国的发展一定能够日益蓬勃！

青年科技人才资助体系有待突破门槛限制

| 钟之阳

习近平总书记在2021年9月27日至28日召开的中央人才工作会议上指出,“要造就规模宏大的青年科技人才队伍,把培育国家战略人才力量的政策重心放在青年科技人才上,支持青年人才挑大梁、当主角。”习总书记的讲话把青年科技人才工作摆在了前所未有的突出位置并对其寄予厚望。青年科技人才是最有创新激情和创新能力的群体,也是国家科技事业的主力。完善对其的科研支持与培养,促进其早日成为独立的研究人才将有利于国家科研的可持续发展。近年来我国对科研投入越来越大,向青年科技人才提供支持的项目也越来越多,但仍有一些限制有待突破。

第一,资助对象和范围有待突破。通过对各类基金和项目的梳理可以发现,现有青年人才资助体系多聚焦于拔尖“海龟”人才,对大部分普通青年科技人才,特别是本土青年科技人才支持不够。根据相关调查显示,青年科研人员中有54.1%近三年没有主持过科研项目。在日益激烈的科研竞争之下,项目的申请难度逐渐增大。以国家自然科学基金为例,2019年自然科学基金青年项目受理项目数比2014年增长了54.4%,而资助项目数只增长了9.4%,而且青年项目资助率降低的速度比面上项目更快。对于其他类型的科研创新计划,青年科技人才能够作为项目负责人承担的项目就更少。美国国家科学基金会(NSF)等资助体系从早期阶段开始重视科技人才培养与开发,针对青年科技人才的不同发展阶段的和不同培养目标,多元化地设计资助内容、资助范围和资助力度,构建涵盖教育、培养和资助全成长过程的科研支持体系。应借鉴国际经验,构建全周期支持青年科研人才培养体系,同时鼓励各类科技创新计划加大对青年科研人员的资助,通过普惠性与竞争性支持相结合的方式为青年科技人才提供相对稳定的科研经费支持。

第二,项目申请的年龄门槛限制有待突破。目前,我国大量的科研项目对申请人有年龄方面的限制,错过了年龄门槛,即使其他条件达到了也没办法申请。

随着研究生招生规模不断扩大，青年学者的个人情况和发展路径也逐渐多元化。有不少青年科技人才大学毕业后在工业界、企业界工作了一段时间后转入学术界。同时，一些女性青年科研人员由于生育后代等原因也很难与其他同龄学者保持“整齐划一”的步调。以年龄为门槛的申请限制虽意图打破“论资排辈”局面，但也无形之中造成了青年科技人才的年龄焦虑。在激烈的竞争下，青年科技人才一旦在一定年龄前没有申请到相应的项目和资助，不但缺乏科研经费支持，也会在后面的项目申请中陷入劣势，似有一环扣一环、一步慢步步慢的现象。与简单地按年龄大小“一刀切”不同，美国国立卫生研究院（NIH）面向青年科技人才出台的“早期阶段科研人员”（Early Stage Investigator）系列政策对“青年”身份的界定与年龄无关。该身份指拿到最终学位、博士后出站后，在 10 年内没有独立承担过 NIH 科研项目的科研人员，同时若由于疾病、产假、服役等原因还可申请延长这一身份。

第三，项目申请的学历门槛限制有待突破。不少科研项目的申请均对学历和职称有申报门槛，这个门槛把不少企业的优秀青年科技人才拒之门外。现阶段，我们要强化企业创新主体地位，势必要凝聚一批高水平的青年科技人才。目前，各地各部门对“体制内”优秀青年人才的培养、使用和奖励等有不少新探索，但大量的“体制外”青年科技人才未得到足够重视，导致了企业对于优秀青年科技人才的吸引力较小。为此，有必要为各类人才提供一致的政策环境和发展环境，在学历和职称方面可以放宽限制，畅通企业申报高层次人才项目渠道，提高企业引进人才比例。

加快构建颠覆性技术的多维保护空间

| 胡　雯

近年来，科技创新的范式革命正在兴起，颠覆性技术几何级渗透扩散，以革命性方式对传统产业产生“归零效应”。作为现代技术的前沿领域，颠覆性技术存在高度不确定性，正如一头“充满希望的怪兽”(hopeful monster)，在向市场迈进的过程中极易夭折，并常常以现有制度所不允许的方式来改变现有制度，促使新旧范式转换。因此，保护空间的建立能够帮助颠覆性技术抵御主流技术竞争压力、实现知识和技术网络发展、赋能颠覆性技术体制与主流技术体制间的抗衡，是国内外科技治理的新兴议题。党的十九大报告首次提出将颠覆性技术创新纳入重点突破领域，表明颠覆性技术对我国建设科技强国具有重要意义，通过优化颠覆性技术保护空间协同治理能力，充分发挥颠覆性技术的创新势能，对实现科技与经济深度融合具有关键作用。

一、颠覆性技术的内涵及其保护空间

颠覆性技术通常与维持性技术(sustaining technologies)对应理解，能够改变原有的技术经济范式，重构产业经济领域理念，打破传统供求模式，开拓全新的市场，进而带动产业结构变化，并具有前瞻性、基础性、范式变异性等特点。颠覆性技术的保护空间是为新兴技术构建的一个受保护区域(具有虚拟或实体边界)，使新兴技术免受外界压力，并强调采用主动嵌入的非市场化机制[1]引导新兴技术实现两个“死亡之谷”的跨越。其中战略生态位管理理论(Strategic Niche Management, SNM)，主要面向颠覆性技术的第一个“死亡之谷”，即技术的商业化过程，为培育性保护政策提供理论支撑；基于社会—技术系统(Socio-technical System)转型的多层次研究框架，主要面向颠覆性技术的第二个“死亡之谷”，即范式转型过程，为防御性和赋能性保护政策提供理论支撑。

二、颠覆性技术的多维保护空间

由于颠覆性技术对技术系统、经济系统和社会系统的广泛影响，保护空间的利益相关主体愈加丰富，使治理主体日益多元化，并逐渐向协同治理方向发展。因此，颠覆性技术需要加快构建包括政府、企业、学界、中介组织在内的多元主体参与的多维保护空间。

1. 政府：共识空间的主导者

协同治理格局的实现，首先取决于主体间信任关系的建立[2]，而在颠覆性技术保护空间视域内，信任关系的建立有赖于共识空间的形成。共识空间为各主体提供了集思、辩论和评估的平台，通过保护空间参与者的共同实践，选择和塑造技术轨迹，有助于消除阻碍颠覆性技术发展的路径依赖及其锁定效应。共识空间的形成一方面能够帮助颠覆性技术抵御来自既有选择环境的压力，另一方面也有助于建立颠覆性技术在参与者中的正面期望和发展远景。同时，共识空间对于推动知识与创新空间之间有意义的互动至关重要，如果参与者之间的共识有限，就难以形成构成创新空间的合作网络和转移网络，并且知识空间所提供的优势也将很难实现。建立共识空间的途径主要包括：提供集思、问题分析和计划制定的场所；提供实验项目所需资源的访问权限；提供解决冲突或危机情况的解决方案。因此，共识空间的建立往往需要公共政策的塑造，同时公共政策也是政府主体与保护空间互动形成的产物。政府虽然在协同治理的网络化结构中不再扮演“元治理”角色，但仍是共识空间的重要发起者、参与者、调和者，促使各方求同存异，这使政府在共识空间的形成和管理中具有主导作用。在颠覆性技术保护空间的协同治理过程中，共识空间为各主体间的协调领导和冲突缓和提供了解决机制，政府主体和非政府主体通过不断互动、交换资源、商讨谈判，最终建立共识、形成决策并执行决策。

2. 企业：创新空间的织网人

创新空间的发展使颠覆性技术有能力跨越技术创新与商业化之间的“死亡之谷”，因此建立创新空间是颠覆性技术保护空间协同治理中的关键。创新空间主要由跨越参与者边界的混合型组织和企业家构成，为各类创新主体组建颠覆性技术创新项目提供支撑和资源，其最终目标是发展颠覆性技术创新主体，吸引外部创新型企业加入，并形成具有创新活力和竞争力的创新网络。建立创新空间的途径主要包括：建立颠覆性技术的新集群或提高现有集群的技术水平；为技术在创新网络中的转移、转让、传播、使用提供综合环境。一般来说,企业作为技术创新及其商业化活动的关键主体,是创新空间的主要驱动主体,也是创新网络中最重要的组成部分,赋予了创新空间技术生成、传播和使用的功能。在颠覆性技术保护空间的协同治理过程中,网络构建是实现学习和实验的基础,创新空间的建立为此提供了解决机制,企业通过自身技术创新和商业化进程,扮演创新网络的发起人、守门人、促进者等角色,凭借资源在网络中的流动,将知识空间和共识空间联系起来。

3. 学界:知识空间的生产者

知识空间是通过一系列活动形成的,这些活动被允许在参与者之间生产、传播和使用知识,通常认为学界在这一领域起主导作用,是知识空间的重要生产主体[18]。知识空间的目标是创建和开发颠覆性技术知识资源,加强知识基础,以避免颠覆性技术受到主流技术选择的排挤。为此,可以通过广泛的机制,在集聚跨领域知识资源的基础上,由学界组织创造有利于颠覆性技术发展的新知识。知识空间的建立一方面为防御主流技术的既有知识选择压力提供了保护空间,另一方面为颠覆性技术的学习和实验提供了重要基础。在面向社会—技术系统转型的颠覆性技术保护空间中,知识空间和创新空间是相辅相成的,知识的生产和传播受到新产品和市场需求的驱动,以适应技术创新商业化的需求,同时主体间共识的形成不仅需要企业在创新空间内建立合作网络为市场生态位的跃迁做好准备,还需要企业通过参与知识转移和流动过程来获得知识网络的支撑。

4. 中介组织:空间互动和系统转型的催化剂

伴随创新过程的高度复杂化、网络化和全球化,中介组织在颠覆性创新保护空间治理过程中的作用日益凸显。在社会—技术系统框架下,中介组织被认为是面向可持续的社会—技术系统转型的主要催化剂,因此其在颠覆性技术的知识空间、创新空间和共识空间互动过程中具有关键作用,也是保护空间协同治理的重要主体之一。①中介组织有能力支持建立新的参与者网络,并帮助他们通过表达利益诉求以实现变革目的,因此能够帮助创新空间中的参与者跨越组织边界,促进合作网络的构建。②中介组织能够为各种形式的学习创造条件,包括边做边学、边用边学、通过交互学习实现系统级学习等,因此具有知识开发和扩散功能,有助于学界主导的知识空间发展。③中介组织对新愿景和新期望的建立具有重要作用,主要通过启动和管理新政策或市场流程,以及充当参与者新网络的联络人或代理人来推动转型过渡,实现颠覆性技术保护空间的期望建立,促进参与者共识的形成。因此，中介组织不仅能够帮助创新空间形成技术创新网络和技术转移网络，并且能够通过知识扩散发挥知识空间自身优势，使创新空间和知识空间之间的互动更加顺畅，进而加快共识空间的形成，最终促成保护空间内各主体之间的信任，为协同治理机制的构建提供了重要基础。

参考文献

[1] 窦超，代涛，李晓轩，等. DARPA 颠覆性技术创新机制研究——基于 SNM 理论的视角[J]. 科学学与科学技术管理，2018，39(6)：99-108.

[2] 欧黎明，朱秦. 社会协同治理：信任关系与平台建设[J]. 中国行政管理，2009(5)：118-121.

[摘选自：胡雯，周文泳. 试论颠覆性技术保护空间的协同治理框架[J]. 科学学研究，2021，39(9)：1555-1563.]

中国这个指标已是全球第一，但有个问题需要警惕

| 任声策　尤建新

2021 年 9 月 20 日，《2021 年全球创新指数报告》发布。报告显示，中国在创新领域的全球排名从 2020 年的第 14 位上升至 2021 年的第 12 位，连续 9 年保持上升，而且仍是前 30 名中唯一的中等收入经济体。报告称，自 2013 年以来中国排名持续稳步上升，确立了作为全球创新领先者的地位，且每年都在向前十名靠近，这“凸显了政府政策和激励措施对于促进创新的持续重要性”。

从各项指标来看，我国的知识和技术产出指标位列全球第四，明显好于其他指标，其中发明专利和实用新型专利数量指标排名全球第一（按购买力平价的单位 GDP 计算），在所有指标中表现最好。成绩来之不易，令人深感自豪。但同时我们也应该看到，进入高质量发展阶段，我国的创新不能仅仅停留于量的要求，而是要提高质量，使我国尽快从专利大国向专利强国转变。

一、我国多项专利数据遥遥领先于世界其他国家

随着单位 GDP 专利数量持续快速增长，我国已是知识产权大国。资料显示，2000 年初我国专利申请总量首次达到 100 万件，2004 年 3 月专利申请总量达到第 2 个 100 万件，2006 年 6 月达到第 3 个 100 万件，分别用时近 15 年、4 年零 3 个月、2 年零 3 个月。2007 年，我国发明专利申请量达到 52.6 万件，跃居世界首位。此后持续增长，2017 年全年发明专利申请量达到 138.2 万件，2018 年为 154.2 万件，2019 年为 140.1 万件，2020 年为 149.7 万件，2020 年实用新型专利申请量为 292.7 万件，同比增长 29%，外观设计专利申请量 77 万件，同比增长 8.3%。这些数据均遥遥领先于其他国家。

但也要看到，我国专利申请中发明专利比例偏低，发明专利授权率偏低，发明专利维持年限短。虽然 2019 年中国成为通过国际知识产权组织提交国际专利申请最大来源国，且 2020 年中国全球专利申请量继续领跑，但我国 PCT 专利

按购买力平价单位 GDP 平均后数量排世界第 13 位。这表明,我国专利价值偏低。

二、专利“通胀”的产生原因和主要危害

在知识产权学界,有一个专利“通胀”的说法。所谓专利“通胀”,主要指专利规模大、增长快,但平均寿命短、价值低等现象,反映专利对经济社会发展的边际效应在持续减弱。

导致专利“通胀”的因素有很多,比如“指挥棒”效应。当前,经济与社会中开展的大量评价之中,有相当一部分直接或间接与专利有关,导致被评价对象为此而申请专利,背离了为市场价值而申请专利的初衷。部分企业、中介服务机构等主体为了满足“指挥棒”要求,在企业本身力所不及的情况下,仍然极力拼凑条件,共同“创造”低价值专利。这不仅导致低价值专利增多,而且挤占了专利审查公共资源。

三、专利“通胀”会带来哪些危害

一是专利贬值、变现困难,导致知识产权生态发展基础不牢。过高比例的低价值专利不仅拉低了专利的平均价值,也让除部分高价值专利外的其他专利的价值转化困难重重。过高比例的低价值专利导致价值评估困难,交易、质押、变现受阻,专利趋向贬值。另外,由于专利“通胀”,创新系统中各类主体还会陷入专利攀比的陷阱,更易引发专利贬值,从而进一步导致知识产权生态发展缺乏良好基础,难以形成良性循环。

二是降低市场主体对技术市场的信心和预期,导致技术要素市场发展受阻。专利“通胀”会导致市场上各类主体对专利信心不足,并阻碍人们对技术市场形成乐观预期。在专利“通胀”趋势下,技术要素市场发展受阻,专利价值难以转化。

四、“三管齐下”治理专利“通胀”

事实上,国家已经注意到上述问题。2021 年 3 月,国家知识产权局发布《关于规范申请专利行为的办法》,明确了 9 种非正常申请专利行为。在此次非正常专利申请的“清剿”行动中,近三年有 22 万件专利被认定为是非正常申请。为了从根本上解决专利“通胀”问题,建议从以下三方面推进。

一要坚守专利的市场属性。专利制度首先是一种市场经济制度,其初衷是赋予科技创新成果独占权利以保障创新者通过市场获得回报,鼓励成果披露和应用,促进创新和社会进步。因此,专利的市场属性是其本质属性,而专利"通胀"的主要原因恰恰是许多专利申请偏离甚至丢失了市场属性。所以,治理专利"通胀"首先要遵循市场经济规律,坚守专利的市场属性,恢复专利的市场成色,通过完善市场机制规范专利行为、发挥专利价值,让每件专利拥有一颗市场化的"心"。

二要慎用专利"指挥棒"。要妥善处理好专利评价指标,特别是要尽力避免建立基于专利数量的评价指标。例如,在各地最新的"十四五"经济和社会发展规划之中,原有的专利数量指标虽已调整为"高价值专利"数量指标,但是在应用中要特别注意高价值专利的统计范围界定,如果界定不慎,仍然会加剧专利"通胀"趋势。

三要树立正确的专利观,把好专利数量的"入口"和"出口"。专利数量的"入口"是指各类创新主体和专利代理机构提交的专利申请。无论是企业、科研机构或个人、代理机构,都需要树立正确的专利观,以高质量、高价值专利为目标,主要应为市场化而申请专利保护,坚持诚实守信,树立高度的道德责任感。专利数量的"出口"是指审查授权环节,主要由专利审查机构控制。我国专利审查规模庞大,任务繁重,需要贯彻专利大国向专利强国转变战略,运用先进审查技术,把好审查关。

(转载自"上观新闻")

推动数字化转型，加快建设高质量数据开放平台是当务之急

| 徐　涛　刘虎沉

在2021年7月8日至10日于上海召开的世界人工智能大会上，“数据要素”和“数字经济”成为与会专家讨论的热点话题。自2020年《中共中央国务院关于构建更加完善的要素市场化配置体制机制的意见》明确将数据作为一种新型生产要素以来，数据已成为推动数字化转型和赋能数字经济的关键引擎。《中华人民共和国国民经济和社会发展第十四个五年规划和二〇三五年远景目标纲要》中也明确指出要打造数字经济新优势。政府作为拥有大量公共数据的主体，开放和共享政府数据，有利于激发社会的创新活力，推动数字化转型，赋能数字经济发展。

一、数据开放存在的主要问题

我国高度重视政府数据开放工作，根据《中国地方政府开放数据报告（2020下半年）》，截至2020年10月，全国共有30个省（自治区、直辖市）出台了56份政府数据开放的相关政策文件，已有142个省级、副省级和地级政府上线了数据开放平台。地方政府开放的数据集总数从2017年的8 398个，增长至2020年的98 558个。以上海市为例，截至2021年6月，已开放5 000余项公共数据集，基本覆盖各市级部门的主要业务领域。

但与此同时，当前在数据开放方面也存在一些问题，主要表现在以下三个方面。

一是溯源元数据缺失，影响数据的可信度。数据溯源可以在数据产生、流转和加工的过程中，记录工作流演变过程和实验过程等信息，从而使得每个数据集有一个记录变化的日志。在政府数据的共享和汇集过程中，海量数据在不同应用系统之间共享融合，其流转方式呈现出多样性、复杂性的特点。在溯源元数据缺失的情况下，数据经多个系统流转处理之后，可信度降低，极大地限制了政府数据开放的应用能力。对于一些对数据真实可信度要求较高的领域，如金融监

管、司法取证、生命健康等，在分析数据时均需验证数据的可信性和完整性。

二是缺少国家层面数据质量标准，影响数据一致性和完整性。当前，我国的政府数据开放主要在地方层面展开，缺少国家层面的数据规范要求。部分省（自治区、直辖市）开始探索制定开放数据质量标准，如贵州省在 2019 年 4 月发布《政府数据开放数据质量控制过程和要求》，福建省在 2021 年 1 月发布《公共信息资源开放数据质量评价规范》。不同质量标准的差异也使得数据分类、数据范围、数据格式、数据取值存在差异，影响不同平台的大规模数据共享，造成不同地方政府数据的“数据孤岛”现象，阻碍数据的应用和创新。

三是缺少有效的沟通机制，影响数据用户对开放数据的满意度。当前，我国部分地区数据开放平台开通了用户沟通模块，但大多为数据平台的使用指引、数据下载申请指引。沟通机制的缺失，导致政府部门和开放平台无法及时了解社会公众对于开放数据的质量需求，进而影响充分利用开放数据和挖掘数据潜在价值。

二、如何建设高质量数据开放平台

针对上述问题，可以通过“溯源头”“立标准”“明需求”，进一步完善数据溯源体系，统一数据质量标准和明确数据用户需求，建设高质量政府数据开放平台。

首先，开放溯源元数据，完善开放数据溯源体系，是建设高质量数据开放平台的重要基础。数据溯源作为检验数据真实性和可信度的重要手段，已经成为大数据研究的新兴领域。标注法就是一种简单有效的数据溯源方法，可将标注内容看作溯源元数据。开放溯源元数据将有助于数据使用者了解数据的原始面貌以及流转、加工过程，增加开放数据的可信度，建立开放数据的信任机制，提升对开放政府数据的应用能力。对开放数据进行溯源已经成为各国开放数据的普遍做法，例如英国在《开放数据白皮书(2012)》中，就提出开放数据应当具备相关元数据描述，尤其是溯源描述信息。欧盟于 2015 年 10 月颁布的开放数据元数据方案同样建议表达数据的溯源信息。

其次，规范数据要求，建立国家层面的数据质量标准，是建设高质量数据开放平台的关键举措。质量标准的建立应当立足于统一规划，提高数据开放平台建设的科学性，规范不同地区的数据管理流程。在开放数据内容方面，不同地区可以依据国家层面的质量标准，统一开放数据范围和数据格式要求。具体可以通过建立国家层面的数据平台实时汇集地方政府数据，使得各地方政府能以统一的格式建立数据目录清单和数据格式。同时，质量标准的建立，也将有助于对不同地区数据开放平台和数据质量进行比较和评估，引导数据开放平台补齐短板。欧美国家较早建立起了数据质量标准和数据规范体系。美国在 2014 年 11 月发布的开放数据元数据标准中，对不同地方的数据平台目录文件、数据命名规则、数据格式作出了详细的规定。此后，该标准也被推广到英国、澳大利亚和爱尔兰等国家。

再次，畅通反馈机制，明确数据用户的需求和满意度，是建设高质量数据开放平台的有效保障。政府数据开放的主要目的在于促进数据的开放与流动，使得社会公众能够对政府公开数据进行充分利用，对数据潜在价值进行挖掘，使经济增值创新得以实现。在数据平台的建设过程中，畅通数据使用者和数据提供者的沟通机制，实现双向互动，全面了解用户为什么访问、如何利用平台和数据、使用效果如何，有助于政府更好地了解社会公众对于开放数据的质量需求以及对数据平台的满意度，对打造高质量数据开放平台尤为重要。

（转载自“上观新闻”）

“三箭齐发”，打造引领未来的科技创新策源地

| 陈　强

在国家的科技创新蓝图中，上海在创新策源方面被寄予厚望。《中华人民共和国国民经济和社会发展第十四个五年规划和二〇三五年远景目标纲要》明确指出，“布局建设综合性国家科学中心和区域性创新高地，支持北京、上海、粤港澳大湾区形成国际科技创新中心”。在《中共中央国务院关于支持浦东新区高水平改革开放打造社会主义现代化建设引领区的意见》中，更是要求浦东新区成为“自主创新发展的时代标杆”，建设“国际科技创新中心核心区”，打造“世界级创新产业集群”。

科技创新策源地要引领未来，关键在于引领未来的科技产业、美好生活和创新生态。在打造科技创新策源地的过程中，软实力可以发挥重要作用，同时也得到持续提升的机会。《中共上海市委关于厚植城市精神彰显城市品格全面提升上海城市软实力的意见》强调“着力优化创新创业生态，焕发城市软实力的发展活力”，并指出“必须坚持创新在发展全局中的核心地位，打造更具澎湃活力的创新之城，让这座城市遍布想创造、能创造、善创造的主体，充满先进的思想、优秀的作品、璀璨的文艺、前沿的科技，持续不断地创造发展的奇迹、涌现英雄的人物、演绎动人的故事”。显然，上海已经将软实力建设作为打造创新策源地的重要支撑。

一、以城市精神涵养发展动力，引领未来科技产业

习近平总书记强调，“抓创新就是抓发展，谋创新就是谋未来”。面向未来的科技产业是城市发展的源头活水和动力引擎。2020 年上海战略性新兴产业增加值为 7327.58 亿元，比上年增长 9.2%。在集成电路、生物医药、人工智能等领域，已经形成了一定的产业规模。新能源汽车、节能环保、高端装备等行业也呈现出快速增长态势。但是，与全球典型的创新型城市相比，上海科技产业的规模还不够大，能级还不够高，对于城市经济社会发展的驱动力还不够强，掌控全

球创新链、产业链关键环节的能力仍比较弱，尚未形成能够直面未来全球科技和产业竞争的体系化能力。

.为此，上海一要以“海纳百川”的胸怀，建立最广泛的科技创新统一战线，发挥国有企业在科技创新方面的功能保障作用，强化跨国企业总部和外资企业研发中心在科技创新要素流动中的纽带作用，焕发民营企业将科技创新成果转化为现实生产力的创造性和活力，并充分激活社会创新力量的潜能；二要以“追求卓越”的精神，鼓励广大科研工作者在基础前沿领域潜心深耕，持续催生高质量的原创性成果。同时，加快打造战略科技力量，尽快形成关键核心技术领域的攻坚能力和制衡能力；三要以“开明睿智”的治理，强化科技创新的条件和能力建设，深化重点领域的体制机制改革，增强科技创新治理的整体效能，推动形成面向未来产业的科技创新体系化能力；四要以“大气谦和”的格局，加快构建长三角科技创新共同体，同时积极推动更高水平的制度型开放，促进创新链、产业链和服务链的相互融通，打造若干个世界级创新产业集群。

二、让“科幻”场景走进现实，引领未来美好生活

城市应该让生活更美好。打造创新策源地的意义不仅仅在于持续催生城市经济增长的新动能，还在于将科技进步与人民群众日益增长的美好生活需要更好地结合起来，让曾经出现在“科幻”中的奇思妙想走进现实，让越来越多的“高精尖”转化应用到百姓的日常生活中，为百姓提供更加温暖、安全、幸福的城市生活。同时，通过层次不断提升的生活需求激发科技创新供给侧的创造力。全球新冠肺炎疫情暴发以来，上海的疫情防控体系经受了多次严峻考验，防控工作成效得到社会一致认可，无论是防控理念，还是处置手段，无论是监测体系，还是应急预案，都体现出较高的科学理性和专业素养，这既有硬核科技的有力保障，也展现出上海在疫情防控方面所形成的软实力。这样的软实力尤为可贵，增进了人们对于上海城市安全和治理水平的认可。

另外，在打造创新策源地的过程中，上海还要着眼于运用科技创新成果，发现并解决发展中面临的问题。第七次全国人口普查结果显示，上海65岁及以上人口为404.9万人，占全市人口的16.3%，比2010年提高6.2个百分点，上海已经进入深度老龄化时期。充分发挥科技创新在“适老化”进程中的保障作用，最大限度地降低老年人群体面对技术快速迭代产生的晕眩感，让上海的老人们拥有最美最暖的“夕阳红”，应该成为上海当下科技创新的一项重要任务。在切实

提升老人们获得感、安全感和幸福感的同时,还可以使“银发经济”焕发无穷活力。

三、接纳“新物种”“新群落”,引领未来创新生态

从科技创新的发展趋势看,创新生态已经成为新的科技和产业竞争形态,主要的创新型国家都正致力于营造有利于激发创新主体活力的良好生态,旨在赢得未来科技和产业竞争的先机。在某种意义上,创新生态既具有自然属性,也具有社会属性,是主体、要素、环境、活动以及治理按照一定的逻辑结合起来,并且充分互动的结果。因此,对自然演进中的创新生态实施科学治理,也是城市软实力的集中体现。

引领未来创新生态,需要加强对科技创新发展的趋势研判和规律认知。一要把握科技创新要素内涵、流动规律及开发利用方式的新变化,未雨绸缪,做好引入创新生态“新物种”“新群落”的思想准备和工作准备。二要关注科学研究范式和科技创新模式呈现出的网络化、社会化及多样化趋势,在打造战略科技力量的同时,应着眼于为社会创新力量的能量释放创造更多的可能性。同时,还要尝试有组织、策略化的颠覆式创新。因此,未来的创新生态应该能够承载不同类型主体开展多种形式的创新活动。三要充分认识核心技术实现集群式突破后,对于经济和社会秩序乃至创新生态冲击的突然性和剧烈程度,加强对创新生态的预测性维护,增强其韧性。

打造引领未来的科技创新策源地,既需要“夯基垒台”“立柱架梁”,不断完善科技创新的硬条件,也需要依托上海在城市精神、品格、文化、治理等方面累积的软实力,并不断将其提升到新的高度。

(原载于《文汇报》,2021-10-24)

新发展格局下我国高质量创新应该具备哪些特征？

| 方海波　蔡三发

《中共中央关于制定国民经济和社会发展第十四个五年规划和二〇三五年远景目标的建议》指出："我国发展不平衡不充分问题仍然突出，重点领域关键环节改革任务仍然艰巨，创新能力不适应高质量发展要求""坚持创新在我国现代化建设全局中的核心地位，把科技自立自强作为国家发展的战略支撑""深入实施科教兴国战略、人才强国战略、创新驱动发展战略，完善国家创新体系，加快建设科技强国"。科技创新是第一生产力，构建新发展格局需要以高质量创新引领高质量发展。

新发展格局对我国高质量创新提出了新的要求，一方面，高质量创新要帮助我国突破技术封锁，保证我国经济安全；另一方面，高质量创新要塑造我国产品优势，增强我国在国际市场上的竞争力。在新发展格局下，高质量创新应该具备新的特征。理论上，创新过程可以分为三个范围较宽并互有重叠的子过程：知识产生、知识转化为产品、产品与市场需求相匹配。笔者尝试从创新过程的三个子过程角度分析新发展格局下我国高质量创新应该具备的特征。

一、"知识产生"阶段：应用基础研究扎实

应用基础研究是指应用方向已经明确的基础研究，其研究成果能够在短期内转化为实际生产力，应用基础研究旨在解决国民经济发展中遇到的重大技术问题。国务院总理李克强在 2019 年的国家杰出青年科学基金工作座谈会上指出，基础研究决定一个国家科技创新的深度和广度，"卡脖子"问题根子在基础研究薄弱。

应用基础研究能够将科学基础理论与实际生产应用连接起来，是基础研究成果向生产力转化的重要桥梁与纽带，对于我国"补短板"具有十分重要的意义。习近平总书记指出，要补齐短板，在关系国家安全的领域和节点构建自主可控、

安全可靠的国内生产供应体系，在关键时刻可以做到自我循环，确保在极端情况下经济正常运转。应用基础研究能够将科学基础理论与实际生产应用连接起来，是基础研究成果向生产力转化的重要桥梁与纽带。在目前国际科技竞争激烈的大背景下，国际科技研发活动"高、精、尖"的特点愈发凸显，技术迭代周期出现逐步缩短的趋势，应用基础研究对科技产业的牵引力越来越强。扎实的应用基础研究，是我国科技创新与产业发展的根基，也是我国在新发展格局下抓住发展机遇，推动经济高质量发展强有力的支撑点。

二、"知识转化为产品"阶段：创新链与产业链深度融合

创新链与产业链深度融合、协同升级的体系，是自主创新的内生动力以及土壤，能够促进企业发挥在科技创新中的主体作用，提升科研成果转化效率。畅通产业链与创新链，一方面能够帮助创新者有的放矢，根据产业需求进行研发活动；另一方面，有助于产业界了解科技最新的前沿动态，并以此为据规划研发产品。

创新链与产业链深度融合能够促进产业升级。一方面，创新链与产业链深度融合为新的产业结构提供了催生的土壤，特别是当突破式创新出现时，往往伴随着新兴产业的诞生，以近年来的人工智能、大数据、5G、云服务等产业为例，科技创新成果通过创新溢出效应，推动了技术密集型产业的发展。另一方面，创新链与产业链深度融合能够促进传统行业转型升级，与产业链深度融合的创新链能够为传统行业提供更加先进的设计以及技术，从而推动传统产业在价值链中由低附加值环节向高附加值环节演变。

创新链与产业链深度融合，可以优化我国资源要素配置，从而促进我国经济在新发展格局下实现高质量发展。资源要素在产业结构升级的过程中重新分配，生产要素流向高附加值部门，能促进劳动力、资本等生产要素在各个生产部门间的合理分配。在这个过程中，社会整体资源的配置效率得以提升，从而推动我国经济实现高质量发展。

三、"产品与市场需求匹配"阶段：更加紧密的国内外创新合作

"十四五"规划提出："实施更加开放包容、互惠共享的国际科技合作战略，更加主动融入全球创新网络"。创新可被看作新的或者改进的产品、工艺和服务机会匹配市场需求的过程。或者可以说，只有匹配了市场需求的创新才能算得上成功。由于创新有其内在的不确定性，要想准确地预测一个新产品的成本以及

市场对它的反应是不可能的。在当前国际竞争日益激烈，技术迭代周期日益缩减的趋势下，与国际形成更加紧密的创新合作关系至关重要。

全球科技竞争日趋激烈，各国相继出台科技发展新战略，加快数字化转型，例如美国政府发布《关键和新兴技术国家战略》，英国国防部发布《2020 年科技战略》，等等。国际创新合作，能够帮助我国科技创新工作者紧跟世界潮流，能够提升我国产品适配国际市场的可能性。市场是持续变化的，进行国际创新合作，有助于我国企业利用国外研发资源，跟进全球科技发展方向，缩小关键领域差距，有助于深入和扩大与世界其他经济体的交流和联系，形成互补合作关系。通过国际创新合作提升我国参与世界分工的层次，有利于高效补齐资源、要素、人才等方面的短板，促进国内大循环顺畅运转。

聚焦“卡脖子”难题，加快发展“专精特新”中小企业*

| 许　涛　邵鲁宁

我国“专精特新”中小企业的成长历程表明，自主创新和科技强国建设不是一场孤独的航行，“专精特新”的光芒可以照亮科技强国建设的征程。事实上，“专精特新”是举国开放创新体制下的创新生态系统的有机组成，这一创新生态系统的成员还包括高等教育机构、科研机构、产业链相关企业和其他技术供应商。“专精特新”的成长一方面是在筛选了数以千计的创意或技术构想、经过无数次的闭环验证与市场检验后，最终在自主创新的基础上开发了具有突破性的产品或服务，包括颠覆性的商业模式。同时，“专精特新”中小企业善于将创新部署到整个价值链中，通过推出新产品、新服务、高度定制化、更小的批量或者更短的生产周期，来为客户提供全新的或者改善的价值主张。此外，“专精特新”的成长和壮大更离不开举国开放创新体制下由制度环境、文化土壤等构成的创新创业友好型生态。对此，笔者在近期调研部分“专精特新”中小企业的基础上，结合全球工业和创新强国的中小企业发展实践，产生了以下几点促进“专精特新”中小企业创新发展，加快解决“卡脖子”难题的相关思考。

一、增强“专精特新”中小企业创新能力，加快培养创新主体

目前，我国中小企业贡献了50%以上的税收，60%以上的GDP，70%以上的技术创新，80%以上的城镇劳动就业，90%以上的企业数量，是我国经济的主要组成部分。然而，在基础研究、创新策源能力、技术转移转化方面，我国中小企业还存在显著不足。尤其是在全球科技创新的深度、速度和精度显著增强的大背景下，“专精特新”中小企业仅凭自身力量，难以解决产业链、创新链上的所有问

* 本文为2020年中国工程院“现代企业创新治理体系与产品创新效益提升路径研究”咨询研究项目(项目编号:2020-SH-XY-1)、教育部第二批新工科研究与实践项目“创造力与创新创业融入新工科人才培养的理念、模式与路径研究”(项目编号:E-CXCYYR20200924)的阶段性研究成果。

题,必须构建创新联合体,在加强自主创新的同时,采用开放创新的模式,将不同的创新主体有机连接在一起,协同分散的创新资源和创新要素,形成强大的创新生态。同时,“双循环”新发展战略需要科技含量高、竞争力强、成长潜力巨大的“专精特新”中小企业组建系统性创新联合体,协同抢占全球产业链、创新链和价值链高位。正如习近平总书记指出:“要发挥企业出题者作用,推进重点项目协同和研发活动一体化,加快构建龙头企业牵头、高校院所支撑、各创新主体相互协同的创新联合体,发展高效强大的共性技术供给体系,提高科技成果转移转化成效。”

“专精特新”中小企业长期专注于细分市场,创新能力较强、配套能力突出,是产业链供应链的重要环节。2021 年初,财政部、工业和信息化部联合印发的《关于支持“专精特新”中小企业高质量发展的通知》提出,“十四五”期间,工信部将实施中小企业创新能力和专业化水平提升工程,形成“百十万千”“专精特新”企业群体,通过“双创”带动百万家创新型中小企业,培育十万家省级“专精特新”中小企业,万家专精特新“小巨人”企业,以及千家制造业单项冠军企业。这一举措势必为培育更多市场创新主体,全面提升我国中小企业创新能力带来新机遇。

“专精特新”中小企业发展已上升到国家战略层面。2021 年 7 月 30 日召开的中共中央政治局会议提出“要强化科技创新和产业链供应链韧性,加强基础研究,推动应用研究,开展补链强链专项行动,加快解决‘卡脖子’难题,发展专精特新中小企业。”这也是中央高层首次聚焦并提出发展“专精特新”中小企业,并将之与“补链强链”、解决“卡脖子”难题、培养更多创新主体联系到一起。

二、成立高规格的“专精特新”中小企业创新与技术转移管理机构

近年来,国内许多高校和科研机构成立了技术转移办公室。但受技术转移政策、法规的缺失和相关管理体制的约束,多数技术转移办公室难以施展拳脚。因此,我国不妨广泛借鉴美国小企业管理局或者德国、法国、英国、日本小企业服务机构的运营理念与模式,结合当前我国中小企业研发不足的现状,成立高规格的专门服务于“专精特新”中小企业技术转移的管理机构,推进各部委、高校、地方政府和企业在现有技术转移政策方面的协同,形成合力,释放技术转移对中小企业成长的赋能作用。

需要明确的是,管理机构的设立是为了推动科技立法,提供法律保障和研发资助,防止技术创新和研发方面的“市场失灵”,激励并保护公正、公开、透明的市

场竞争，而不是为了对技术转移和创新进行行政干预。比如，美国小企业管理局(Small Business Administration, SBA)主要承担四项职能，分别是：(1)协助小企业获得资金(从小企业运营所需的小额贷款到数额巨大的债务、风险投资和证券资本)；(2)提供培训和咨询服务(免费向小企业提供面对面以及网上咨询服务，并在全美数千个场所向创业者和小企业经营者提供低收费的培训)；(3)协助小企业获得政府采购合同(美国《小企业法》规定：政府的整体远期目标是小企业每年获取的政府采购合同金额不少于总合同金额的 23%)；(4)制定促进小企业成长与发展的政策并监督、评估政策执行效果。

三、制定“专精特新”中小企业创新与技术转移相关法律法规

中小企业与国家经济增长、就业和创新息息相关。我国 1.2 亿户市场主体中有 3 000 多万中小企业、8 000 多万个体工商户。可以说，中小企业是就业的主要渠道、产业链稳定的重要环节，也是市场的关键主体。近年来爆出的“卡脖子”难题，尤其是在芯片、发动机、材料、数控机床、工业软件等领域存在的短板，迫切要求国家从法律法规的高度制定相关政策，为“专精特新”中小企业营造致力于创新的环境和制度化支持。比如，制定企业科研经费抵税的税收政策、有利于创新和知识创造的知识产权保护政策，以及便捷的技术转化转移政策。在这方面，我国不妨借鉴美国在发展中小企业方面的立法措施。

自第二次世界大战结束以来，美国政府尤其重视科技创新在经济社会发展和国家安全中的作用，并为此制定了一系列支持科技创新和技术转移的法案，比较典型的有 1980 年的《拜杜法案》。该法案以大学、非营利机构和小企业为对象，允许大学、非营利机构和小企业对政府资助的研发成果拥有知识产权，并通过技术转移实现商业化；同年的《史蒂文森—怀特技术创新法案》则以联邦实验室为对象，明确规定联邦实验室的成果向产业界转移；1986 年的《联邦技术转移法》要求建立联邦实验室技术转移联合体，每个联邦实验室都要建立研究与技术应用办公室，负责实验室的技术转移、信息推广和支持服务；1992 年的《加强小企业研究与发展法》鼓励小企业参与联邦政府的研发活动，促进研究机构的技术向小企业转移；1995 的《技术转让促进法》要求科研机构的技术创新通过转移转让尽快实现商业化；2000 年的《技术转让商业化法》推动了大学科技创新成果商业化。

进入 21 世纪以来，面对全球科技创新竞赛和美国国内制造业空心化的现

实，美国压力骤增，尤其是中美贸易、科技冲突日趋激烈的最近数年，美国更是从联邦政府层面连续出台大量促进前沿科技创新和重塑制造业辉煌的战略政策和文件，旨在继续引领全球创新前沿与趋势。对此，在持续完善创新驱动发展战略和各项强国建设战略任务与目标的同时，我国各部委应协调行动，尽快制定、出台系列国家创新体系建设和企业创新与技术转移方面的法律法规与政策文件，全面构筑有利于"专精特新"中小企业创新发展的制度保障。

四、结语

当前，我国一批专注于特定前沿技术、细分领域、专业赛道，不断创新发展并占据市场领先地位的"专精特新"中小企业在国家战略的加持下持续发力，正成为强链补链和解决"卡脖子"难题的重要力量，并沿着"十四五"规划纲要提出的推动中小企业提升专业化优势，培育专精特新"小巨人"企业和制造业单项冠军企业的使命道路奋力前行。为加速实现这一目标，我国可广泛借鉴全球工业与创新强国在支持本国中小企业创新发展方面的实践与举措，助力我国"专精特新"中小企业在经济转型升级和高质量发展中取得更大的成绩和突破。

科创中心建设

以高等教育创新促进上海创新策源能力提升

| 蔡三发　沈其娟

当前我国正在经历从技术学习为主向创新引领为主的重大战略转变。2018 年 11 月,习近平总书记在上海考察时首次提出"创新策源"理念,并将提升创新策源能力作为上海市建设科技创新中心的核心目标。2019 年,习近平总书记提出"四个新""四个第一"的要求,进一步明确了创新策源功能的内涵:实现科学新发现、技术新发明、产业新方向、发展新理念从无到有的跨越,成为科学规律的第一发现者、技术发明的第一创造者、创新产业的第一开拓者、创新理念的第一实践者,形成一批基础研究和应用基础研究的原创性成果,突破一批卡脖子的关键核心技术。

上海提升创新策源能力的关键在于培养能够提出创新问题、解决创新问题的人才。教育,尤其高等教育,是科研与创新人才培养的主要阵地。在当前知识生产模式重大转型、新一轮科技革命方兴未艾的大背景下,通过教育创新与改革,将更好地培养出引领时代的创新人才。进入新发展阶段,面向新发展格局,落实新发展理念,上海高等教育的进一步创新与变革,将为上海市创新策源能力建设注入更多的动力之源。

结合当前国际国内及区域发展现状与趋势,面向创新策源能力建设的需求,建议"十四五"期间上海高等教育改革创新可从以下三个方面重点着力推进。

第一,进一步加大对上海研究型大学的建设和投入,发挥研究型大学对提升上海创新策源能力的长远效应。研究型大学作为科学研究、科研人才培养的主力军,其建设水平很大程度上决定了国家和区域科技创新所能达到的深度和广度。上海拥有较多科研实力雄厚的研究型大学,为科研创新人才的培养提供了重要平台。但是当前许多研究型高校中,引领科技和学术前沿的原创研究成果仍然相对较少,顶尖学科数量、规模和水平有待提升,人才培养模式与质量尚不足以完全支撑上海建设具有国际影响力的科创中心所需的创新策源能力。高水平研究型大学的发展需要长期稳定的资源投入,上海需要加大建设力度、构建良好的政策环境，支持研究型大学在探索未知世界、引领知识创新、培养领军人才、服务国家重大战略方面率先取得突破性进展。

第二，上海高峰高原学科建设应打破传统“冲击排名”的建设模式，构建以“问题导向”为主的新的建设机制。要针对上海重点发展的产业领域，着重建设一批高质量特色研发平台，推动上海科技创新的重点突破。上海市自 2014 年起启动“高峰高原”学科建设计划，通过对部分重点学科的投入，支持学科引进国际顶尖的人才、培育创新团队、建设研究基地、承担国家和上海市重大任务、参与国家创新体系建设。“高峰高原”学科建设计划特别布局了以任务为导向的 10 个交叉学科，以促进学科协同，目前建设虽初见成效，但是在交叉平台维护与升级、组织管理方式与评估机制创新、资源投入与责任落实等方面仍有待进一步优化。“高峰高原”学科的发展不应该单纯以论文、专利数量为导向，而要聚焦区域经济社会发展需求、开拓科技研究前沿、培养关键领域高端人才、打造重要研发平台、强化产学研协同创新机制建设，围绕集成电路、生物医药、人工智能等重点或重大战略，真正成为上海策源创新能力建设的重要支柱。

第三，通过长三角一体化推动长三角“双一流”高校协同创新合作，从而推动区域创新策源能力提升。当前，我国一流高校之间往往重竞争轻合作，校际合作渠道和方式相对单一，深度和广度不足，对科研创新与教育成果的推动效果并不尽如人意。重竞争轻合作在一定程度上会造成科研、教育资源的浪费，而不能达到强强联手、优势互补、相互增益的最佳效果。尤其，在新发展格局下，国际合作的不确定性和困难会进一步增大，国内校际、区域合作交流显得更加迫切。深化校际合作不仅需要高校主动建立联系，更需要政府搭建支撑平台、创新体制机制、提供政策激励，支持高校以学科联盟和区域联盟的方式开展校际协同创新建设。长三角区域一流高校较多，校际协同创新条件良好。上海市政府和高校应积极探索建立长三角“双一流”高校建设区域共同体，在教育、科研、社会服务等多个方面深化协作，充分发挥高水平大学在区域共同体中的辐射带动作用，形成区域策源创新能力提升的重要合力。

强化科创板引领功能，增创上海发展新优势

| 薛奕曦　任　婕

科创板是党中央交给上海的三项重大任务之一。自 2019 年 7 月 22 日科创板开板以来，截至 2021 年 1 月 15 日，全国共有 215 家企业登陆科创板，科创板助力了一大批高成长性科技型企业发展壮大，其示范效应、规模效应和集聚效应正在加速显现。本文从多维度对科创板企业进行梳理，分析上海在全国科创板企业中的地位和优势，结合上海"十四五"规划提出的产业发展方向，对上海科创板布局方向提出相关建议，希望能够为上海打造具有国际竞争力的产业创新发展高地提供参考。

一、企业数量

截至 2021 年 1 月 15 日，全国共有 215 家企业在科创板上市(图 1)。其中，江苏省共有 41 家，占比 19%，领跑全国。江苏省的公司对科创板上市准备较早，2019 年 7 月 22 日第一批上市的 25 家公司中，江苏省公司占据了 4 家。上海市在科创板上市的公司共有 36 家，全国占比 17%，位居第二。北京市与广东省

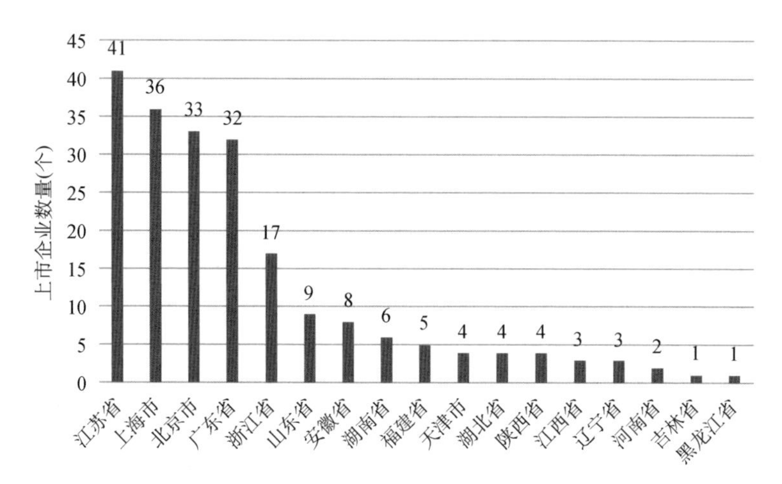

图 1　各省(自治区、直辖市)科创板上市企业数量(截至 2021 年 1 月 15 日)

分别为 33 家、32 家，位列全国第三和第四。浙江省为 17 家，位列全国第五。科创板企业上市数量基本与各省（自治区、直辖市）综合经济实力相匹配，也基本能够反映各省（自治区、直辖市）科技型企业布局态势和发展潜力。

二、行业分布

从整体上来看，科创板 215 家上市公司所属行业高度集中在高新技术产业和战略性新兴产业领域（图 2）。其中，专用设备制造业企业共有 42 家，占企业总数的 19.5%；计算机、通信和其他电子设备制造业企业共有 41 家，占整体的 19%；软件和信息技术服务业企业共有 35 家，占整体的 16.2%；医药制造业企业共有 28 家，占整体的 13%；化学、化工以及材料制品业企业共有 24 家，占整体的 11%；通用设备制造行业企业共有 9 家，生态与环境保护行业企业共有 7 家，铁路、船舶、航空航天和其他运输设备制造业企业共有 6 家。科创板上市企业行业分布基本能够反映当前我国科创企业的培育方向和产业导向。

上市公司的行业分布体现出了科创板的底色，与科创板建立初衷以及政策方向相符。正如证监会强调的，科创板主要服务于符合国家战略、突破关键核心技术、市场认可度高的科技创新企业，需要重点支持新一代信息技术、高端装备、新材料、新能源、节能环保以及生物医药等高新技术产业。

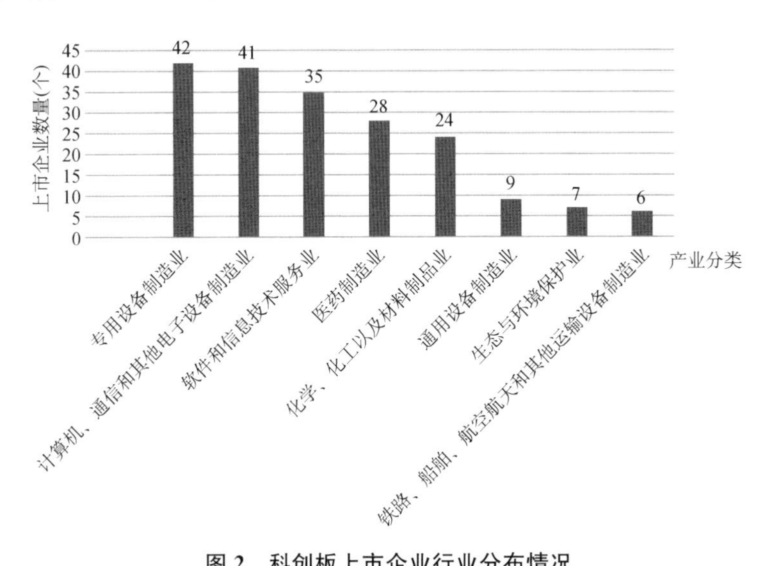

图 2　科创板上市企业行业分布情况

上海在科创板上市的 36 家企业中，涉及医药方面的企业有 12 家，占上海市科创板上市企业总数的三分之一，总市值达到 2 633.5 亿元。其中，7 家企业来自软件和信息技术服务业，6 家企业涉及计算机、通信和其他电子设备制造业，6 家深耕于专业设备制造领域。

值得一提的是，科创板中 6 家“千亿俱乐部”企业均来自专业设备制造行业中的半导体芯片产业。其中，中微公司、沪硅产业、澜起科技的注册地均为上海，中芯国际注册地虽在境外，但其主要生产经营地为上海。全国 6 家“千亿元俱乐部”成员中上海占据 4 席。

上海科创板上市企业的行业特点揭示了未来上海产业发展的路线，也体现了对国家战略的回应。集成电路、生物医药、人工智能三大重点产业的引领作用不断凸显，“3+6”重点产业集聚度不断提高，为上海构筑未来产业竞争优势奠定了坚实基础。

三、市值排名

截至 2021 年 1 月 6 日收盘，科创板上市企业总市值为 3.54 万亿元。其中，上海市科创板企业总市值 7 930 亿元，位居全国首位；北京市以 6 712 亿元的总市值居第二位，其次是江苏省，科创板企业总市值为 4 396 亿元(图 3)。

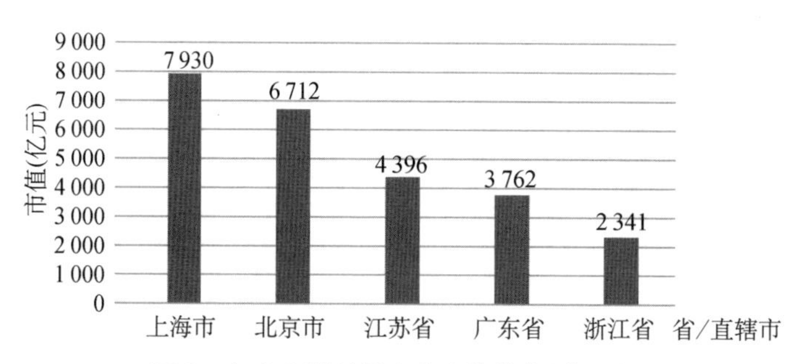

图 3　各省市科创板企业市值排名(前五位)

截至 2021 年 1 月 6 日，科创板已上市公司中市值最高的 20 个分别为中芯国际、金山办公、传音控股、澜起科技、奇安信、沪硅产业、中微公司、华润微、华熙生物、君实生物、石头科技、康希诺、寒武纪、九号公司、中国通号、睿创微纳、孚能科技、圣湘生物、中控技术、派能科技。就上海来看，首发募集资金最多的科创板项目是中芯国际，募集资金为 532.30 亿元。

四、上市标准

为了鼓励更多有价值的企业上市，科创板允许企业依照第五套上市标准入市（表 1）。在 215 家科创板上市企业中，选择上市标准一的企业占比 84.65%，选择上市标准二的企业占比 2.79%，选择上市标准三的企业占比 0.47%，选择上市标准四的企业占比 6.98%，选择上市标准五的企业占比 5.11%（图 4）。

表 1 科创板上市标准一览表

	标准内容
标准一	预计市值不低于人民币 10 亿元，最近两年净利润均为正且累计净利润不低于人民币 5 000 万元，或者预计市值不低于人民币 10 亿元，最近一年净利润为正且营业收入不低于人民币 1 亿元
标准二	预计市值不低于人民币 15 亿元，最近一年营业收入不低于人民币 2 亿元，且最近三年累计研发投入占最近三年累计营业收入的比例不低于 15%
标准三	预计市值不低于人民币 20 亿元，最近一年营业收入不低于人民币 3 亿元，且最近三年经营活动产生的现金流量净额累计不低于人民币 1 亿元
标准四	预计市值不低于人民币 30 亿元，且最近一年营业收入不低于人民币 3 亿元
标准五	预计市值不低于人民币 40 亿元，主要业务或产品需经国家有关部门批准，市场空间大，目前已取得阶段性成果。医药行业企业需至少有一项产品获准开展二期临床试验，其他符合科创板定位的企业需具备明显的技术优势并满足相应条件

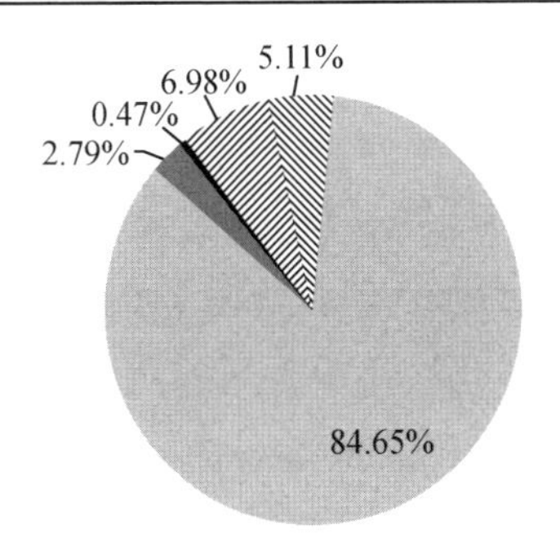

图 4 科创板企业上市标准选择情况

五、经营业绩

截至 2021 年 1 月 27 日，共有 88 家科创板公司公布了 2020 年业绩预告。业绩预告类型显示，业绩预增公司有 57 家，业绩预降公司有 9 家，业绩预亏公司有 12 家。以预计净利润增幅中值统计，共有 12 家公司净利润增幅超 100%；净利润增幅在 50%～100%之间的有 29 家。

表 2　科创板企业业绩预增情况（代表性公司）

证券代码	证券简称	业绩预告日期	业绩报告类型	预计净利润增幅中值	行业
688289	圣湘生物	2021.01.19	预增	6 691.7%	医药制造业
688298	东方生物	2021.01.06	预增	1 795.1%	医药制造业
688317	之江生物	2021.01.15	预增	1 608.47%	医药制造业
688068	热景生物	2021.01.12	预增	216.79%	医药制造业
688608	恒玄科技	2021.01.26	预增	192.38%	计算机、通信和其他电子设备制造业
688536	思瑞浦	2021.01.23	预增	156.67%	软件和信息技术服务业
688396	华润微	2021.01.19	预增	135.02%	计算机、通信和其他电子设备制造业
688139	海尔生物	2021.01.26	预增	120.77%	专用设备制造业
688598	金博股份	2021.01.22	预增	115.01%	非金属矿物制品业
688111	金山办公	2021.01.27	预增	115%	软件和信息技术服务业
688599	天合光能	2021.01.26	预增	97.42%	电气机械和器材制造业

估值分化成确定性趋势，22 家科创板公司股价破发。截至 2021 年 1 月 20 日，有 22 家科创板公司股票最新收盘价低于上市发行价，相比发行价平均跌幅为 14.40%。已上市的 219 只科创板公司股票中，最新收盘价较发行价平均溢价 132.83%。其中，收盘价较发行价溢价的有 197 只，占比 90%。

六、未来展望

整体而言，在 215 家科创板上市企业中，上海上市企业融资额、总市值均居全国首位，上海在获得科创板最大红利的同时，也对科创板起到了很好的引领作用，出色地完成了国家交给的重要任务。2021 年 1 月 7 日正式发布的《上海市贯彻〈国企改革三年行动方案（2020—2022 年）〉的实施方案》明确提出，2022 年前上海国资系统要推动 10 家左右企业在科创板上市。2021 年 1 月 27 日通过的《上海市国民经济和社会发展第十四个五年规划和二〇三五年远景目标纲要》明确提出，要“聚焦集成电路、生物医药、人工智能等关键领域，以国家战略为引领，推动创新链、产业链融合布局，培育壮大骨干企业，努力实现产业规模倍增，着力打造具有国际竞争力的三大产业创新发展高地”。

不难预见，“十四五”期间上海仍将继续以“四个放在”为工作基点，统筹谋划科创板布局，为上海强化“四大功能”、深化“五个中心”建设提供强大支持。为此，建议上海在“十四五”期间从四个方面开展科创板布局。

一是主动服务国家战略。充分发挥经济中心城市功能，瞄准关键核心技术、“卡脖子”领域持续发力，聚焦高知识密集、高集成度、高复杂性的产业链高端与核心环节，在数字赋能、跨界融合、前沿突破等方面开展布局，培育一批能够引领未来产业主导权的“硬科技”企业。

二是形成全市工作合力。从增强资本市场包容性的角度，不断完善政策和服务，共同挖掘培育更多上市资源。建立科技、经信与金融部门联动发掘培育科创板企业的机制。发挥私募股权投资基金、证券公司等市场化机构的力量，发掘和推选优质科创企业。由相关委办局、交易所等部门共同形成合规证明等诉求协调机制，加大对培育库企业的容错度和诉求协调力度。

三是强化高端产业引领。围绕长三角高质量一体化发展，充分发挥上海金融资源集聚、国资国企实力雄厚、行业龙头企业集聚的优势，以及长三角地区科创资源富集、产业基础雄厚、产业协同度高等优势，聚焦集成电路、生物医药、人工智能等关键领域，推动创新链、产业链融合布局，培育孵化具有国际竞争力的科创板上市企业。

四是加大政策扶持力度。加强全市对科创板布局的顶层设计和制度安排，制定针对科创板的专项政策，加大对科创板的支持力度。统筹市区两级资源，加强协同联动，提高政策延续性和全面性。借鉴兄弟省市做法，研究出台个人所得税缓缴政策，完善相关财税政策，回应企业普遍诉求，提高政策惠及度。

科创板企业引领上海产业新格局

| 薛奕曦　王卓莉　任　婕

科创板上市企业在一定程度上代表着我国经济中最具成长潜力的部分，同时也体现了我国经济体系优化升级方向。上海“十四五”规划纲要提出，发挥三大产业引领作用，促进六大重点产业集群发展。当前，上海科创板上市企业融资额、总市值均居全国首位，在此背景下，对上海科创板上市企业分布与上海产业地图进行比对分析，不仅有利于推动企业按图索骥，融入上海产业发展新格局，而且可以为上海科创企业引进培育、优化产业空间布局提供参考借鉴。

一、上海科创板上市企业总体情况

截至2021年3月17日，上海的科创板上市企业数量已经达到39家，总融资额达到1 135亿元，位列全国第一。

1. 行业分布

上海的科创板上市的企业共有39家，其中半数以上的上市企业属于集成电路行业和医疗健康行业。12家属于集成电路行业，占比约31%；11家属于医疗健康行业，占比约28%；新工业和企业服务行业各有4家，均占比约10%；3家属于化工行业，占比约8%；生产制造行业和能源矿产行业各有2家，占比均约5%；环保行业仅有1家，占比最少，约为3%(图1)。

2. 上市速度

2019年上海共有13家企业在科创板上市，2020年上海共有24家企业在科创板上市，2021年上海共有2家企业在科创板上市(截至2021年3月17日)。

2019年在科创板上市的13家上海企业中，有7家属于集成电路行业，4家属于医疗健康行业，1家属于新工业，1家属于企业服务行业。

2020年在科创板上市的24家上海企业中，5家属于集成电路行业，6家属于医疗健康行业，2家属于新工业，3家属于企业服务行业，2家属于生产制造行业，3家属于化工行业，1家属于环保行业，2家属于能源矿产行业。

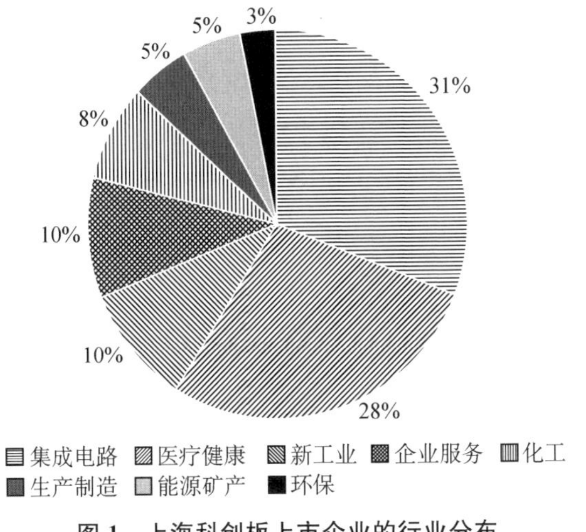

图 1　上海科创板上市企业的行业分布

2021 年在科创板上市的 2 家上海企业中，1 家属于医疗健康行业，1 家属于新工业（图 2）。

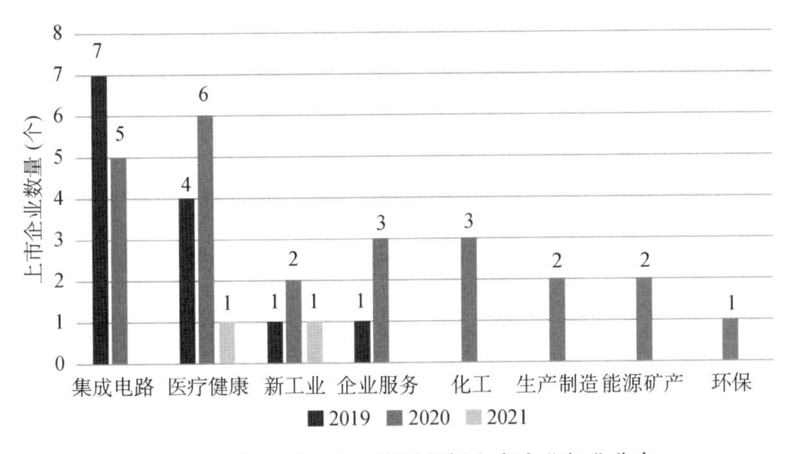

图 2　2019—2021 年上海科创板上市企业行业分布

由图 2 可知，2019—2021 年，每年在科创板上市的上海企业中，集成电路企业占比和增量均比较显著，由 2019 年的 7 家增加到 2020 年的 15 家，年增长率高达 114.29%；医疗健康类企业由 2019 年的 4 家增加到 2020 年的 10 家，年增长率高达 150%；新工业企业由 2019 年的 1 家增加到 2020 年的 3 家，年增长率高达 200%；企业服务类企业增量显著，由 2019 年的 1 家增加到 2020 年的 4 家，年增长率高达 300%。另外，2021 年在科创板新上市的两家上海公司中有 1 家为医疗健康类企业，另 1 家为新工业企业。此外，上海科创板上市企业中，化工、生产制造、能源矿产和环保行业都在 2020 年实现了零的突破(图 3)。

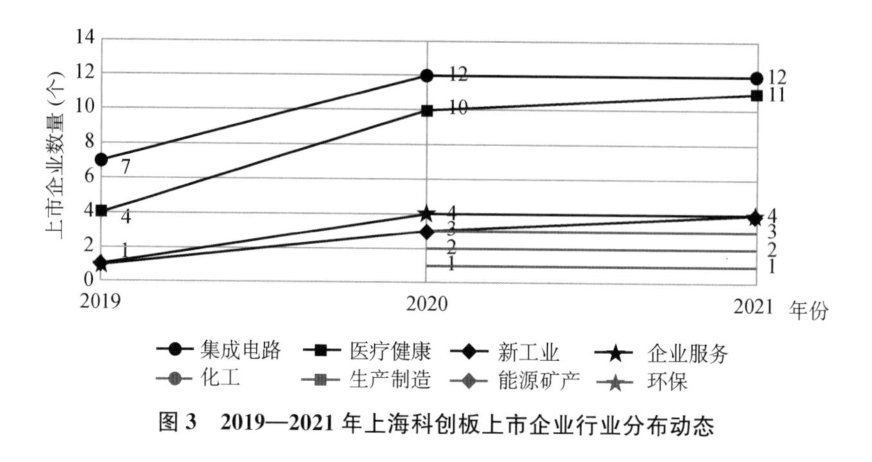

图 3　2019—2021 年上海科创板上市企业行业分布动态

二、上海科创板上市企业与全市重点产业匹配情况分析

1. 上海积极布局“3＋6”重点产业体系

近年来，上海持续发力构建“3＋6”重点产业体系，并明确提出要在“十四五”期间继续围绕“3＋6”重点产业体系，夯实以制造业为基础的实体经济，加快打造重点领域的世界级产业集群。一方面，“3＋6”重点产业体系的“3”指的是集成电路、生物医药、人工智能三大产业“先锋队”。另一方面，“3＋6”重点产业体系的“6”指的是“六大重点产业集群”，即着力打造电子信息、生命健康、汽车、高端装备、先进材料、时尚消费品等高端产业集群，促进制造业和服务业融合发展。因此，当前和未来一段时间，“3＋6”产业都会是上海招商引资和产业培育的重点方向。

2. 上海科创板上市企业符合全市产业发展导向

截至 2021 年，上海科创板上市企业中，69％的企业属于集成电路、医疗健康和新工业行业，符合上海“3＋6”重点产业发展导向，集成电路、生物医药、人工智能“三大产业”的引领作用进一步凸显。此外，其余上海科创板上市企业分布在企业服务、化工、生产制造、能源矿业和环保行业，也符合上海六大重点产业集群——电子信息产业、生命健康产业、汽车产业、高端装备产业、新材料产业、现代消费品产业的发展导向。因此，上海科创板企业代表了当前上海科创产业的优势领域，也凸显了未来上海新兴产业发展的重点方向。

三、上海科创板上市企业与上海产业地图匹配情况分析

1. 各区分布情况

从上海各区分布情况来看，39 家上海科创板上市企业中，分布在浦东新区的企业数量最多，高达 23 家，占全市的 59%，其余 41%的科创板上市企业分布在嘉定区、松江区、闵行区、徐汇区、杨浦区和奉贤区，其中嘉定区 4 家，松江区 4 家，闵行区 3 家，徐汇区和杨浦区各 2 家，奉贤区 1 家(图 4)。

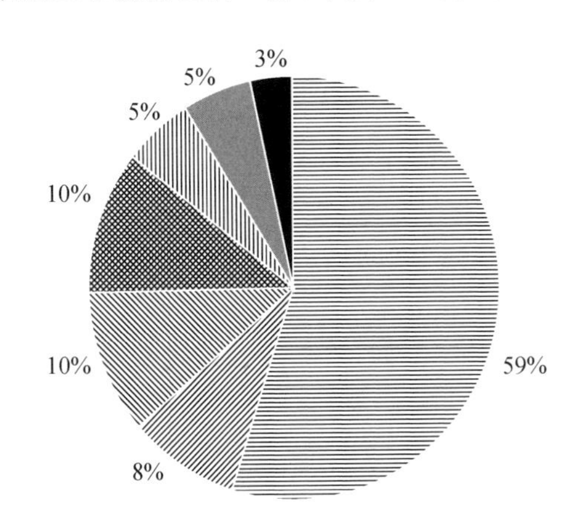

图 4　上海科创板上市企业区域分布

2. 上海市产业地图对相关区的产业定位

根据上海市产业地图对各区的产业布局和定位可知，浦东新区的主导产业为金融服务、集成电路、生命健康、航空及高端装备、汽车、航运贸易、文化创意；嘉定区的主导产业是汽车、智能传感器、医疗装备、机器人；松江区的主导产业为智能制造装备、集成电路、生物医药、文化休闲旅游；闵行区的主导产业为高端装备及航天、人工智能、健康医疗；徐汇区的主导产业为人工智能、生命健康、文化创意；杨浦区的主导产业为人工智能及大数据、现代设计、科技金融；奉贤区的主导产业为美丽健康。

3. 各区科创板上市企业与上海产业地图的匹配度

39 家上海科创板上市企业中，分布在浦东新区的 23 家企业分别属于集成电路、医疗健康、企业服务等行业；分布在嘉定区的 4 家企业分别属于集成电路、医疗健康、新工业和化工行业；分布在松江区的 4 家企业分别属于医疗健康、新

工业、生产制造和能源矿产行业;分布在闵行区的 3 家企业分别属于集成电路、医疗健康和新工业;分布在徐汇区的 2 家企业分别属于集成电路和企业服务行业;分布在杨浦区的 2 家企业分别属于企业服务和环保行业;分布在奉贤区的 1 家企业属于化工行业(图 5)。从各区科创板上市企业行业分布情况和各区产业定位来看,各区科创板上市企业所属的行业属性基本符合上海市产业地图中对各区的产业定位。

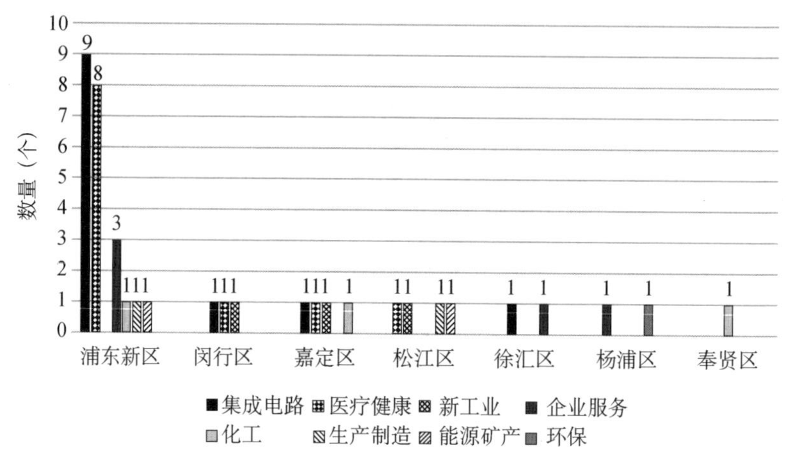

图 5　上海市各区科创板上市企业分布情况

四、进一步推动上海产业精准集聚的对策建议

1. 大力开展精准招商

引导各区按照主导产业方向开展精准招商,依据产业地图吸引相关行业中关键环节的龙头企业。开展特色产业园区招商,立足上海首批 26 个特色产业园区功能定位,加强园区投促推介,强化精准招商。聚焦 5G、大数据中心、工业互联网等领域,发挥应用场景丰富的优势,加强新基建招商。

2. 加强企业主体培育

进一步完善科创板后备企业库,政府各相关部门应联合证券公司、知名股权投资机构等,梳理推荐优质科创企业作为科创板上市后备企业。持续加大科技资金、人才资金等对企业科创板上市的扶持力度。围绕企业实际需求,组织开展宣传培训、专业辅导等服务,帮助企业及时、准确掌握政策信息。

3. 完善产业政策体系

加强先进制造业、现代服务业科技创新支持，加大对“3＋6”重点产业的资金支持力度，各区应结合区域产业基础和导向，制定具有区域特色的产业政策，共同构建“产业政策＋专项政策＋区域特色”的产业政策体系。

4. 优化产业发展环境

围绕“3＋6”重点产业需求和痛点，加大力度探索产业制度创新。通过补链、固链、强链等举措，完善产业配套，强化产业链协作，提升产业链整体竞争力，确保产业链、供应链安全，扩大产业发展整体环境优势。

新发展格局下上海加快发展创新型经济的思考

| 任声策

新冠肺炎疫情暴发以来，世界发展格局面临着极大的不确定性。我国已在2020年成功实现全面建成小康社会目标，温饱问题得以解决。当前，我国已进入新的发展阶段，正朝第二个100年目标奋进。新发展阶段的重点是高质量发展，更加需要依赖创新驱动发展，因此，《中华人民共和国国民经济和社会发展第十四个五年规划和二〇三五年远景目标纲要》要求，到2035年要进入创新型国家前列，《纲要》165次提及"创新"，足见创新的重要性，4次提及"创新型"，其中两次是"创新型国家"，另外两次分别是"创新型企业"和"创新型人才"。

各地区也高度创新，但对发展创新型经济有不同思路。根据对长三角及上海、江苏、浙江、安徽、广东、北京等主要省市的《规划纲要》的分析，可以发现各地对创新和发展创新型经济的重视和思路。《长江三角洲区域一体化发展规划纲要》122次提及"创新"，2次提及"创新型"，明确长三角要在创新型国家建设中发挥重要作用，要打造全国主要的创新型经济发展高地。《上海市国民经济和社会发展第十四个五年规划和二〇三五年远景目标纲要》281次提及"创新"，7次提及"创新型"，强调发展"具有引领策源功能的创新型经济"、各类创新型企业和创新型人才。《江苏省国民经济和社会发展第十四个五年规划和二〇三五年远景目标纲要》280次提及"创新"，8次提及"创新型"，除前述之外，还包含"创新型省份""创新型县(市)、创新型企业集群"。《浙江省国民经济和社会发展第十四个五年规划和二〇三五年远景目标纲要》则204次提及"创新"，9次提及"创新型"，特别提及创新型企业家队伍和创新型基础设施。《安徽省国民经济和社会发展第十四个五年规划和二〇三五年远景目标纲要》则368次提及"创新"，12次提及"创新型"，特别是"创新型文化强省"。《广东省国民经济和社会发展第十四个五年规划和二〇三五年远景目标纲要》333次提及"创新"，5次提及"创新型"，特别提及"创新型教师""创新型校长"。《北京市国民经济和社会发展第十四个五年规划和二〇三五年远景目标纲要》提及“创新”高达461次，其中14次提及“创新型”，特别是创新型产业集群、创新型老年劳动者等(表1)。

表1 中长期规划关于“创新”“创新型”的表述

类别	创新	创新型	备注
全国	165	4	创新型国家(2次)；成就、进入前列；支持创新型中小微企业成长为创新重要发源地；加强创新型人才培养
长三角	122	2	在创新型国家建设中发挥重要作用；打造全国重要的创新型经济发展高地
上海市	281	7	3.1.2 聚焦“五型经济”增创经济发展新优势。发展具有引领策源功能的创新型经济 4.3.1 培育壮大更多高成长性企业。集聚和壮大更多创新型企业。支持创新型中小微企业成长为创新重要发源地。4.5.2 加强创新型人才培育。7.1.3 加强国内外优秀创新型青年文化艺术人才引育力度。7.5.1 加快建设国际文化创意产业中心。培育一批有竞争力的创新型文化创意领军企业和“小巨人”企业。8.1.1 助力新生代互联网龙头企业引领在线新经济发展，持续支持一批拥有核心技术、优质内容、用户流量、商业模式的创新型头部企业发展壮大
广东省	333	5	基本达到创新型地区水平，创新型都市圈，创新型人才培养，努力建设高素质专业化创新型教师队伍，努力建设专业化创新型校长和教师队伍
北京市	461	14	借助首都友城平台引进国际创新型企业(2次)；提升创新型产业集群示范区，培育发展创新型企业，建立创新型企业国际化发展服务平台，大力发展高能级创新型总部经济，数字经济创新型企业集群。培育一批创新型领军企业、独角兽、瞪羚和隐形冠军企业；打造南部创新型产业集群(5次)；创新型老年劳动者创业
江苏省	280	8	创新型省份，创新型国家，创新型企业，创新型城市，创新型县(市)，创新型企业集群，创新型领军企业，创新型人才培养
浙江省	204	9	创新型省份(4次)，创新型人才队伍建设，加快创新型企业家队伍建设，创新型领军企业，创新型基础设施(2次)
安徽省	368	12	创新型省份(2次)，创新型文化强省(3次)，创新型人才(2次)，科技创新型企业，创新型文化创意领军企业，创新型智慧园区(2次)，创新型特色产业园区体系

资料来源：根据各地中长期规划分析。

创新型经济可简而言之为创新驱动的经济，但它其实是个动态的概念，即随着时代变迁，创新型经济所指的实质有所不同。因此，基于当前现实，上海市创新型经济发展需要紧密结合当前形势，认识现阶段“创新型经济”的独特之处，基于上海“创新型经济”基础和优势，识别关键挑战，明确思路和方向。本文尝试按照这一逻辑对上海创新型经济发展进行思考。

一、上海创新型经济发展的新形势

当前，上海创新型经济发展面临的形势主要有五个主要特征。一是新冠肺炎疫情给全球带来的影响和不确定性依然会持续。二是中美关系进入了一个新的阶段。三是新一轮科技革命的影响方兴未艾。四是我国进入新发展阶段，步入第二个百年的使命征程。最后是上海市发展也进入了城市发展新阶段，承载着新使命。

第一，新冠肺炎疫情仍持续在世界范围内造成显著影响。世界经济论坛《首席经济学家展望 2021 年》(*Chief Economists Outlook 2021*)报告认为，美国、英国和日本政府计划在 2021 年第二季度完成 70%人口的新型冠状病毒疫苗接种，欧盟各国预计在 2021 年第三季度达到相同程度。但是，2021 年以来，疫苗分发极不均衡，供应不足是最大问题。疫苗在不同收入水平国家可及性差异大，导致全球免疫困难。新冠肺炎疫情已深刻影响全球经济。世界银行指出：全球经济在 2020 年萎缩 4.3%之后又恢复增长，但新冠肺炎疫情已造成大量人口死亡和患病，可能长期抑制经济活动和收入增长。假设 2021 年大规模推广新型冠状病毒疫苗接种，预计 2021 年全球经济将增长 4%，但是，如果决策者不采取果断措施遏制疫情蔓延和实施促进投资的改革，经济复苏可能会缓慢乏力。由于疫情导致人员互动减少、投资减少、教育受到冲击，相较以前的经济危机，本次疫情影响更加长远，除非实施强有力的改革措施，否则全球经济增长会进入令人失望的十年。这对发展创新型经济来说既蕴含机遇也蕴涵挑战。

第二，中美关系在美国新一届政府上任后难有改善趋势，美国遏制中国发展的意图明显。张宏志认为，“美国疑华、恐华、遏华形势无改善；敌意措施不断出台；美国对华心态由轻视中国向重视甚至恐惧中国转变；由对华战略从容向战略焦躁转变；由利用国际规则改造中国向破坏国际规则打压中国转变”。美国近期极力拉拢伙伴打压中国，说明经济全球化受制于政治，必须在国际关系大势下分析全球化的影响，我国提出加快构建新发展格局以应对，这直接影响创新型经济的战略方向。

第三，就科技本身而言，新一轮科技革命正在兴起。目前，我国已从强调技术创新发展到强调科技创新、高质量创新、科技自立自强，在新一轮科技革命和产业变革大势中，我们有更好的基础乘势而上。习近平总书记强调："进入 21 世纪以来，全球科技创新进入空前密集活跃的时期，新一轮科技革命和产业变革正在重构全球创新版图、重塑全球经济结构……信息、生命、制造、能源、空间、海洋等的原创突破为前沿技术、颠覆性技术提供了更多创新源泉，学科之间、科学和技术之间、技术之间、自然科学和人文社会科学之间日益呈现交叉融合趋势"。因此，发展创新型经济需要遵循科技和产业发展新规律、新趋势。

第四，我国进入了新发展阶段。2020 年我国如期全面建成小康社会、实现了第一个百年奋斗目标，为开启全面建设社会主义现代化国家新征程奠定了坚实基础。目前，我国已进入新发展阶段，党的十九大则对实现第二个百年奋斗目标作出分两个阶段推进的战略安排，即到二〇三五年基本实现社会主义现代化，到本世纪中叶把我国建成富强民主文明和谐美丽的社会主义现代化强国。到二〇三五年，我国经济实力、科技实力、综合国力将大幅跃升，经济总量和城乡居民人均收入将再迈上新的大台阶，关键核心技术实现重大突破，进入创新型国家前列。为此，需要坚持创新驱动发展，全面塑造发展新优势，需要用高质量创新推动高质量发展，因此，创新型经济必然要扮演主要角色。

第五，上海城市发展也进入高质量发展新阶段，到 2035 年要基本建成具有世界影响力的社会主义现代化国际大都市。在构建新发展格局中，上海面临着国家赋予的更大使命、开展先行先试的新机遇，需要增强优势，对照国际最高标准、最好水平提升城市综合实力。因此，上海需要主动服务新发展格局，打造国内大循环的中心节点、国内国际双循环的战略链接，要着力强化"四大功能"，加快推动经济高质量发展，即强化全球资源配置功能、科技创新策源功能、高端产业引领功能、开放枢纽门户功能。这意味着上海发展创新型经济必然体现上海特征。

二、新发展格局下上海创新型经济发展的新要求

在新发展阶段，上海市发展创新型经济必须深刻认识新形势和新发展格局的影响，必须认识到现阶段加快发展创新型经济的不同之处。新发展格局下上海创新型经济的新要求，主要表现在五个方面。

第一，在创新水平上，当前上海创新型经济需要更多侧重创新策源。上海的创新型经济需要成为技术发明第一创造者、创新产业第一开拓者、创新理念第一践行者，以此为导向并由此与科学规律第一发现者形成良性循环，全面提升上海创新策源能力，促进上海发展为有全球影响力的科创中心。

第二，在创新方向上，当前创新型经济需要锻长板和补短板共同发力。新发展格局下，我国产业链创新链面临着前所未有的安全冲击，关键软硬零部件、设备受制于人，事实说明，改变这种局面必须主要依靠自己，科技必须自立自强，必须支持国产替代加大应用，加强国际产业安全合作。这要求创新型经济不仅要追求"人无我有"的绝对长板锻造，也必须改变"人有我无"关键基础技术短板制约的局面，这是国家发展和民族复兴的重要使命。

第三，在优势塑造上，生态优势通常更难以超越，当前上海需要强调基于创新培育从企业到产业链再到产业生态的新优势。上海需要通过发展创新型经济加快占据全球产业链、创新链、价值链高端地位，并通过创新型经济实现补链、固链、强链，打造自主可控、安全可靠的产业链和供应链。对于具有创新策源特征的创新型经济，不仅要推动从0到1、从1到100的发展，也要注重从企业到产业链再到产业生态的培育，目的鲜明地打造难以复制的新优势。

第四，在驱动力量上，当前上海发展创新型经济需要强调供给侧和需求侧的共同发力推动创新。无论是技术供给侧推动，还是需求侧拉动，创新型经济是供给和需求的共同作用产物。科学技术进步可以催生创新型经济，传统需求升级、新兴需求涌现也可以催生新技术应用的创新型经济。在当前供给侧和需求侧改革大势中，上海有更好的机会发挥供给侧和需求侧的联合驱动力量，推动创新型经济发展。

第五，在创新角色上，当前上海发展创新型经济需要更多地通过协同整合促进创新，需要跨出上海看上海，发挥整合作用。根据创新理论，开放和合作是创新的大趋势，未来的创新具有更多的跨边界融合趋势，上海具有整合创新力量的基础和优势。因此，在上海创新型经济发展中，需要更有意识地培育和运用跨区域、跨领域创新整合能力。

三、上海加快发展创新型经济的优势

上海在发展创新型经济方面拥有自身基础和优势，主要体现在五个方面。

第一，当前上海五个中心建设成效显著，已基本建成国际经济、金融、贸易、航运中心，已形成具有全球影响力的科技创新中心基本框架。根据产业创新生态系统理论，五大中心具有相互加成作用，对创新型经济发展将产生难以替代的综合作用。“自然指数—科研城市 2020”显示，上海在全球科研城市中排名第五；上海市经济信息中心发布的《2020 年全球科技创新中心评估报告》显示，上海在全球科创中心百强城市中名列第 12 位，无论是世界科技前沿，还是新兴产业，上海的优势正不断增强。

第二，新发展阶段和新发展格局赋予了上海责任和优势。在中华民族伟大复兴战略全局的高质量发展新阶段，国家赋予上海更大使命和开展先行先试的新机遇。而在世界百年未有之大变局下的新发展格局中，上海需要成为国内大循环的中心节点、国内国际双循环的战略链接，在国际上需要更加高水平开放，在国内要成为长三角发展龙头，要将浦东新区打造成为社会主义现代化建设引领区。上海的时代使命需要创新型经济支撑。

第三，上海重点创新型经济发展优势显著。根据科创板截至 2021 年 4 月 30 日的数据，上海在科创板注册生效企业数量为 43 家，仅次于江苏省的 57 家和广东省的 49 家，与北京并列全国第三位，在研究和试验发展、医药制造业、计算机与通信和其他电子产品、软件信息技术服务业等行业优势较为明显（表 2）。

表 2　主要地区科创板注册生效企业分布

	上海	江苏	浙江	安徽	长三角合计	全国	上海占比	长三角占比	北京	广东
电气机械和器材制造业	2	3	2		7	15	13%	47%	2	2
互联网和相关服务	1		1		2	3	33%	67%	1	
化学纤维制造业	1				1	1	100%	100%		
化学原料和化学制品制造业	2	4	1	1	8	17	12%	47%	1	3
计算机、通信和其他电子类	9	7	4	2	22	61	15%	36%	3	21
软件和信息技术服务业	6	6	6		18	42	14%	43%	15	4
通用设备制造业	2	3	2	1	8	10	20%	80%		
橡胶和塑料制品业	1	1	1	1	4	8	13%	50%		3
研究和试验发展	4				4	5	80%	80%		

(续表)

	上海	江苏	浙江	安徽	长三角合计	全国	上海占比	长三角占比	北京	广东
医药制造业	8	8	2		18	39	21%	46%	6	5
仪器仪表制造业	1	1	1	1	4	10	10%	40%	2	1
专用设备制造业	6	17	5	3	31	58	10%	53%	6	9
生态保护和环境治理业		2	1	1	4	6	0%	67%	1	
金属制品业		2	1		3	6	0%	50%	1	
铁路、船舶、航空航天等		2		1	3	8	0%	38%	4	
合计	43	56	27	11	137	289	15%	47%	42	48

注:根据科创板数据整理,截至2021年4月30日。

第四,上海创新型经济培育保持优势。独角兽企业是创新型经济培育成效的重要标志,根据近三年我国独角兽企业统计数据,上海培育独角兽企业数量位于全国第二,仅次于北京。如表3所示,上海在2018—2020年的独角兽企业数量分别为38、36、44家,保持稳定优势。上海市独角兽企业在医疗、教育等新兴需求挖掘领域,在人工智能、数字化等高质量供给领域,体现了上海优势。

表3 近三年独角兽企业数量(家)

	总数	北京	上海	杭州	深圳	广州	南京	天津	青岛	成都
2020	251	82	44	25	20	12	11	9	8	5
2019	218	80	36	20	20	11	10	5	6	52
2018	202	82	38	18	18	6	9	2	4	2

注:根据长城战略咨询《2019年中国独角兽企业研究报告》《中国独角兽企业研究报告2020》《中国独角兽企业研究报告2021》数据整理。

第五,上海高成长企业培育生态优势明显。根据全国主要城市高成长企业培育生态指数,上海市过去两年指数稳定保持在全国第二。如表4所示,基于综合指标计算结果,上海高成长企业培育生态指数仅低于北京。高成长企业培育生态是创新型经济发展的土壤,上海要巩固这一优势,也要发挥好这一优势。

表 4　2020 年我国主要城市高成长企业培育生态指数

城市	排名	排名变化	城市	排名	排名变化
北京	1	—	台州	28	—
上海	2	—	济南	29	↑1
深圳	3	—	扬州	30	↑1
广州	4	—	烟台	31	↑1
杭州	5	—	镇江	32	↓6
苏州	6	—	大连	33	↑1
南京	7	↑2	南昌	34	↑2
重庆	8	↓1	惠州	35	↓2
天津	9	↓1	徐州	36	↓1
宁波	10	—	长春	37	—
武汉	11	↑3	沈阳	38	↑1
无锡	12	↓1	石家庄	39	↓1
成都	13	—	哈尔滨	40	—
佛山	14	↓2	贵阳	41	—
长沙	15	—	宁德	42	↑6
东莞	16	—	昆明	43	—
青岛	17	—	九江	44	↑1
常州	18	—	太原	45	↑7
西安	19	—	海口	46	↑1
温州	20	—	南宁	47	↓3
厦门	21	↑1	包头	48	↓2
南通	22	↓1	呼和浩特	49	↓7
郑州	23	↑4	银川	50	↓1
合肥	24	—	三亚	51	—
福州	25	↓2	北海	52	↓2
嘉兴	26	↓2	兰州	53	—
珠海	27	↑2	西宁	54	—

资料来源：上海市产业创新生态系统研究中心研究报告。

四、上海加快发展创新型经济的重点思路

上海应基于新时代发展创新型经济的优势，结合新形势新要求，重点围绕五大方向在新发展格局下加快推进创新型经济发展。

第一是数智化。数字化、智能化是新一轮科技和产业革命的核心所在，治理数字化、生活数字化、经济数字化以及智能化算法、智能化算力、智能化基础设施，等等，是创新型经济发展的巨大时代背景，其中既有升级机遇，又有颠覆机会，为创新型经济提供了广阔的时代舞台。

第二是场景库。场景是从需求侧激活创新型经济发展的关键，因此开发典型需求场景成为新时代推动创新发展重要举措。例如，上海提出要推出 1 000 个面向产业界的标志性场景，北京出台《北京市加快新场景建设培育数字经济新生态行动方案》，江苏、浙江、广东、山东等地均提出场景建设计划。作为五个中心城市的上海将产生大量新兴需求场景，这是上海创新型经济发展的宝贵资源。

第三是科技源。科技创新之源是从供给侧促进创新型经济发展的关键。上海是科技创新中心城市，拥有大量科技创新人才、资源和成果，这是上海发展创新型经济的创新技术供给基础。但上海还应发挥优势汇集全球各地科技创新之源，努力成为全球科技创新资源的集聚地。

第四是创业场。创业活动是催生创新型经济的直接力量，创新型经济既需要创业活动将科技创新推向市场，也需要大量创业活动满足新兴需求。因此，营造高质量创业生态、推动高质量创业活动应是上海构建创业场域的目标，让创业场域得到强化并提升其可及性，是激活各类创新要素的重要途径。伴随老龄化进程，发挥老龄人的创新优势也愈渐创业场域中必须得到重视的优势资源。

第五是人才港。上海创新型经济需要大量科技人才、企业家人才和国际化人才等，必须加大力度构建人才港湾，开发多种活动及场景邀请全球顶尖人才、中坚人才直接或间接为上海创新贡献力量，使上海成为全球人才汇聚枢纽、年轻创新创业者的栖息地。

五、上海加快发展创新型经济的保障

新发展格局下，上海虽然在加快发展创新型经济方面具有基础和优势，但也责任重大、任务艰巨，需要坚持开拓的勇气和决心。总体上，上海加快发展

创新型经济需要五个“力量”保障，分别是：逻辑力、创新力、协同力、生态力和持续力。

第一，需要主导逻辑力。城市发展、产业发展、企业发展均需要主导逻辑，主导逻辑相当于长期不变的顶层设计逻辑。上海加快发展创新型经济也需要形成顶层设计的基本逻辑，例如基于产业、科技生态、需求发展优势等构建上海创新型经济发展逻辑(图 1)。

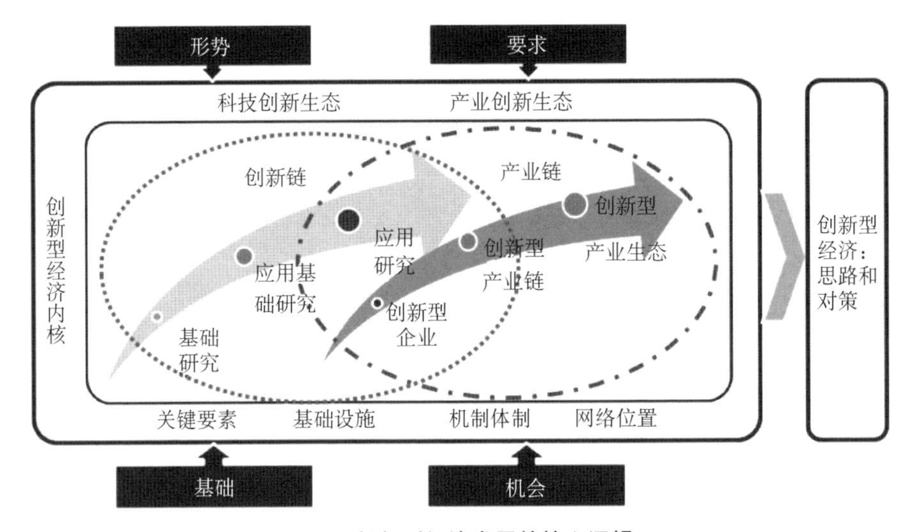

图 1　创新型经济发展的核心逻辑

第二，需要创新力。创新型经济发展当然离不开创新力，这种创新力包括科学技术人员的创新力，也包括企业家和产业专家的创新力，更重要的是公共部门的制度创新力。越是在新发展格局下，越是要加快发展创新型经济，越需要制度创新力。制度创新力能够释放更多的科技人才和企业家创新力，尤其是创新策源能力。

第三，需要协同力。协同是新发展格局下创新型经济发展的基本保障，上海需要以国内大循环的中心节点、国内国际双循环的战略链接为导向，以长三角一体化、长江经济带发展为契机，发展合作机遇，提升协调整合能力。如此将可以实现上海优势基础的倍乘效应。

第四，需要生态力。生态是区域竞争力的长期保障。对于持续性经济发展而言，科技创新生态和产业创新生态是两大基础保障生态。强大的生态力量，一旦形成将造就长期优势。新发展格局下，构建非对称生态系统是我国创新发展的重要路径，因此，需要在创新型经济发展中形成生态力。

第五，需要持续力。持续性是战略得以实现的保障。主导逻辑力、创新力、协同力、生态力的构建和实现，均需要持续关注、规划、投入、行动。以往已出现多个未能坚持而中断的重大创新活动，给今天带来负面影响。如今，关键核心技术突破尤其需要持续力。当然，持续性也容许灵活调整，并非应一成不变。

“十四五”期间上海人工智能产业发展的着力点探究

| 赵程程

一、国内人工智能领先城市比较

近年来,关于中国城市人工智能的报告和排名层出不穷,例如悉尼大学商学院的《2020中国智能城市指数报告》、商汤智能产业研究院的《2020年新一代人工智能白皮书:产业智能化升级》、36氪研究院的《新基建系列之中国城市AI发展指数报告》等。上述报告尽管侧重点不同,但考察维度和相关结论都有相似性。纵观国内外智库对人工智能城市的评价,可以发现,企业活跃度、研发潜力、基础设施完整性、政府参与度是重要的考核指标。

1. 企业活跃度:北京、上海、深圳、杭州

企业既是人工智能的用户,又是人工智能的创新者。同时。也正是企业将人工智能技术应用到具体场景。能够吸引关键创新者的城市将能够推动人工智能的应用,同时也将为更多的人工智能研究提供测试平台和数据源。因此,人工智能企业活跃度(企业的数量和质量)是人工智能城市发展的重要内生动力。通过对智库研究报告中城市进行排名梳理,得出城市企业活跃度排名依次为北京、上海、深圳、杭州(表1)。

表1　主要城市的企业活跃度排名及说明

排名	说明	代表性企业
北京	北京中关村聚集了全球领先的初创企业和科技公司。目前中关村已经吸引了近20 000家高新技术企业入驻。在人工智能领域领先的公司总部所在地方面,北京处于领先地位	百度
		字节跳动
		滴滴出行
		出门问问
		旷视科技

（续表）

排名	说明	代表性企业
上海	上海与15家中国领先的人工智能企业（百度创新中心、科大讯飞、北京地平线机器人和寒武纪）建立了关键关系	点内科技
		陆金所
		依图
深圳	深圳初创企业拥有可靠的私人融资渠道，拥有20家从事云计算和大数据业务的上市公司	华为
		腾讯
		大疆
		平安科技
杭州	杭州是全球最大的零售商和电子商务公司阿里巴巴（世界上最大的互联网和人工智能公司之一）以及其他金融科技公司的集聚地	阿里巴巴
		蚂蚁金服
		若琪

2. 研发潜力：北京、西安、哈尔滨、南京、上海、杭州

科学研究和发展在推动商业创新方面起着关键作用。中国的大学、研究机构和高科技企业正在建立各种关系，以期获得国家和全球影响力。随着新兴前沿研究的不断涌现，基础研究标准也在不断提高。因此，研发潜力（AI 论文数量和质量、AI 专利质量、AI 研发人员）是人工智能城市发展的后劲。通过对智库研究报告中城市排名进行梳理，得出城市研发潜力排名依次为北京、西安、哈尔滨、南京、武汉、上海、杭州。北京一直是全国人工智能研究的领先城市，这得益于北京的清华大学、北京大学、北京航天航空大学、北京理工大学等高校取得了引人注目的 AI 研究成果。西安在 AI 研究排名中表现卓越，特别是西安电子科技大学获得了最多的人工智能相关专利。哈尔滨是中国领先的人工智能研究机构哈尔滨工业大学的所在地，哈尔滨的研究排名完全取决于哈尔滨工业大学的表现。南京的排名，主要得益于东南大学的表现，特别是在引用最多的 AI 论文数量上排名第二。上海仅靠上海交通大学、同济大学在 AI 研究方面用劲，显得后力不足。与上海类似，杭州也是依托浙江大学在人工智能领域的研究能力。

3. 基础设施完整性：深圳、北京、上海、杭州

为了进一步实现行业创新创造的有利环境，中国的主要城市都在开足马力进行人工智能基础设施建设。基础设施旨在加强城市与省之间的协同，提高区域产业创新生态的活跃度。通过对智库研究报告中城市排名进行梳理，得出城市

基础设施完整性排名依次为深圳、北京、上海、广州、杭州。深圳专注自身建成大湾区经济和商业中心，在5G基础设施建设方面处于领先地位。北京得益于技术中心中关村（中国“硅谷”）所发挥的关键作用。上海高度重视产业集群，目前上海市政府正在建设中国第一个测试人工智能应用的试验区。浦东试验区的三个主要任务就是建立人工智能核心产业集群，推广人工智能应用以及建设人工智能创新支持系统。杭州是浙江大学和阿里巴巴集团支持的“未来科技城”倡议的所在地。

4. 政府参与度：南京、深圳、上海、杭州

中国的城市政府正在利用科技公司的能力搭建政府服务平台。各种人工智能发展规划旨在增强高科技公司与政府之间的合作。通过对智库研究报告中城市排名进行梳理，得出城市政府参与度排名依次为南京、深圳、上海、杭州。

二、国际人工智能战略动向分析

1. 美国发动科技战，从供应链上游围堵中国AI产业发展

科技战，本质上是美国通过对技术人员流动和技术（产品）的限制，利用政治势力迫使关键企业站队，打断中国AI全球产业链，从而达到阻碍中国AI产业发展的目的。限制技术人员的流动、限制技术（产品）的出口、利用政治势力威逼利诱企业站队是美国打压中国AI企业的常见手段。中国很早就限制IP访问Google、Twitter、Facebook等美国网站，意味着中国早已意识到中美之间脱钩的可能性。科技战只是加速了脱钩的进程。这种趋势将迫使美国企业撤出中国市场或断绝与中国贸易合作。一系列快速动作，或将不会给中国AI企业更多反应时间。

2. 韩国构建引领世界的人工智能生态系统

为了加快经济和社会的创新发展，为产业注入新的活力，韩国通过整合分析其他国家的相关政策和措施，于2019年12月17日公布了《国家人工智能战略》，旨在凝聚国家力量、发挥自身优势，实现从“IT强国”到“人工智能强国”的转变。韩国国家人工智能战略可分为构建引领世界的人工智能生态系统、成为人工智能应用领先的国家、实现以人为本的人工智能技术三大目标。具体举措包括以下四个方面。一是完善人工智能相关基础设施：加大数据开放和流通，到2021年全面开放公共数据。二是确保人工智能核心技术竞争力：提高人工智能芯片的竞争力，使韩国人工智能芯片（技术）成为世界第一。三是大幅进行规制创新，完善相关法律法规：全面转变人工智能领域规制模式，引入“负面清单”制度，并力争在2020年制定规制路线图。四是培育世界一流水平的人工智能创业

企业:新设"未来技术培育资金",优先支持人工智能创新企业。

3. 日本强化 AI 技术场景应用

为了追赶人工智能发展潮流,日本各有关机构制定了一系列人工智能战略。早在 2017 年,日本新能源产业的技术综合开发机构(NEDO)发布的《人工智能技术战略》(*Artificial Intelligence Technology Strategy*)阐述了日本人工智能发展计划,并绘制了详细的发展路线图,为日本人工智能发展打下基础。总体上,日本政府试图从技术的角度,推进人工智能产业发展(表 2)。一是绘制"AI+"发展路线。日本将人工智能发展路线分为三个方面,即人工智能与工业相结合、人工智能与医疗相结合和人工智能与交通相结合。每条发展路线均分为三个阶段,2020 年以前为第一阶段,2020—2030 年为第二阶段,2030 年以后为第三阶段。每一阶段的发展重点均不相同,第一阶段注重基础技术的研发;第二阶段着力于完善技术,并扩大使用范围;三阶段计划全面运用成熟的人工智能技术,推动日本社会在 2030 年以后进入新阶段("社会 5.0")。二是加大基础研发力度,攻克技术难关。日本人工智能领域的论文尤其高质量的论文数量不足,专利数量较少,为了改变这一状况,日本认识到研究基础理论、攻克核心技术的必要性,因此计划从确定研发重点、树立研发目标、坚持产学研结合三方面来促进人工智能技术研发。

表 2 日本 AI 研发重点与主要内容

	研发重点	具体内容或应用
基础层	下一代类脑架构 AI	大脑皮层模型(深度学习)
		海马体模型
		基底节模型
	数据知识集成 AI	超高速推理
		概率关系数据库
		贝叶斯网络
技术层	自然语言处理	—
	文本挖掘	—
	算法优化	—
	预测	—
	图像识别	—
	语音识别	—

（续表）

	研发重点	具体内容或应用
应用层	网络/Web 服务（网络监控、非法访问监测）	通信与移动电话服务
		互联网服务提供商
		电子商务市场
	专业化服务（诊断辅助 AI、可疑行为侦测）	医疗或护理服务
		金融和保险服务
		安保服务
	分布与设计（市场营销辅助、需求预测系统等）	商品和服务规划
		大规模设计支持
		分布管理
	机器人、制造和自动驾驶技术（对话系统、先进生产管理、风险识别与规避系统等）	人体机器人
		制造技术
		汽车（自动驾驶）
	政府与公共部门（专利/商标审查协助、预测应急响应）	日本气象局
		日本专利局
		电力交通运输

三、"十四五"期间上海人工智能产业发展的着力点

1. 构建开源、开放、集成化的 AI 生态系统

从国内外经验分析，构建开源、开放、集成化的 AI 生态系统是人工智能技术快速拓展并取得应用成效的关键。AI 生态系统包括基础设施、开放环境与设备/服务。基础设施是指用于运行和存储数据、训练 AI 算法以及算法本身的工具、平台。开发环境是指帮助开发代码，实现 AI 功能的工具。设备/服务是 AI 生态系统的重要产出，面向应用市场。其中，构建开源开放的共享平台、服务产品开发、营造产业生态是关键抓手：一是领军企业牵头研发共性关键技术，并且向社会开放，服务于传统产业智能化升级，实现跨界发展。二是通过面向社会的知识分享，聚集科研资源、加快技术和产品的迭代和完善。三是通过线上线下相结合的众创空间，共享软件、硬件和计算资源，支撑大众创新创业。四是通过跨

领域知识和技术集成，服务于社会发展。

2. 着力提升原始创新能力，聚焦强人工智能研发

AI 自主创新之路是必然选择。中美技术战的爆发，打断了全球 AI 产业链中芯片制造环节，导致华为子公司海思硅（HiSilicon）、阿里巴巴子公司平头哥半导体有限公司不得不中断与台积电的合作，转向韩国三星、日本 NEC 等芯片制造企业寻找合作机会。但迫于美国持续的政治压力和利益诱惑，这种合作关系将十分脆弱。因此，坚持 AI 自主创新之路是上海乃至整个中国人工智能发展的唯一选择。

在此背景下，人工智能重大项目要加大对于基础理论、核心技术和系统重塑的投入，也要关注与量子计算、类脑智能等学科的交叉，探索新规律，创造新理论。与此同时，要创新产学研融通的合作和共享方式，发挥国家重点实验室和技术创新中心的产学研融通聚合作用，促进军民融合发展，使基础研究成果源源不断地流向产业发展的前沿，以此提升上海原始创新能力。要加强对新一代人工智能规划实施进程的监督评估，抓住重要转折点，抢占先机，实现引领性的突破。

3. 警惕技术民族主义，抓住机遇抢夺全球知识资源，打造世界人才高地

警惕技术民族主义，抓住机遇抢夺全球知识资源。中美科技战激发了科技民族主义的流行，加上新冠肺炎疫情的暴发，将会摧毁全球 AI 知识共享体系。在美国以颁布“签证限制令”等方式驱逐人才的同时，上海市政府应以此为契机，以更加开放的环境吸引全球 AI 人才集聚上海。针对无法继续赴美留学的博士生，应紧急安排其在上海名校研修或短期工作，务使这批“后备军”不致流失。强化人才引进政策，以更加开放的环境，吸引不满美国人才政策或被美国驱逐出境的 AI 基础科学、关键技术领域的高端人才汇集中国。这需要大量投资，使得引进人才的待遇和生活达到先进水平，让其安心工作，大展所长。同时，加强对地方新型研究机构的支持力度，筹建具有国际影响力的研究机构，为全球 AI 研究提供平台，吸引海外精英，培育本土人才。

在此背景下，一方面，上海要实施顶级专家战略，瞄准人工智能科技的世界前沿，通过国家重大项目、大事业和大平台广泛吸引全球的顶级专家加盟参与，培养造就具有国际水平的战略科技人才、科技领军人才、青年科技人才和高水平创新团队，打造将来能够成为世界高端人才流动的“创新驿站”的人工智能学术和科技高地。另一方面要改革创新，理顺企业院校间人才交流的体制机制。把企业人才，特别是民企领军人才纳入国家科技人才体制改革范畴，使这些优秀的

产业人才同等地参与高校院所的科学研究和人才培养，参加学术组织各类活动，参与学术和职称评价和国家奖励评选表彰。

4. 提高社会共识，营造开放、多元、包容的AI社会治理体系

人工智能具有科技属性和社会属性高度融合的特点，要针对社会关切的问题和疑虑，加强自然科学和社会科学联合研究，有利于形成广泛的社会共识。首先是安全问题，建议要高度重视人工智能在国家安全、生产安全、社会安全和金融安全等方面的风险防范和管理控制。其次，人工智能正在催生新业态，会对现有行业格局和市场秩序带来挑战，传统的监管制度和方法不能适应新兴产业发展。第三，人工智能可能改变就业结构，在创造新职业的同时也会淘汰旧工种，因此要加快推进产业升级中的职工转岗培训，建立适应智能社会的终身学习和就业培训体系。第四要促进行业规范、企业自律和社会监督，加大对数据滥用、侵犯隐私等行为的惩戒力度。要重视人工智能的伦理教育，要认识到算法本身会造成偏见。综上所述，应及时考虑研究人工智能立法问题，形成自律、他律和法律相结合的社会生态。

乘风破浪，提升上海人工智能创新位势

| 赵程程

新冠肺炎疫情加快了人工智能(Artificial Intelligence, AI)技术在各应用场景的落地速度。疫情防控的严峻形势正倒逼着各国科技企业竞相发力。“知己知彼，百战不殆”，“十四五”期间，上海如何在国际环境风云莫测的大背景下推动人工智能产业高质量发展，实现位势提升，成为首要问题。

一、全球人工智能技术创新发展态势

站在“十四五”规划的新起点上，上海以人工智能塑造参与全球新型产业体系的竞争优势，首先要对人工智能创新热点和创新趋势进行分析和判断，在未来发展中下好“先手棋”。

1. 基于深度学习的第二代AI技术革命处于市场导入阶段，将推动全球进入新一轮繁荣周期

基于深度学习的第二代AI技术仍处于技术爆发阶段，衍生出一批图像识别、语音识别等应用性技术。这些新兴技术展现出良好的发展前景，吸引了大量的“热钱”。一批掌握热门领域顶尖技术的独角兽企业快速涌现。目前，这一热势将会继续持续。数据挖掘分析，发现未来AI技术将广泛应用于工程故障诊断、污染物(核)传送、研发绩效测度、个性化旅游制定、人工法律智能、航空航天工程、教育机器人、金融风险评估、智慧医疗、智能制造等领域。

2. AI基础理论有待突破，类脑科学成为国家AI战略层面重点部署

第二代AI技术人工智能在技术上已经触及天花板，此前由这一技术路线带来的“奇迹”在Alphago获胜后再未出现，而且估计未来也很难继续大量出现。世界主要国家先后将类脑科学列入国家AI战略重大项目，试图引领第三次AI技术革命。2019年，日本将AI研发重点从应用层转移到基础层面的原始创新，聚焦下一代类脑架构和数据知识集成AI基础创新。无独有偶，2020年美国颁布的禁止AI技术出口清单中，类脑科学和人机接口技术名列其中。

3. 掌控AI硬技术的ICT“老面孔”VS开创AI软技术的“小巨头”

根据人工智能技术创新关键路径上重要节点的研发合作关系特征，可将AI创新主体分为掌控AI“硬技术”的ICT巨头（如IBM、微软、百度、腾讯）和开创AI“软技术”的小巨头（如eBay、格力）。两类企业在创新路径上逆向而行。AI“硬技术”的ICT巨头逐渐从芯片、算法走向场景。譬如，Google、IBM在深入第三代AI芯片研发（如Google的TPU）的同时，也在加强AI应用场景的开拓（如Google Cloud、IBM Watson）。AI软技术的“小巨头”逐渐从场景走向算法、技术。譬如，随着AI技术的发展和电商转型，eBay试图通过开发移动端的技术（如图像搜索API、机器翻译API和市场动态消息Feed API）运用进一步促进自身电商生态的发展。无论是上述哪类企业，未来两者将各凭借某一领域的竞争优势，形成更为紧密的技术研发合作关系。

4. 国际AI创新格局呈多中心化特征，世界创新中心由西向东转移

在经济出现逆全球化苗头的同时，人工智能技术开源合作也受到了波及，形成了以“美国加利福尼亚州、纽约州、华盛顿州，日本东京，中国广州、北京、上海，韩国京畿道、首尔”为中心的多地区中心化的格局。近些年，随着中国、韩国等对AI研发投入的不断增强，人工智能技术逐渐成熟，催发一批批独角兽企业集聚亚洲，吸引科技、制造业等业界巨头深入布局。亚洲俨然成为全球高端生产要素和创新要素的重要目的地，未来很可能产生若干个全球AI知识汇集地。

二、制约上海人工智能发展的瓶颈

尽管上海在创新要素集聚、产业基础积累、海量数据汇集等方面具有先发优势，但在基础研发投入、关键核心技术突破、本土领军企业培育、创新范式优化等方面，与领先城市相比相对薄弱。

1. AI创新生态系统要素完整，但创新主体发展潜力不足

成熟的AI生态系统应包括一流的数字化基础设施、开源开放的研发环境与设备/服务、泛领域的领军企业和某一领域的硬核企业以及能深耕AI基础科学研究和提供技术支持的高校/科研机构。目前，从全球范围来看，上海AI创新生态系统的各个要素基本齐备，但高校/科研机构的原始创新能力、领军企业的共性关键技术研发能力、监管机构的治理能效等方面与美国湾区、日本东京都等尚存在明显差距。

2. 传统的创新范式有待突破，军工研究机构的潜能被忽视

"高校—研究机构—企业"，一直以来是学界强调的主流协同创新模式。在实际运作当中，高校和研究机构往往被混为一类，演化成"高校（研究机构）—企业"协同创新模式。研究机构偏向基础研究，领域针对性强。高校偏综合，具备"教育＋科研"双向功能，即向企业培育输送专业人才的同时，满足企业应用性技术的需求。"高校（研究机构）—企业"这一传统的创新范式已不适用于高赋能性的人工智能产业。高赋能性的技术产业更加强调基础技术的创新效能。尽管上海频频出台高校成果转移转化的举措，高校、科研机构与企业协同创新的壁垒被逐步击破。但 AI 企业不再满足于某一算法的优化，而是追逐人工智能基础层的突破性创新。目前上海高校在基础研究方面的积累普遍较为薄弱，短期内恐难以满足这一诉求。然而，笔者在对全球智能芯片技术创新扫描中，发现上海军工研究所在人工智能基础研究方面积累了长期的经验，是被低估的重要创新主体。打通"军工"与"高校""商业"的合作桥梁，或许是上海乃至中国人工智能战略实施的关键一步。

3. 泛领域领军企业的缺位，导致上海在全球 AI 技术创新链的位势偏低

《2020 年全球人工智能最具创新力城市》（*Aiopenindex & Aminer，2020*）从顶级 AI 学者、AI 论文影响力、AI 产业活跃度等维度，对全球 500 座城市进行综合排序，上海位列第 36，北京位列第 7。北京俨然成为全球 AI 技术创新的领跑者。相比之下，上海处于世界第二梯队。探究其因，一方面，上海凭借其优质的研发资源和活跃的资本环境，云集了一大批 AI 专精型企业。虽然，此类企业凭借其在某一 AI 应用领域的领先技术优势和核心竞争力，在短期内得到高速成长，成为某特定领域的"专精"，但这类企业位列全球 AI 技术创新链的末端，影响力有限。另一方面，世界一流的 AI 泛领域领军企业（腾讯、阿里巴巴、平安科技、百度等）手握 AI 共性关键技术，主导全球 AI 技术创新。此类企业的长期缺位，减弱了上海在全球 AI 技术创新链的影响力和资源控制力。

三、"十四五"期间提升上海人工智能创新位势的破题点

"十四五"期间，上海重点打造具有国际竞争力的人工智能产业创新发展高地，迎来增长新机遇。本文以面向全球、面向未来为视野，聚焦生态系统优化、创新主体培育，基础研发能力提升等方面，提出关于加快建设人工智能发展的"上海高地"的破题点。

1. 攻难点:优化 AI 生态系统和 AI 社会治理体系

从国内外经验分析,构建开源、开放、集成化的 AI 生态系统是人工智能技术快速拓展并取得应用成效的关键。AI 生态系统包括基础设施、开放环境与设备/服务。基础设施是指用于运行和存储数据、训练 AI 算法、以及算法本身的工具、平台。开发环境是指帮助开发代码,实现 AI 功能的工具。设备/服务是 AI 生态系统的重要产出,面向应用市场。

使人工智能产业持续、良性地发展,营造开放、多元、包容的 AI 社会治理体系是关键。人工智能治理是一项系统性工程,需要企业、学界、公众等多方主体积极参与,强化上海与国际交流协同,探索建立对重大人工智能治理问题的应对机制。一方面,政府应主导构架的各类主体充分参与的人工智能治理体系,另一方面,应鼓励产业界探索行业自律经验,以 AI 产业界、行业协会为主导,制定人工智能行业规范准则。

2. 拔亮点:搭建人工智能领域国际交流平台,打造世界级人才集聚高地

近些年,各种以人工智能为主题的国际会议数量不断增多,人工智能产业和学术国际会议成为重要交流平台。目前,上海已经举行过 2018—2020 年三届世界人工智能大会,以此为平台,集聚全球智能领域最具影响力的科学家和企业家,打响上海的全球影响力。然而,"留得住"才是关键。建设人工智能上海高地,首先要打造世界级人才集聚高地。

3. 改弱点:一手紧抓培育本土领军企业;一手深耕基础技术创新

目前,从全球范围来看,上海 AI 创新生态系统的各个要素基本齐备,但高校/科研机构的基础技术创新能力、领军企业的共性关键技术研发能力与美国湾区等世界 AI 高地尚存在明显差距。

长期以来,上海试图凭借完善的金融市场体系和良好的营商环境吸引科技巨头企业入驻上海。这种"以资引企"的政策导向的确吸引了一批类如苹果、百度、腾讯等世界级科技巨头,但从长期看,这类企业只是将上海作为面向世界的"窗口",而非研发实力的"转移嫁接地"。可以说,AI 领军企业容易"引进来",但研发能力却"移不来"。因此,上海要培育上海自己的 AI 领军企业,即鼓励专精企业多领域发展,做大做强成泛领域领军企业;优化研发环境,建立更为灵活的知识分享机制,聚集科研资源、加快技术、产品迭代和完善;搭建全球 AI 创新融通平台,促进跨领域知识和技术的流动和集成,将上海建设成为 AI 知识枢纽港。

另一方面,人工智能产业受技术的影响波动远超传统企业,特别动摇人工智

能产业根基的基础层技术突破，领先国家重要战略部署。上海肩负中国 AI 的未来，人工智能重大项目要加大对于基础理论、核心技术和系统重塑的投入，也要关注与量子计算、类脑智能等学科交叉，探索新规律，创造新理论。与此同时，要构建新型产学研合作范式，发挥国家重点实验室和技术创新中心的产学研融通聚合作用，促进军民融合发展，使基础研究成果源源不断地流向产业发展的前沿，以此提升上海 AI 基础层原始创新能力，抢占先机，实现引领性的突破。

（本文部分内容转载自《社会科学报》，2021-02-26）

上海人工智能创新主体国际研发合作特征分析

| 赵程程

基于全球人工智能技术专利数据(2010—2019)关系进行挖掘分析,锁定上海的人工智能创新主体,并针对每个创新主体绘制出研发合作关系图,识别出其强关联主体、较强关联主体和潜在关联主体,从合作领域和合作模式总结归纳出上海人工智能创新主体的国际研发合作特征。

一、创新主体特征分析

基于对全球人工智能创新网络的绘制,识别出上海人工智能创新主体,并总结出以下几点特征。

表 1　上海人工智能创新主体列表

企业/研发机构		出现年份	专利数
UNIV SHANGHAI JIAOTONG (USJT-C)	上海交通大学	2010	54
UNIV TONGJI (UYTJ-C)	同济大学	2012	31
UNIV FUDAN (UYFU-C)	复旦大学	2015	20
UNIV DONGHUA (UYDG-C)	东华大学	2018	16
UNIV SHANGHAI DIANJI (USDJ-C)	上海电机学院	2015	12
UNIV SHANGHAI (USHN-C)	上海大学	2018	11
UNIV SHANGHAI ENG & TECHNOLOGY (USES-C)	上海工程技术大学	2017	9
SHANGHAI DIANRONG INFORMATION TECHNOLOGY (SHAN-NON-STANDARD)	上海点融信息科技有限责任公司	2018	8
SHANGHAI PHICOMM COMMUNICATION CO LTD (SHFX-C)	上海斐讯数据通信技术有限公司	2017	8

（续表）

企业/研发机构		出现年份	专利数
UNIV EAST CHINA NORMAL (UYEN-C)	华东师范大学	2019	8
SHANGHAI UNITED IMAGING INTELLIGENT HEAL (SHAN-NON-STANDARD)	展讯通信（上海）有限公司	2019	7
SHANGHAI YINGTONG MEDICAL TECHNOLOGY CO (SHAN-NON-STANDARD)	上海影通医疗科技有限公司	2019	7
UNIV SHANGHAI MARITIME (USHM-C)	上海海事大学	2018	7
SHANGHAI INST TECHNOLOGY (SHGH-C)	上海应用技术大学	2019	5
SHANGHAI QIFU INFORMATION TECHNOLOGY CO (SHAN-NON-STANDARD)	上海祺福信息科技有限公司	2019	5
SHANGHAI UNITED IMAGING MEDICAL TECHNOLO (SUIH-C)	上海联影医疗科技有限公司	2019	5
SHANGHAI YITU INFORMATION TECHNOLOGY CO (SHAN-NON-STANDARD)	上海依图信息科技有限公司	2019	5
UNIV SHANGHAI SCI & TECHNOLOGY (USHS-C)	上海理工大学	2018	5
SHANGHAI CHUANYING INFORMATION TECHNOLOGY (SHAN-NON-STANDARD)	上海传影科技有限公司	2017	4
SHANGHAI HEFU ARTIFICIAL INTELLIGENCE (SHAN-NON-STANDARD)	上海荷福人工智能（集团）有限公司	2019	4
SHANGHAI INESA GROUP RES & DEV CENT CO (SHAN-NON-STANDARD)	上海仪电科学仪器股份有限公司	2017	4
SHANGHAI SENSETIME INTELLIGENT TECHNOLOG (SHAN-NON-STANDARD)	商汤科技	2019	4
SHANGHAI YIXUE EDUCATION TECHNOLOGY CO (SHAN-NON-STANDARD)	上海义学教育科技有限公司	2019	4
UNIV SHANGHAI ELECTRIC POWER (UYSI-C)	上海电力学院	2019	4
SHANGHAI BOTAIYUEZHEN POWER EQUIP MFG CO (SHPT-C)	上海博泰悦臻(智能化车载信息服务系统)	2011	3

1. 上海高校研发合作强度远高于企业

《2020 年全球人工智能最具创新力城市》（*Aiopenindex & Aminer*，

2020）从顶级AI学者、AI论文影响力、AI产业活跃度等维度，对全球500座城市进行综合排序，其中上海位列第36（北京位列第7）。但通过本次对全球人工智能创新主体研发合作关系分析，发现上海高校研发合作强度远高于上海企业。上海高校（上海交通大学、复旦大学、同济大学、华东师范大学等）研究机构成为类如百度、平安科技等领军企业的重要研发合作伙伴，发挥着“智囊”的作用。

2. 高校是上海人工智能重要的创新主体

上海借助包括复旦大学、同济大学、上海交通大学等优质高校资源，人工智能技术力量在全球位居前列。高质量的高校资源源源不断地为上汽集团、中兴通讯、亚马逊、微软等“老牌”行业巨头企业提供技术支持，也吸引了商汤科技、依图科技、科大讯飞等新兴AI企业集聚上海。

相比之下，深圳科技企业众多，借助腾讯、华为、平安科技、金融壹账通等领头企业的力量在人工智能技术领域占据了一席之地。同时，政府也开始发挥其作用，建设了深圳智能机器人研究院与深圳人工智能与大数据研究院，以进一步提升技术实力。杭州的院校数量、院校实验室或企业实验室的数量仍然与北上深有一定的差距，主要依靠阿里巴巴这一巨头开展人工智能研究。

表2　中国人工智能科研院校与机构特点

	特点	科研院校	政府或科研机构与院校实验室	企业实验室
北京	科研技术实力雄厚	占全国50%以上： 清华大学 北京大学 北京航天航空大学 中科院自动化所 北京邮电大学	超过10个： 模式识别国家重点实验室 智能技术与系统国家重点实验室 深度学习技术及应用国家工程实验室 清华大学人工智能研究院 北京大学法律与人工智能实验室 中国科学院自动化研究所智能系统与工程研究中心 北京航天航空大学虚拟现实技术与系统国家重点实验室 北京航天航空大学人工智能研究院 北京邮电大学人工智能研究院（模式识别与智能系统实验室、多媒体与模式识别实验室、智能科学技术中心、数据科学中心）	百度AI技术平台体系 小米人工智能开放平台 美团云GPU云 京东AI体系NeuHub人工智能开放平台 联想研究院人工智能实验室 优必选悉尼AI研究院 第四范式推出人工智能平台“先知”

（续表）

	特点	科研院校	政府或科研机构与院校实验室	企业实验室
上海	主要依托高校科研机构，企业科研实力低于北京	上海交通大学 复旦大学 同济大学	上海交大-Versa 脑科学与人工智能联合实验室 上海交大人工智能联合实验室 同济大学人工智能与区域链智能实验室 同济大学人工智能及虚拟现实联合实验室 同济大学机器人与人工智能实验室	上汽集团研究人工智能实验室 商汤科技人工智能教育研究院(全球研发总部) 阿里巴巴人工智能创新中心 腾讯计算机视觉研发中心(华东总部) 亚马逊 AWS 上海人工智能研究院微软亚洲研究院(上海) 科大讯飞上海人工智能及脑科学研究院 旷视科技与上海科技大学建立联合实验室 乂学教育—松鼠 AI 人工智能自适应学习研究院 中兴通讯 依图科技
深圳	主要依靠企业研究院/实验室	深圳大学	深圳智能机器人研究院 深圳人工智能与大数据研究院	金融壹账通旗下人工智能研究院 华为人工智能研究院 腾讯 AI Lab 平安科技技术研究院
杭州	与北上深仍有一定差距	浙江大学 杭州电子科技大学	浙江大学人工智能研究所 杭州电子科技大学人工智能研究院	阿里巴巴达摩院

3. AI 领军型企业尚未出现，专精型企业集聚上海

不同于深圳、杭州，上海目前尚未出现类如百度、阿里巴巴、平安科技的 AI 领军型企业。但上海凭借其优质的研发资源和活跃的资本环境，聚集了一大批 AI 专精型企业。此类企业凭借其人工智能技术在某一应用领域的独特优势和核心竞争力，在短期内得到高速成长，成为某一特点领域的“专精”。例如，依图科技以全球最领先的人脸识别算法，成为社会安全防控领域的翘楚。

据德勤研究统计，2015—2019 年北京、上海人工智能初创企业融资金额均超过 500 亿元，分别为 1 599 亿元与 582 亿元，远超深圳、杭州。活跃的资本环

境也代表着北京和上海集聚着中国大部分的AI初创企业，企业产品多以面向AI应用场景为主，技术实力雄厚，拥有更为广阔的应用市场。然而，上海尚未出现AI领军型企业，这在很大程度上将影响行业长期持续的高速发展。

4. 金融成为上海人工智能技术重要的应用场景

上海是中国金融业最发达的城市之一，较早地提出人工智能与金融的融合发展。上海智慧金融企业代表，多达39家(2019年)，分属14个领域。上海的智慧金融企业大多集中在浦东新区。网贷、保险科技、消费金融、智慧支付、供应链金融占比较高。

表3　上海智慧金融重点企业列表

地区	重点企业	主要领域
宝山区	涌融金服	股票预测
嘉定区	慧理财	理财投资APP
闵行区	速溶360	信用社交信息平台
	籽微金融	理财投资平台
长宁区	虎博科技	智能金融信息搜索引擎
	Achain智能合约	公共区块链平台
	欧拉金融	智能投顾
金山区	美旦信息	金融服务
徐汇区	阿法金融	智能投顾
	物银通	供应链数字金融
	群星金融	金融服务平台
普陀区	小圈科技	中小企业信息化
	拜富	人工智能金融解决方案
静安区	薪太软	薪酬支付服务
	栈略数据	智能保险
	ChinaScope数库	金融数据
杨浦区	经数	金融业务模型服务
	阡寻科技	证券数据服务
	简答数据	智能金融
	信数金服	智能金融大数据

（续表）

地区	重点企业	主要领域
浦东新区	钒钛智能	金融科技服务
	BETA 金科	数据智能解决方案
	冰鉴科技	大数据风控

数据来源：IT 桔子，德勤研究，2019

5．医疗成为上海人工智能技术最有潜力的应用场景

横向对比上海 AI 企业专利数和被引数，上海联影、依图科技等 AI＋医疗企业位列前茅。实际上，上海拥有发展人工智能医疗的先天优势，成为人工智能和医疗结合的沃土。首先是平台优势，因为上海医疗服务量大，居全国之首，基础科研实力强，积累了系统完整的医疗数据，这个数据平台为人工智能服务提供良好的基础；其次，上海国际化程度高、具有创业服务的基础，聚集了主流的医疗信息企业及互联网企业，拥有大量资金和人才，在影像、微创、信息和药物等方面具有优势；第三，上海产学研用一体化的发展已经具有了良好的开端，并且培育了优秀的电子、智能医疗设备企业，这为人工智能的研发、平台的创建，数据共享等奠定了基础。

二、研发合作特征分析

借助 Citespace 中的“Pennant Diagram”可以挖掘某一节点主体的强弱研发合作关系主体，识别出其强关联主体、较强关联主体和潜在关联主体，从合作领域和合作模式总结归纳出上海人工智能创新主体的研发合作特征。

表 4　上海人工智能创新主体研发合作关系汇总表

创新主体	主要关联主体	次要关联主体	潜在关联主体
上海交通大学	中国科学院软件研究所	—	—
	广州大学		
	东华大学		
同济大学	百度在线网络技术（北京）有限公司	平安科技（深圳）有限公司	—
	宇龙计算机通信科技（深圳）有限公司	—	—
	大立光电股份有限公司		

（续表）

创新主体	主要关联主体	次要关联主体	潜在关联主体
复旦大学	河南科技大学	国防科技大学	北京邮电大学
		北京大学	类脑智能研究
东华大学	—	—	上海交通大学
上海电机学院	成都信息工程大学	中国科学院深圳先进技术研究院	南京大学
	重庆电子工程职业学院	北京大学	北京邮电大学
		中兴通讯股份有限公司	哈尔滨理工大学
			百度在线网络技术有限公司
上海大学	希蓝科技(北京)有限公司	—	华东师范大学
上海工程技术大学	佳能医疗系统有限公司	郑州大学	京东方科技集团股份有限公司
	广东欧珀移动通信有限公司	中国科学院软件研究所	—
	重庆特斯联智慧科技股份有限公司		
上海点融信息科技有限责任公司[1]	—	—	—
上海斐讯数据通信技术有限公司[1]	—	—	—
华东师范大学	云南大学	合肥美的智能科技有限公司	奥多比系统公司
	中国民航大学	上海大学	—
	大连大学	北京奇艺世纪科技有限公司	
	北京陌上花科技有限公司	华南农业大学	
	山东师范大学		
上海鹰瞳医疗科技有限公司[1]	—	—	—

（续表）

创新主体	主要关联主体	次要关联主体	潜在关联主体
上海海事大学	河南大学	—	中国地质大学（武汉）
	特斯联（北京）科技有限公司；光控特斯联（上海）信息科技有限公司		
上海应用技术大学	—	—	旷视科技
			北京字节跳动网络技术有限公司
上海祺福信息科技有限公司	温州大学	—	—
上海联影医疗科技有限公司	贵州电网有限公司	—	—
上海依图信息科技有限公司	平安城市建设科技（深圳）有限公司	湖北工业大学	珠海格力电器股份有限公司
上海理工大学[1]	—	—	—
上海传影科技有限公司	华为技术有限公司	—	厦门理工大学
上海荷福人工智（集团）有限公司	东莞市台德智慧科技有限公司	—	京东数字科技控股有限公司
上海仪电科学仪器股份有限公司	南昌航空大学	—	合肥美的智能科技有限公司
商汤科技	—	—	深圳市商汤科技有限公司
上海乂学教育科技有限公司	的卢科技(深圳)有限公司	燕山大学	苏州大学
	精英数智科技股份有限公司	北京金山安全软件有限公司	厦门理工大学
	腾讯云计算（北京）有限责任公司		
上海电力大学	—	—	拉扎斯网络科技有限公司
上海博泰悦臻[1]	—	—	—

[1] 被标示的主体因为没有形成显著的关系图谱，故无法识别出其研发合作关系主体。

1. 创新主体位势偏低

尽管上海凭借其优质的研发资源和活跃的资本环境，聚集了一大批 AI 独角兽企业。此类企业凭借其在某一 AI 应用领域的领先技术优势和核心竞争力，在短期内得到高速成长，成为某特定领域的“专精”，但这类企业未能掌握共性关键技术，位列全球 AI 技术创新链的末端，影响力有限。然而，上海长期缺乏世界一流的 AI 泛领域领军企业（如腾讯、阿里巴巴、平安科技、百度等），减弱了上海在全球 AI 技术创新链的影响力和资源控制力。

2. 创新范式固化

得益于近些年上海频频出台高校成果转移转化举措，高校与企业协同创新的壁垒被逐步击破。“高校—企业”“高校—高校”与“企业—企业”成为上海人工智能技术研发合作的主流模式。短期内，这一模式能够大大地推动 AI 技术应用化、市场化，促进 AI 产业高素质发展，但长期下去，将制约高校对 AI 基础研究的关注和投入，导致上海 AI 产业发展后劲不足。究其原因是人工智能产业最大特征是高赋能性，更加强调基础技术的创新与突破。AI 企业不再满足于某一算法的优化，而是追逐人工智能基础层的突破性创新。目前上海高校在基础研究方面的积累普遍较为薄弱，短期内恐难以满足这一诉求。上海亟须开源、开放、多要素“高浓度”聚合的 AI 生态系统。

3. 上海与深圳、北京的创新联动，多于长三角地区其他城市

从专利合作地域分布上，上海与深圳、北京的创新联动，远多于长三角其他地区。究其原因，上海乃至整个长三角是 AI 技术应用的最佳场景，但是却缺乏掌握人工智能共性关键技术的泛领域领军企业（如百度、腾讯等）。无论是在金融、电商、芯片等领域涉猎纵深的阿里巴巴，还是深耕城市安全、智慧医疗的依图科技，由于缺乏 AI 共性核心技术，仅是全球人工智能技术单一领域的硬核企业。此类企业往往会与掌握 AI 共性核心技术的泛领域领军企业产生更为深远、战略层面的研发合作。目前，泛领域领军企业（百度、腾讯）坐标北京、上海。因此，从地缘上，上海企业更偏好与深圳、北京产生高频次的技术合作。

上海新能源汽车产业生态现状

| 薛奕曦　龙正琴

汽车产业是上海市支柱产业之一，是打响“上海制造”品牌、支撑制造业高质量发展的重要领域。上海坚持以新能源汽车产业为主攻方向，全面支撑产业高质量发展。本文将从政策、需求、供给、技术和基础设施五个方面对上海新能源汽车产业生态现状展开分析。

一、政策端

1. 颁布新能源汽车产业发展实施计划

2021 年 2 月，上海市人民政府办公厅发布《上海市加快新能源汽车产业发展实施计划(2021—2025 年)》。《实施计划》是指导上海市新能源汽车产业发展的重要指导性文件，从突破新能源汽车产业核心技术、打造完整生态、加快示范应用、完善设施配套和优化法律法规五个方面，明确了上海市新能源汽车中长期发展目标，提出了重点任务，厘清了责任分工，落实了各项保障举措，意图努力将上海市打造成为具有全球影响力的新能源汽车产业发展高地。《实施计划》提出，到 2025 年，上海新能源汽车年产量超过 120 万辆，新能源汽车产值突破 3 500 亿元，占全市汽车制造业产值 35%以上。在核心技术方面，动力电池与管理系统、燃料电池、驱动电机与电力电子等关键零部件研发制造达到国际领先水平。

2. 对纯电动汽车倾斜支持

2021 年 2 月，上海市发展改革委等五部门制订的《上海市鼓励购买和使用新能源汽车实施办法》，明确上海市将对消费者购买和使用新能源汽车继续给予政策支持。该实施办法自 2021 年 3 月 1 日起施行，有效期至 2023 年 12 月 31 日。与上一轮政策相比，《实施办法》通过差异化安排，加大了对纯电动汽车的支持力度：(1)消费者购买新能源汽车用于非营运，且个人用户名下没有使用本市专用牌照额度注册登记的新能源汽车，本市在非营业性客车总量控制的原则下，免费发放专用牌照额度。(2)购买插电式混合动力(含增程式)汽车的消费者，申领专用牌照额度，还应当符合：已在本市落实一处符合智能化技术要求和安全标准的充电设施；个人用户名下没有非营业性客车额度证明，没有使用非营业性客车额度注册登记的机动车(不含摩托车)。(3)在上海市已经拥有一辆燃油汽车的个人用户，再购买插电混动汽车的，不再发放专用牌照额度。(4)自2023年1月1日起，消费者购买或受让插电式混合动力(含增程式)汽车的，不再发放专用牌照额度。(5)使用本市专用牌照额度注册登记的新能源汽车报废以及办理辖区外转移和变更登记、注销登记、失窃手续的，专用牌照额度自动作废。

二、需求端

2020年上海新能源汽车销量占全国销量的8.85%。其中纯电动汽车销量在新能源汽车总销量中的占比由2018年的29%大幅提升至2020年的63%。

1. 新能源汽车需求旺盛，上海新增推广全国第一、渗透率不断提升

2020年上海新增推广新能源汽车12.1万辆(同比增长92%)，上汽、特斯拉、比亚迪、吉利、宝马、奔驰、东风等100余家车企的700余款车型在上海实现销售，累计推广42.4万辆(含燃料电池汽车1 483辆)，总规模位居全国第一、全球前列。2020年上海新能源汽车渗透率为20%，较2019年提升了10个百分点。根据乘联会统计的数据，2020年，北京、广州、深圳、杭州、天津等城市的新能源汽车渗透率分别为17%、11%、20%、12%和14%。据预测，2021年上海新能源汽车的渗透率将达到31%，随着渗透率的提升，上海新能源免牌政策也随之调整。

2. 新能源汽车需求呈现出高端化和大众化趋势

上海高价位和中低价位能源汽车市较受追捧，呈现出高端化和大众化趋势。2019年特斯拉成为中国首家外资独资车企，经过2020年年初的产能爬坡，3月产量突破1万，2020年2至7月起Model 3连续6个月占据新能源乘用车车型产量第一。到2020年年末，上汽通用五菱生产的五菱宏光Mini EV销售量一举超过特斯拉，成为当年中国市场上销售量最大的新能源汽车。2021年1月，五菱宏光MINIEV共售出36 762辆，连续第7个月创下销量新纪录，首次坐上全球电动车销冠宝座。这款2020年7月才上市的纯电动微型汽车，是两门四座的设计，基本能满足家庭代步的需求。以市场需求为驱动、不依赖新能源补贴的产品，主要面向三、四线城市及农村市场，便利性和低廉的价格使其成为中国最

畅销的新能源汽车之一。

三、供给端

2020 年上海汽车实现产量 264.68 万辆(占全国的 10.5%),汽车产业产值 6 735.07 亿元,同比增长 9.3%。其中,新能源汽车完成产量 23.86 万辆,同比增长 190%,产值达到 663.64 亿元,同比增长 170%,为汽车工业稳增长促发展发挥了重要作用。2021 年一季度,汽车行业产值同比增长 76.8%,新能源汽车产值同比增长 4.2 倍,新能源汽车产量同比增加 3.8 倍。

四、技术端

1. 电池:技术水平持续提升,宁德时代或将在上海建厂

国际动力电池市场龙头格局基本形成,宁德时代位居第一。动力电池四大关键原材料出货由中日韩垄断,其中中国所占份额全球最大。2020 年 2 月,特斯拉和宁德时代曾签署一份为期两年的合同,时间从 2020 年 7 月至 2022 年 6 月。根据合同,宁德时代为特斯拉上海工厂生产的电动汽车供应磷酸铁锂电池。磷酸铁锂作为正极材料的锂离子电池,具有工作电压高、能量密度大、循环寿命长、安全性能好、自放电率小、无记忆效应等优点。但针对有报道称宁德时代计划在上海建立新的电池工厂一事,宁德时代方面尚未回应。

2. 电机:技术水平持续提升

据中机中心合格证数据统计,2020 年上半年我国新能源乘用车电机合计配套 34.9 万套,其中配套数量前 10 名的厂商分别为:比亚迪、特斯拉、蔚然动力、大众汽车、博格华纳、北汽新能源、采埃孚、方正电机、上海电驱动、联合电子,对应装机套数占比分别为 14.0%、11.6%、8.5%、8.5%、6.1%、4.6%、4.1%、4.1%、3.6%、3.4%,合计占比 68.3%;其中特斯拉、上海电驱动、联合电子等均在上海设有总部或分部。

3. 电控:核心零部件 IGBT 基本被国外垄断

当前我国电机控制器技术相对落后,主要在于核心零部件 IGBT 高度依赖进口(约 90%)。据国内 IGBT 龙头企业嘉兴斯达半导体股份有限公司招股说明书披露,2017 年全球 IGBT 供应商市场份额,英飞凌 22.4%、三菱 17.9%、富士电机 9.0%、赛米控 8.3%、安森美 6.9%、威科电子 3.6%、丹弗斯 2.7%、艾赛斯 2.6%、日立 2.2%、斯达股份 2.0%,前 10 厂商均不在上海地区。

4. 整车：续航里程提升明显，百公里电耗下降显著

近年来我国纯电动乘用车技术水平不断提升，尤其是续航能力和电耗水平进步显著。据工信部推荐目录统计，2017 年第 1 批推荐目录纯电动乘用车型平均续航里程仅 211.6 km，持续提升到 2020 年第 7 批的 391.4 km，三年半时间续航里程提升 85.0%，极大缓解了里程焦虑。据工信部免征目录统计，我国纯电动乘用车单位载质量百公里电耗平均值从第 1 批免征目录的 12.7 Wh/100 km · kg 下降到第 25 批的 8.6 Wh/100 km · kg，同比减少 32.3%，节能效果显著。

五、基础设施端

充电设施方面，上海市充换电设施规模发展迅速，截至 2020 年年底，上海已建成 19 座换电站；已建成充电桩超过 37 万个，其中车桩比约 1.1∶1，这个比例远低于 3∶1 的全国车桩比标准。其中全市公用及专用充换电设施已超过 10 万个，外环内以服务半径 1 公里计算，覆盖率达 91.8%。外环外以服务半径 2 公里计算，覆盖率达 63%。新增直流快充设施占比较 2019 年同期占比翻了一番。

此外，上海市加快推进机场、火车站充电站布局建设，虹桥机场率先建成全国首个出租汽车蓄车场充电站点。指导开发“联联充电 Pro”专用版，选取优质直流快充场站和充电桩接入 App，确保充电车位相对可控、充电费用统一支付且相对优惠。目前已接入站点 421 个，直流充电桩 3 674 台，覆盖充电车位 6 550 个，日均充电量超 20 万千瓦时。

燃料电池汽车的发展离不开加氢站的建设，截至 2020 年年底，上海市已建成加氢站 9 座，其中嘉定区 5 座、奉贤区 3 座、宝山区 1 座。2020 年年度全市加氢站累计服务燃料电池汽车 5.5 万车次，累计加注氢气 29.87 万公斤。

六、结语

目前，上海新能源汽车产业具有有政策支持引导、需求旺盛、供给丰富、技术不断进步、基础设施完善等特点，与此同时，上海还在不断优化新能源汽车产业发展环境、集聚发展新能源汽车优势资源、布局完善新能源汽车产业链，将促进上海新能源汽车产业更上一层楼。

国企在上海科创中心建设中应更好地发挥功能保障作用

| 鲁思雨　陈　强

在沪央企和地方国企贡献了上海 GDP 的近一半份额，建设科创中心，上海必须依靠国企的力量，发挥国企的作用。相较于中小企业，上海国企在资本规模、技术力量、平台体系、数据信息、空间资源等方面都拥有无可比拟的优势，在服务科创中心建设的过程中，国企不仅要打起"科技创新主力军"的大旗，在关键核心技术领域不断攻坚克难，更要发挥好功能保障作用，依托自身优势为广大中小企业和社会大众创新"保驾护航"。

一、提高国资管理效率，发挥国资投资杠杆效应。上海国有资本规模庞大，上海市国有资产监督管理委员会官网发布的数据显示，截至 2020 年年底，上海地方国企资产总额已增加至 24.6 万亿元，同比增长 12.1%。相比社会资本，国有企业更有实力也更有责任服务于科技创新，雄厚的国有资本可以转化为支持科创中心建设的重要力量。首先，国企应进一步发挥好国有资本的投资主体作用，推动国有资本向集成电路、生物医药、人工智能、先进制造等上海重点产业领域集聚，发挥国有资本在科创中心建设中的"压舱石"作用。其次，应着力凸显国有资本创业投资的杠杆效应，通过示范和引导，吸引更多社会资本加入风险投资和创业投资行列，在更大范围内，以更大力度，对高成长性创新型企业予以资金支持，推动上海的产业转型升级。

二、加大基础研究投入，推动关键技术和共性技术攻关。上海国企研发力量雄厚，在研发机构、平台设施、科技人力资源以及技术储备方面都有一定的条件和基础。据统计，2019 年上海国资系统企业研发支出规模达 576 亿元，占全市研发总支出的近 38%。然而，从支出结构看，绝大部分资金都用在了应用研究和试验发展方面，对于基础研究的投入力度严重不足。在新形势下，许多关键核心技术领域的"卡脖子"问题主要还是与基础研究能力薄弱有关。国企作为上海经济发展的"中流砥柱"，理应承担起相应的使命和责任，持续加大基础研究投入，组织协调各方力量攻克战略性、基础性、关键性的技术难关，努力成为构建新发展格局的原创技术策源地。

三、推进平台体系建设，营造多主体参与的协同创新生态。上海国企拥有众多创新功能性平台。截至 2019 年年底，上海市国资系统拥有 7 家中央研究院，43 个国家级和 216 个市级的实验室、工程（技术）研究中心和企业技术中心，并牵头或参与组建了 101 个产业技术创新联盟和 26 个博士后科研流动站。这些功能性平台如果能够有效开放，可以将分散的社会创新力量集聚起来，并释放其能量，从而提升上海科技创新体系的整体效能。大型国企一般都居于行业龙头位置，应主动联合高校、科研院所及行业内中小创新型企业，共同搭建投融资、产学研合作、众创空间等协同创新平台，牵头或合作组织开展重大科学研究活动，营造多主体参与的协同创新生态，推动形成全面创新的良好社会氛围。

四、提升数据治理水平，推动数据开放共享。上海国企覆盖了保障城市基本运行的几乎所有重要行业和关键领域，在运营过程中产生并累积了城市运营的各类数据，且增速极快。海量的数据资源不仅是企业未来发展的核心财富，也是推动社会创新发展的重要资源，蕴含无限的创新价值。进一步加快数据共享、拓展数据应用场景，能够激发出更多的创新动力、机会及条件，从而为上海科创中心建设持续创造新的动力与活力。

五、盘活低效闲置土地，为科技创新提供空间支持。上海国企拥有大量土地资源，根据 2014 年上海市国资监管部门对国企旗下土地资源的统计数据显示，上海国企旗下土地总量达 700 平方公里，占市域面积的 11%。土地是上海未来发展的宝贵资源，存量土地资源的高效利用成为必然选择。目前，上海国企土地资源管理中仍存在权属结构较乱、数据不够透明、整体利用效率不高等问题，同时，上海国企还有一些与城市产业发展导向不符，尚处于转型发展规划阶段而被闲置的土地。未来一段时间，上海应加快国企土地资源盘点工作、推进土地盘活的相关政策制度落地落实，提高国有企业盘活存量土地的积极性，为科创中心建设提供更多的空间保障。

上海新城产业创新生态系统构建思考

| 蔡三发

新城是上海推动城市组团式发展,形成多中心、多层级、多节点的网络型城市群结构的重要战略空间。新城建设是上海市"十四五"期间以及未来相当长一段时间城市建设与发展的重点,嘉定、青浦、松江、奉贤、南汇等五个新城未来必将更好地服务于新发展格局的构建,在上海强化"四大功能"(全球资源配置、科技创新策源、高端产业引领、开放枢纽门户)中发挥更加重要的作用。

2021 年 2 月,上海市人民政府印发《关于本市"十四五"加快推进新城规划建设工作的实施意见》,对新城规划与建设要求、功能建设、产业支撑、交通系统、人居环境、公共服务、基础设施、保障体系、运营管理、制度创新等方面提出了具体的实施意见,尤其是在优化新城产业创新生态方面提出了加快建设产业创新平台、推进创新孵化载体建设、推动产学研协同发展等支持性措施,为促进产业发展指明了方向。

从新城产业创新生态构建的角度,技术驱动创新、消费驱动创新、设计驱动创新、集成驱动创新等均可能成为有效的创新模式,关键在于结合各个新城的产业现状、未来发展定位,以及创新型经济、服务型经济、开放型经济、总部型经济、流量型经济等不同产业发展重点的选择。因此,面向未来,上海新城产业创新生态构建可以在以下几个方面进一步优化。

一是围绕新城产业发展目标,进一步优化创新生态系统构建。新城产业发展目标是强化高端产业引领功能,高起点布局高端产业,高浓度集聚创新要素,全面推动先进制造业和现代服务业提质发展,提升产业链、价值链位势,加快构建系统完善的产业创新生态,大力培育新产业、新业态、新模式。从发展目标看,主要聚焦先进、高端、新兴等关键要点,并推动产业数字赋能,提升数字化、网络化、智能化水平。应聚焦这些关键要点,集聚各类创新要素与创新主体,对接产业链、价值链,构建与之相适应的创新链,再优化与创新链相匹配的各个创新主体,以及由相应的文化、政策、制度和服务平台等构成的创新生态环境。

图 1　上海“五大新城”的各自定位

图片来源:“新民眼”微信公众号;制图:叶聆,戴佳嘉

二是围绕新城产业发展重点,进一步优化创新生态系统构建。未来新城规划以先进制造业为基础,夯实实体经济能级,积极发展以知识密集型服务为代表的高端生产性服务业,促进科技服务、信息服务、检验检测服务、供应链管理等集聚发展,大力发展总部经济;适应消费需求升级,提升健康医疗、文娱体育、零售餐饮等生活性服务业品质。不同新城又有不同产业定位:嘉定新城以汽车产业

为主导;青浦新城以数字经济为主导;松江新城以智能制造装备为主导;奉贤新城以美丽健康产业为主导;南汇新城以集成电路、人工智能、生物医药、航空航天等现代化产业体系为主导。应该根据主导产业的不同,明确不同新城创新模式及创新路径的不同选择,优化创新要素供给,营造适合不同新城发展需要的创新环境。

三是围绕新城产业发展在国家以及区域经济中的分工与协同,进一步优化创新生态系统构建。新城产业应该是持续创新、发展与更新的,需要在上海、长三角乃至全国的经济分工与协同中不断优化相应产业发展。规划构建形成新城高端产业发展带,与全市产业布局协同发展,形成服务支撑上海、联动辐射长三角的产业格局。联动辐射长三角,通过沪宁、沪杭、杭州湾北岸等经济发展走廊,加强与江苏昆山、吴江、太仓以及浙江嘉善、平湖等长三角城市群的联动发展,促进资源要素双向流通,推动产业协同分工,共建高端产业集群。要着眼于上述分工与协同,从长三角一体化发展的角度,进一步加快建设产业创新平台、推进创新孵化载体建设、推动产学研协同发展等重点工作。尤其是在科教资源的导入方面,目前嘉定新城、松江新城与南汇新城的基础相对较好,青浦新城与奉贤新城相对薄弱。可以进一步优化五个新城的科教资源,不仅仅着眼于上海本地的科教资源,还可以吸引长三角甚至全国、国际优质科教资源布局有关新城,为新城产业创新生态构建提供更好的创新主体与创新动力。

浅议上海高校教师的创新创业角色识别与动态转换

| 常旭华

高等院校(以下简称高校)的发展不完全取决于师资数量,而取决于在岗教师真正从事的工作。因此,如何定位教师在学术生涯内的角色,如何通过评估指标调整教师的创新创业行为值得高校决策者关注。本文基于研究团队构建的“链科创”数据库,以上海市专利申请量排名前 5 位高校的 13 684 名在岗教师为研究对象,整合其学术论文发表、自然科学基金项目主持、专利申请和企业创办四个维度的客观数据,对高校教师对角色识别及其职业生涯内的角色转换做了一些尝试性分析。

一、高校教师创新创业角色

高校教师在其学术生涯内的主要工作包括:承担科研项目、发表学术论文、申请发明专利、创办衍生企业,四项工作在不同学术阶段重要程度不一致;与之对应,工作重心的差异反映出教师对自我价值实现的角色认同。对此,如何定义高校教师学术生涯内的角色是关键。本文根据既有研究,考虑到数据局限,尝试将高校教师的角色定义为以下四种类型。

表 1　高校教师四类角色定义

角色类型	角色认同	行为特征
科研型	学术角色认同	认可学术成果的公开发表,不参与任何形式的商业化活动
准创业型	以学术角色认同为主、兼有商业角色认同	认可学术成果的公开发表与知识产权的保护,不直接参与商业化活动

（续表）

角色类型	角色认同	行为特征
半创业型	以商业角色认同为主、兼有学术角色认同	认可学术成果的公开发表与知识产权的保护；未创办衍生企业，但参与其他形式的科技成果转化活动
创业型	商业角色认同	认可学术成果的公开发表与知识产权的保护，通过创办衍生企业进行科技成果转化

为准确测度高校教师的角色类型，本文构建了以下测度方法。

表 2　高校教师四类角色的判定标准

角色类型	判定标准
创业型(E)	$x(t)_{entrepreneurship}=1,\ \forall x(t)_{fund}\geqslant 0,\ x(t)_{paper}\geqslant 0,\ x(t)_{patent}\geqslant 0$
半创业型(S)	$x(t)_{entrepreneurship}=0,\ 0\leqslant x(t)_{paper}<x(t)_{patent},\ \forall x(t)_{fund}\geqslant 0$
准创业型(P)	$x(t)_{entrepreneurship}=0,\ x(t)_{paper}>x(t)_{patent}\geqslant 0,\ \forall x(t)_{fund}\geqslant 0$
科研型(F)	$x(t)_{entrepreneurship}=0,\ x(t)_{patent}=0,\ x(t)_{fund}\geqslant 0,\ x(t)_{paper}\geqslant 0$

具体测算步骤：①起算点，为了确定教师职业的开始时间，统计采集数据范围内教师公开发表第 1 篇学术论文或承担第 1 项科学基金项目的年份作为其学术年龄的起点，并以此作为角色测度的起算点；②测算角色区间，将角色测度的时间窗口定为 3 年，按$\{t-1,\ t+1\}$年滚动测算；③对于半创业型和准创业型中专利申请量与公开发表量相同的情况，规定将承担基金项目的教师识别为准创业型，将不承担基金项目的教师识别为半创业型。

二、上海高校教师创新创业角色分布现状及动态转换

上海 5 所高校教师的角色存量整体规律如表 3 所示。科研型最多，其次是拥有专利成果的准创业型和半创业型，进入创业环节的教师占比为 2.25%；5 所高校之间不同角色存量差异显著，上海交通大学的科研型教师角色最多，其次是复旦大学，二者分别约为排名第三的同济大学的 1.7 倍和 1.6 倍；与之对比，同济大学的准创业、半创业型角色存量与复旦大学相差无几；东华大学、华东理工大学作为典型的行业特色类院校，科研型角色存量占

比在五所高校中最低。

表 3　上海五所高校教师职业生涯周期内的角色类型分布情况

角色类型	上海交通大学	复旦大学	同济大学	华东理工大学	东华大学	总计
创业型	293 (1.25%)	426 (2.66%)	507 (4.00%)	171 (2.15%)	48 (1.10%)	1 445
半创业型	7 391 (31.70%)	3 187 (19.91%)	3 806 (30.08%)	2 692 (33.90%)	1 846 (42.48%)	18 922
准创业型	5 617 (24.09%)	2 948 (18.41%)	2 499 (19.75%)	2 278 (28.69%)	1 171 (26.94%)	14 513
科研型	10 014 (42.95%)	9 450 (59.02%)	5 842 (46.17%)	2 800 (35.26%)	1 281 (29.48%)	29 387
角色总数	23 315	16 011	12 654	7 941	4 346	67 240
师资总数	4 172	3 380	2 596	1 823	1 353	13 684

考虑教师学术年龄对角色存量的影响(图 1),本文发现随着学术年龄的增长,科研型角色数量呈现“U”曲线;准创业型角色与半创业型角色整体呈现为“橄榄球型”;创业型角色在教师学术年龄超过 10 年时才出现明显增长。

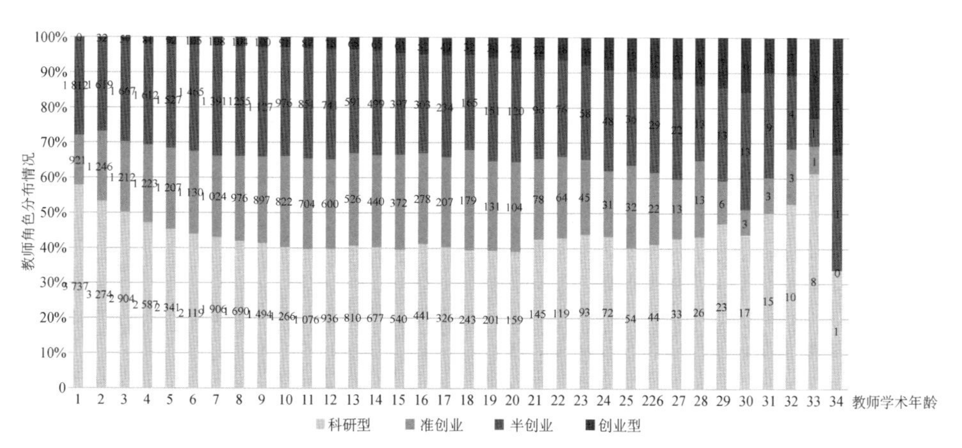

图 1　上海五所高校教师角色分布情况(按教师学术年龄分)

2000 年至 2019 年间,按年份显示规律如下:因高校师资规模扩大、师资更新等原因,四类角色总量不断攀升;科研型角色占比持续下降,准创业型角色比例稳步上升,二者占比总和始终维持在 70%左右,反映过去 20 年教师加强了对专利的重视程度；半创业型和创业型角色占比没有显著变化，反映真正准备进入创业或已经进入创业阶段的教师角色总体平稳，过去几年的创新创业政策激励并没有带来显著的比例跃升效果。

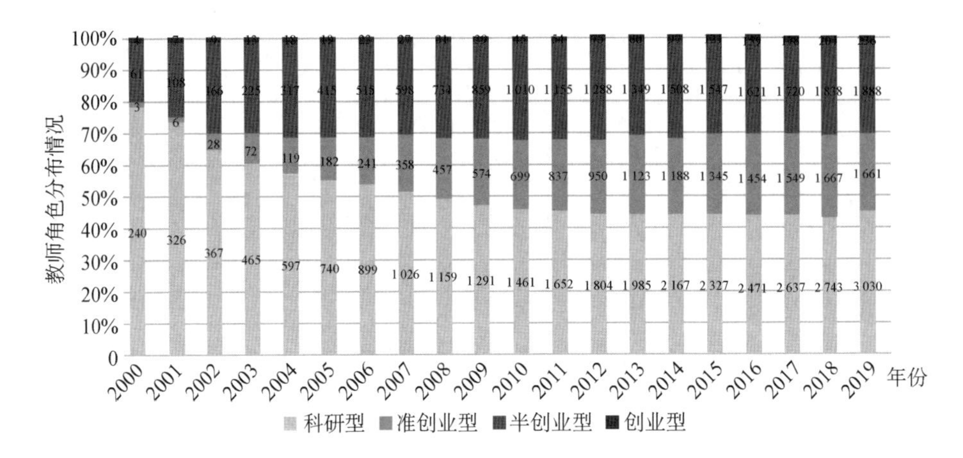

图 2　上海五所高校教师角色分布情况（按自然年度分）

注：越接近 2000 年角色总量越小的原因在于本文采集的教师样本是 2019 年的截面数据，大部分教师从教不超过 10 年。以 2000 年为例，从教 19 年且有论文、基金记录的教师只有数百人在高校官网中存续。

针对创业型教师（准创业型、半创业型、创业型）群体，我们发现：(1)学术年龄维度，科研型、准创业型、半创业型、创业型角色的临界点（中位数）分别为 5 年、6 年、7 年；(2)高校教师平均在发表 27 篇论文时开始申请专利；(3)专利产出速度超过论文的临界点是 33 项，创业型角色的临界点是 50.75 项；(4)生命科学学科从科研型角色转向准创业、半创业角色的临界点显著低于其他两类学科，但转向创业型角色的临界点高于其他两类学科。

三、高校教师创业的可能代价

研究显示，教师一旦介入创业活动，除非创业失败，通常不会回到科研型角色中。因每个教师的精力总是有限的，如何合理分配有限的精力是需要重点考虑的问题。创业后教师各类科研产出都会受到不同程度影响。具体而言：①自科基金受到的负面影响最大（65.85%的教师自科基金数量减少），这可能是由于创业性教师的工作重心在应用研究而非基础研究，且不存在职称晋升压力，相应地不再重视基础研究类的国家自然科学基金项目；②专利受到的影响则存在不确定性，专利申请可能存在跷跷板效应，即教师创业后将专利申请放到创业企业而非所在高校；③有趣的是，创业型教师的论文产出速度并未受到明显影响，这可能是由于这些教师学术生涯普遍在10年以上，科研团队已经形成，论文产出速度相对比较稳定，甚至因经费充足和应用研究导向，论文产出速度加快。

表4　高校教师创业行为对科研绩效的影响

创业前/后完整周期科研类型	年均绩效增加的教师占比	年均绩效不变的教师占比	年均绩效减少的教师占比
自科基金	20.73%	13.41%	65.85%
学术论文	75.20%	3.66%	21.14%
发明专利	46.75%	22.36%	30.89%

“十四五”，环同济发展的动力从何而来

| 鲍悦华　夏星灿

环同济知识经济圈（以下简称“环同济”）依托同济大学优质学科外溢，已成为智力要素密集、产业链完整、供给层次丰富、附加值较高、低能耗少污染、辐射能力强的知识型创新集聚区。设计一直是环同济的中坚产业，从 20 世纪 80 年代初至今，环同济设计产业从无到有快速发展，在核心区 2.6 平方公里的弹丸之地内形成了设计产业链完整、企业间联系紧密、与学科互动深入，以上海市政总院、同济大学建筑设计研究院等设计集团为龙头，众多中小企业遍布的企业群落，街区遍布设计类中小企业与同济大学创业师生，营造了“上下楼就是上下游，不出园就有产业链”的“热带雨林”式产业创新生态系统。

进入“十四五”，环同济将朝着更高的目标迈进，必须注意到环同济所处的外部发展环境正发生的巨大变化。上海正以“五型经济”为抓手，全力加快建设国内国际双循环战略链接和中心枢纽，完善具有全球影响力科技创新中心的核心功能；与环同济所处杨浦区一江之隔的浦东新区已开启社会主义现代化建设引领区建设新征程，对环同济政策红利与虹吸效应并存；环同济所在的杨浦区也提出了全面建成“四高城区”的远景目标，将环同济打造成以现代设计产业为主体、战略性新兴产业为引领，特色鲜明的世界级“大创意”产业核心区。同时还必须注意到，环同济作为城市中心城区，也面临着老旧街区居多、发展载体空间稀缺等问题，如何充分理解和利用好环同济所处的内外部环境，识别出环同济“十四五”发展的动力来源，成为一个至关重要的战略问题。

环同济“十四五”高质量发展的动力，源于以下几个方面。

第一，设计行业。“十四五”期间乃至较长一段时间内，设计仍然是环同济发展的核心动力。我们已经进入了创意经济时代，在生产和生活的方方面面都已经离不开设计。在生活消费产品领域，“细节”“颜值”“设计感”已经成为产品最重要的质量特性之一；在企业竞争力提升领域，目前许多制造企业正狠补短板，加大在自主研发和工业设计上的投入，打通任督二脉，力争实现研发、设计、生

产、销售一体化;在产业能级提升领域,以IC产业为代表的高技术产业正处于从生产制造向研发设计等核心领域提升的过程中,需要大量设计人员和技术。设计行业在未来存在巨大的需求,大有可为。此外,设计行业自身也在快速发展和变化,业已成为重要的创新源头。许多由设计师原创的产品原型在和创业资本的碰撞中能够快速形成新的商品。《商业周刊》(*Business Week*)曾发表的一篇文章《设计师正在接管硅谷》(*Designers Are Taking Over Silicon Valley*),显示设计的蓬勃发展反映出了硅谷正发生的演变,“从谷歌风投(Google Ventures)到安德森·霍茨基金(Andreessen Horowitz)等顶级风险投资公司在它们的投资组合中都聘请内部设计师来帮助年轻的初创公司。天使投资人麦克卢尔(McClure)甚至建立了设计师基金(the Designer Fund)来寻找由设计人才驱动的初创公司。”

第二,同济大学优势学科的交叉融合。推动社会发展的学科引擎正发生变化,由传统单学科驱动向新兴学科、交叉学科驱动转变。以设计行业为例,设计已经融入其他行业,形成新的“设计+”产业发展范式,数字设计、人工智能、环保工程等行业如今都处在发展的快车道。此外,设计和科技创新从未走得如此之近。绝大多数科技创新公司都已经意识到,拥有出色的设计感已成为创新产品的“标配”,都越来越注重设计,设计师已经和工程师、产品经理,研究人员构成了研发团队的核心,甚至主导了产品开发过程。除了设计,同济大学正在加强各学科深度交叉,打造一批交叉研究平台,建立完善有利于长期稳定开展前沿交叉研究的评价考核机制,必将为环同济“十四五”发展提供强劲动力。

第三,各种类型的人才。环同济的快速发展离不开各种类型人才的支持。同济大学的科研人才为周边企业提供了知识技术支撑,许多同济师生通过成立衍生企业直接将科技成果转移转化。截至2020年底,环同济内企业数量已经达到了3 646家,其中80%的企业为设计类中小企业,80%的创业者为同济师生。同济大学每年还提供了大量高素质产业人才。政府部门通过打造更适宜各类人才发展的服务体系和配套环境,培养企业家精神,在将环同济建设成为同济各类人才创业就业首选地的同时,还将努力吸引更多同济校友人才,以及环同济外的优秀人才集聚于此。

第四,技术供给和需求侧的有效互动。考察环同济发展历史脉络可以发现,学科与产业的互动发展一直以来是环同济高质量发展的重要“法宝”。这一“法宝”在环同济“十四五”发展中仍将发挥至关重要的作用,而且伴随着以设计、人工智能、信息技术为代表的新技术的发展与变化，环同济在“十四五”还会涌现出更多的新可能性。在环同济“十四五”发展过程中，同济大学和杨浦区政府将合作创造出更多应用场景，充分发挥同济大学在设计、智慧城市等领域的硬实力，将环同济打造成可以复制和推广的智慧社区、智慧城区样板示范。同济大学设计创意学院发起的赤峰路“Nice2035 未来生活原型街”项目在这方面已经进行了有益尝试，该项目旨在在老旧社区中创造更多应用场景，将老旧社区变为“生活实验室”，将赤峰路打造成设计创新的新引擎和策源地。

第五，创新载体有效供给。在环同济发展过程中，杨浦区政府一直舍得用最好的土地支持学校就地拓展，舍得把商业地产项目让出来建设大学科技园，舍得投入人力、物力、财力美化环同济环境，逐渐将环同济打造成为兼具烟火味和书卷气、人文景和科技流、活力源和国际范的知识型创新集聚区。除了继续做好新的创新载体的有效供给、旧载体“腾笼换鸟”外，杨浦区政府还将努力开辟新的载体供给源头，通过在老旧社区中创造更多集生活、研发、社交等功能于一体的复合空间，在老旧社区中开辟孕育创新的“新车库”，将老旧社区由创新承载地变为新的创新策源地。

“环同济”未来发展的“变”与“不变”

| 陈　强

“十三五”期末，杨浦“环同济”交出了两份答卷，一份答卷是经济圈的经济社会发展。知识密集型服务业加速集聚，产出规模再上新台阶，接近500亿元。同时，在社区治理实践探索中，也呈现出诸多新亮点。另一份答卷是同济大学的学科整体水平进一步提升。在第四轮学科评估中，土木工程、城乡规划学、环境科学与工程、管理科学与工程等12个学科进入A档。土木工程、建筑学、城乡规划学、风景园林学、设计学、交通运输工程等学科在多个主流学科排名进入全球前20名。智能科学与技术、新能源、微结构、干细胞等交叉学科领域向世界前沿迈进。在某种意义上，“环同济”已不再仅仅是一种独特的经济现象，而成为知识供给侧与需求侧紧密互动、协同共进的典型样本。

2007年，《环同济知识经济圈总体规划纲要》正式颁行，“环同济”发展进入快车道，在需求侧的强烈刺激下，同济大学与城市建设和发展有关的优势学科所累积的能量被充分激发出来。同时，政府、高校、园区、企业、社区的协同治理成效明显，区域创新生态逐步形成，创新链、产业链、政策链、资金链、服务链紧密连接并高效耦合起来，知识供给侧不断经受来自需求侧的挑战和洗礼，能级持续提升，在助力区域高质量发展的过程中，自身也得到长足的进步。

在新发展背景下，要下好“环同济”未来发展的一盘棋，必须加强相关的规律认识和趋势研判，把握其中的“变”与“不变”。

“变”主要来自三个方面，知识供给侧、知识需求侧、连接两者的方式。

首先是知识供给侧的变化。学科可被视为知识生产和传播的组织方式，在新一代信息技术的推动下，借助加速迭代精进的算法和能级持续增强的算力，从数据到信息、从信息到知识、再从知识到知识体系建构的速度正在加快。学科之间、教师之间以及师生之间进行知识生产合作的场景和机会增多。因此，未来的学科建设和相应的组织设计应该更多着眼于提升知识生产的有效性和效率，为知识流动和能力互补创造更多条件。

其次是知识需求侧的变化。在过去的十多年中,“环同济”的快速发展,得益于整个国家的城镇化进程。持续高强度的固定资产投资、大规模的基础设施建设、繁荣的房地产市场,带来了城镇化率一年一个百分点的提高,为“环同济”企业赢得源源不断的商机。但是,以大规模和高速度为特征的“建设狂飙”正在退潮,智能、低碳、安全、健康及人文关怀等逐步成为“环同济”需求侧结构的新维度,亟待来自知识供给侧的集成式响应。

再次是知识供给侧和需求侧的连接方式。长期以来,杨浦“环同济”之所以在面积仅 2.6 平方公里的核心区形成企业和人才的高度集聚,在很大程度上与“地理邻近”“熟人社会”等引致的知识传播效应有关。如今,从知识生产、转移到开发利用的路径正在逐步缩短,科学发现、技术发明与产业创新互动的方式愈加随机,界面也越来越多元。而且,不同学科知识生产与需求侧的互动机理也各不相同。对此,必须大胆假设,小心求证,加强分析和研判。

在“变”的同时,也有一些“不变”的因素值得关注。

第一个“不变”是知识源的重要性。同济大学的优势学科是“环同济”知识溢出的源头活水,也是经济圈可持续发展的“动力引擎”。对于同济大学而言,主要任务是面向世界科技前沿、面向经济主战场、面向国家重大需求、面向人民生命健康,进一步加强学科内涵建设,开展前瞻布局,提升学科竞争力。对于上海市和杨浦区而言,应考虑如何为同济大学相关学科发展提供必要的政策支持和条件保障。

第二个“不变”是人才的重要性。同济大学的学科发展需要战略科学家、领军人才和骨干教师,需要培养各类拔尖创新人才。在“环同济”大大小小的企业中,活跃着成千上万的知识型员工,这些员工蕴藏着巨大能量,可以造就无限可能。如何吸引“环同济”未来发展所需要的各类人才,并让这些人才能够留下来,发挥更大作用,应该成为下一步的工作重点。

第三个“不变”是生态的重要性。生态是杨浦“环同济”发展的核心密码,也是未来竞争成败的决定性因素。在“环同济”发展中,生态涉及多个方面,包括充沛的科技人力资源、可共享的科研基础设施和科学仪器设备、专业的科技服务体系、低成本的双创空间、可持续供给的产业载体、高效的制度供给和协同治理、紧密的主体间互动和合作、友善的社会文化环境等方面。生态具有系统特征,对其要素、结构以及功能的总体考虑,也应体现在“环同济”治理与发展的顶层设计中。

如果能够在“变”与“不变”间拿捏好分寸，并据此谋划新一轮发展。或许，在不远的将来，“环同济”还将在塑造经济增长新动能，丰富社会治理场景，引领高品质生活方面演绎新的神话。同时，在创新知识供给侧与需求侧互动模式方面，带来某些意外之喜。

环同济"十四五"高质量发展的思考

| 鲍悦华

一、环同济发展的特点

环同济知识经济圈(以下简称"环同济")兴起于 20 世纪 90 年代,它依托同济大学优质学科外溢形成,是国内规模最大、特色鲜明的知识型现代服务业创新集群。作为备受瞩目的知识密集型服务业集聚高地,环同济吸引了众多政府官员、专家学者的关注,坚持"三区联动、三城融合"发展理念,政府、高校、产业协同推进环同济发展被认为是环同济能够实现快速发展的法宝。通过对环同济内部产业生态的考察也已经发现,环同济知识经济圈内不同规模企业和谐共生,种群完备,产业链完整、企业间联系紧密、与同济大学相关学科互动深入,产业创新生态环境较为完备。

从四次经济普查的数据可以看出环同济产业发展演进历程。2004—2013 年的近十年时间中,环同济知识经济圈快速发展,同济大学四平路校区周边的核心圈已逐步发展并形成了企业营收高地,使环同济逐步成为支撑杨浦区经济转型升级的重要动力(图 1)。

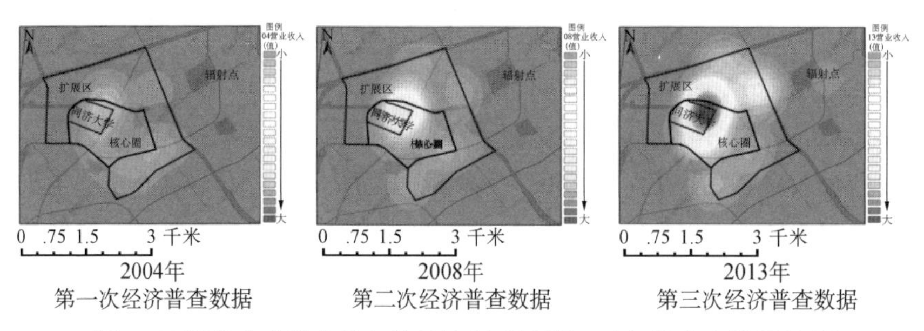

图 1　环同济企业营业收入情况热力图(根据三次经济普查数据绘制)

2013 年以来,各级政府对于环同济的发展高度重视,进一步加强与同济大学的联动,先后出台了众多针对性策动措施,共同推动环同济核心圈的产业能级和创新浓度进一步提升。2018 年第四次经普数据显示，环同济企业数量达到约 1 600 家，吸纳了约 3.3 万名从业人员，实现营业收入 307 亿元，申请专利约 700 项。经过五年时间的发展，环同济的辐射能力进一步加强，辐射区域已经向南拓展到了杨浦区控江路沿线。环同济黄兴公园辐射点也初步形成了产业集聚（图 2）。

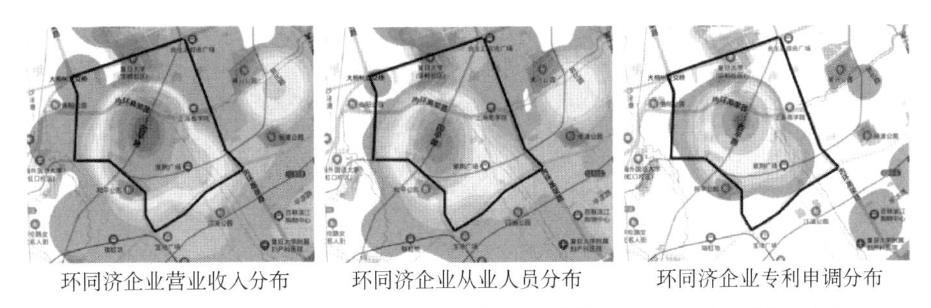

环同济企业营业收入分布　　环同济企业从业人员分布　　环同济企业专利申调分布

图 2　环同济 2018 年产业发展情况热力图（根据第四次经济普查数据绘制）

从环同济产业类型来看，设计行业所在的专业技术服务业无论是企业数量、从业人员还是营收总额，都在环同济处于绝对领先地位。据统计，2018 年，环同济专业技术服务业以 25%的企业数量，吸纳了超过 50%的从业人员，贡献了超过 50%的行业营收，并且创造了超过 75%的专利申请。设计行业作为环同济主导产业的地位无可撼动。

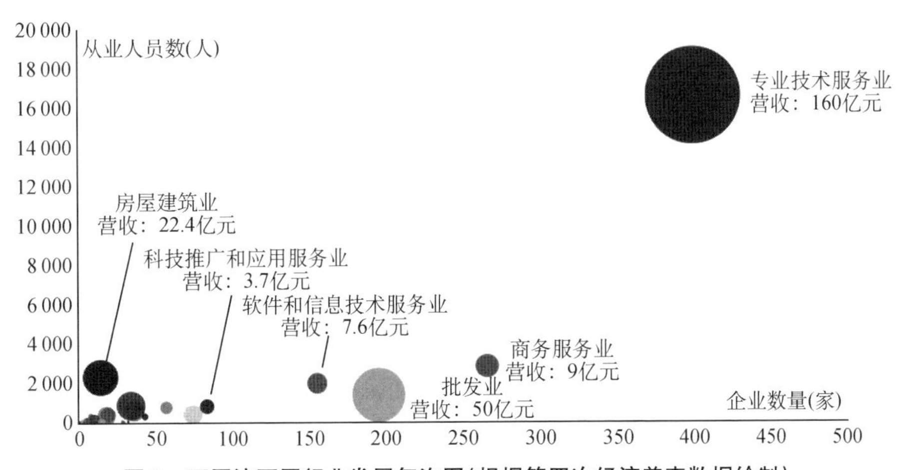

图 3　环同济不同行业发展气泡图（根据第四次经济普查数据绘制）

除了专业技术服务业外，商务服务业、房屋建筑业、科技推广和应用服务业、软件和信息技术服务业、批发业是环同济重点产业。这些产业和同济大学四平路校区的学科契合，具有较高产业附加值。即使是较为传统的批发业，考察其内部结构也可以发现，其内部不乏上海华励振环保科技有限公司、上海水业设计工程有限公司等专业技术服务企业。

考察环同济专业服务业内部结构（图 4），可以发现，工程勘察、工程设计、工程管理、工程监理、规划设计与管理等细分行业异常活跃，这些细分行业相互交织构成了环同济设计行业的全产业链。其中，工程勘察细分行业以仅仅 6 家企业吸纳了环同济最多的从业人员，贡献了专业服务业近 70％的营收。在该细分行业内部包含了上海市政工程设计研究总院、同济大学建筑设计研究院和上海邮电设计咨询研究院三艘设计行业的“航空母舰”，它们的专业技术水平在国内也处于领先地位，代表了环同济设计行业的头脑和脊梁。

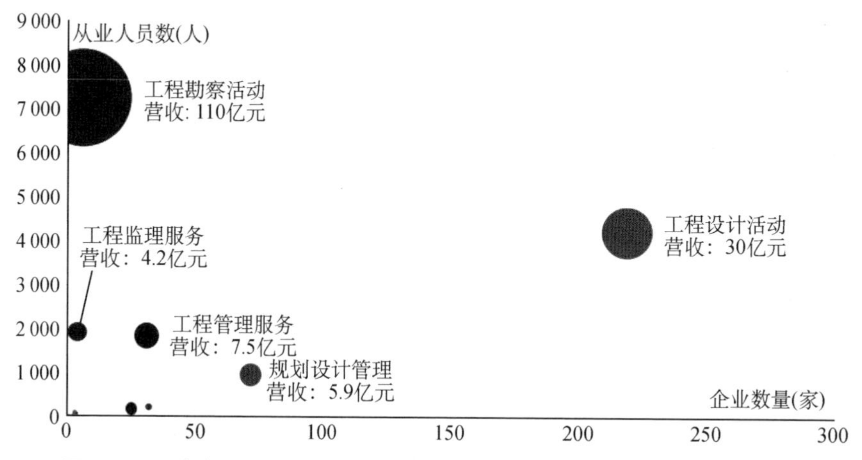

图 4　环同济专业技术服务业发展气泡图（根据第四次经济普查数据绘制）

龙头效应显著是环同济专业服务业非常显著的特征，上述三艘设计行业的“航空母舰”和上海同济城市规划设计研究院一起，吸纳了环同济专业技术服务业近 50％就业，贡献了近 75％的营收，创造了约 70％的专利申请。

二、环同济“十四五”高质量发展的目标和方向

通过持续深入践行“三区联动，三城融合”发展理念，环同济在顶层设计、创新策源能力、营商环境、双创氛围、社区风貌等方面的进步与表现已经说明，环同济“十四五”高质量发展已经具备了良好的基础。2020 年，环同济实现产值

495亿元，如期实现了"十三五"末产值接近500亿元的发展目标。在新冠肺炎疫情冲击下显示出了较强韧性。进入"十四五"后，杨浦区政府高度重视环同济发展，根据最新公布的《杨浦区重点功能区发展"十四五"规划》(杨府发[2021]7号)，环同济与杨浦滨江、大创智、大创谷一起被列为杨浦区"十四五"期间重点建设的四大重点功能区，如图5所示。

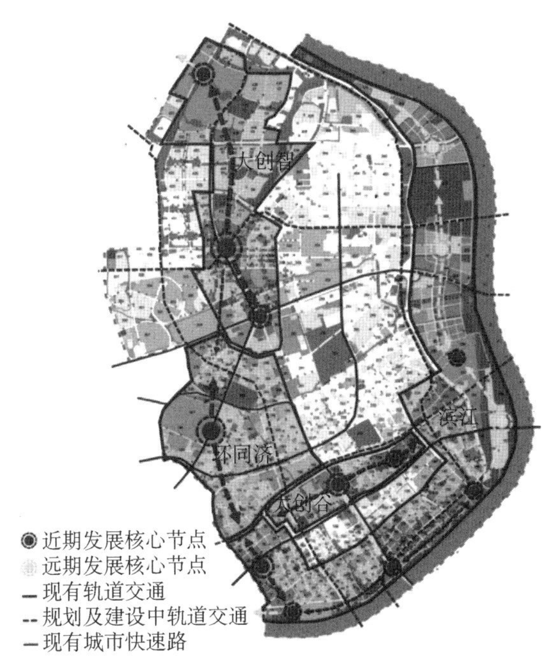

图5 "十四五"期间杨浦区四大重点功能区核心及扩展区分布图

来源:《杨浦区重点功能区发展"十四五"规划》(杨府发〔2021〕7号)

杨浦区政府还给环同济在"十四五"发展定下了"打造1个示范区、扶持10家以上科技企业上市、构建100个以上新技术应用场景、培训1 000家以上有潜力创新企业、集聚10 000名以上高层次人才、力争2025年实现总产出1 000亿元"的战略目标。该目标虽然更多是战略性、方向性，还需要逐层细化和分解，但足见杨浦区政府对环同济"十四五"发展的重视与厚望。

在确立了环同济"十四五"高质量发展"目标表达式"，必须确定发展方向，以达到"最优解"。在这个过程中首先要注意其约束条件。环同济身处成熟建成区，新载体供给已经非常有限，老工业厂房资源也已经在近几年的腾笼换鸟过程中所剩无多，"腾"和"换"的难度也越来越大；在载体供给有限的情况下，依靠现有产业布局"一套人马打天下"很难实现"收入倍增"的战略目标；同济大学在与诸多环同济企业建立紧密纽带联系，开展大量工程技术服务的产学研活动同时，其教育部部属高校的身份，难以直接享受到上海市"科改 25 条"等政策红利，在一定程度上阻碍了同济硬核科技成果在环同济就地落地和转化。如何能够突破环同济发展过程中面临的瓶颈，改写这些约束条件，是环同济取得"最优解"的关键。

要看清环同济"十四五"高质量发展的目标与方向，除了要注意约束条件，还要把握未来发展趋势这一重要"决策变量"。从供给侧和需求侧供需互动关系来看，在过去很长一段时期内，环同济的迅猛发展在很大程度上得益于城建领域旺盛的市场需求。然而，这些需求如今正逐步消退和萎缩，将会影响环同济的发展后劲。在"十四五"期间，环同济能否续写辉煌，很大程度上取决于供给侧能否通过自身的应对和布局，和需求侧实现紧密互动。

从需求侧来看，随着时代发展、科技进步和产业变革，环同济的需求侧正发生剧烈变化。具体而言，国家战略在变化，"双循环"发展模式带来了对原始创新、自主可控、关键核心技术的新需求；城市发展范式在变化，由高速增长向高质量发展的转变以及城市数字化转型的加速，在放缓规划、房地产开发等需求增速的同时，又带来了数字化、人工智能、智慧城市、绿色低碳、创意设计等领域的新需求；社会发展阶段在变化，人民群众日益增长的美好生活需要带来了对生活环境和生活质量的新需求，老龄化社会创造了"银发经济"的新需求；作为产业变革的底层，科学技术的发展模式在变化，带来了对新兴学科和交叉学科发展的新需求。上述一系列的需求侧变化给供给侧带来了新的要求和挑战。

从供给侧来看，以杨浦区政府、同济大学、科技园区为代表的供给侧正在面向需求侧的变化做出积极应对，甚至是提前布局。同济大学正积极布局和发展新兴学科、凝练前沿和应用基础研究方向、有组织地提升关键核心技术攻关能力，并与杨浦区政府签署了新一轮全面战略合作协议，进一步优化环同济顶层设计。依托同济大学建设的中国(上海)数字城市研究院揭牌成立，全力支持上海"城市数字化转型"这一重要目标。同济大学与四平街道联合实施的"NICE2035 未来生活原型街实践"是面向未来生活场景、打造可复制和推广的智慧社区、智慧城区示范的前瞻尝试。

综合对"约束条件"和"决策变量"等方面的考察，为实现环同济"十四五"高质量发展的战略目标，可在以下三个大方向上有新作为。

第一，环同济要努力发展成为上海乃至全国科技创新策源高地。“十四五”期间，环同济在助推上海科技创新策源能力提升方面要有新作为。在新的历史机遇下，各方应共同努力，推动环同济区域形成创新思想活跃、重大科学发现和技术发明成果涌现、战新产业和未来产业不断得以孵化和培育的良好局面，使得环同济成为上海乃至全国科技创新策源的标志性区域。

第二，环同济要努力发展成为产业高质量发展示范区。环同济在塑造区域经济社会发展新动能方面要有新作为。环同济未来发展，应着力进一步释放同济大学相关学科的社会能量，提升和丰富产业发展内涵，强化设计服务业产业链高端环节的能力建设。

第三，环同济要努力发展成为智慧社区智慧城区先导区。环同济在满足人民美好生活需要方面要有新作为。在环同济新一轮发展中，应充分利用同济大学城市学科群的整体优势，并结合人工智能、生命科学等学科的新生力量，针对交通、环境、社区治理、养老健康、安全管理等领域日益严重的“城市病”，全力提供面向城市问题，旨在提升人居质量的集成解决方案。

三、环同济“十四五”高质量发展的思路

面向环同济“十四五”高质量发展的三大主要方向，应抓住四条主线。

第一，围绕同济大学增强创新策源，放大创新溢出效应。全力支持同济大学“进入世界一流大学行列”目标建设，充分发挥同济大学科研人才优势，强化校企合作，支持同济大学面向环同济企业开放一批重点实验室、工程中心、大型仪器设备，加强同济大学与环同济大小企业的融通创新。推动同济大学国家大学科技园高质量发展，完善环同济大学科技成果转化全链条服务体系和要素支持体系，促成一批原创科技成果在环同济就地转化。充分发挥智库对环同济发展的决策咨询服务作用。

第二，围绕设计产业提升产业能级，加快前瞻产业布局。加快设计行业向国际工程咨询、项目总包等方向提升；注重设计行业与其他产业的有机融合，形成“设计＋”产业进行赋能；加快创意设计、数字设计、环保工程设计等行业发展。把握需求侧变化趋势，加快发展绿色低碳、银发经济等符合社会产业变革趋势的产业，以及大数据、人工智能、物联网、区块链等数字技术产业化新基建产业，加快传统产业数字化转型提升，形成面向未来的产业竞争优势。

第三，围绕创新要素优化营商环境，创新开发模式。继续深化放管服改革，

建立对新业态友好的市场准入制度，加快大数据、人工智能等新技术在政府治理、政务审批活动中的应用，建立起能够吸引和集聚各类创新要素的优质营商环境。利用好引才政策，加大对国际国内双创人才、同济杰出校友的引进力度，优化人才落户审批流程，完善创业支持。加大人才公寓等政策性居住载体供给，在坚持建设新的创业载体的同时，创新开发模式，尝试向居住社区要发展空间，开拓新的创业载体来源。

第四，围绕智慧社区城区示范深化产城融合，推进街区有机更新。加快街区改造和功能提升，改善街区风貌，提高生活品质。在社区中创造更多集生活、研发、社交等功能于一体的复合空间。变老旧社区为孕育创新的“新车库”。在街区中创造更多应用场景，将环同济打造成产城深度融合，可以复制和推广的智慧社区、智慧城区样板示范。

高校发展与科技成果转化

关于职务科技成果权属分享基本问题的再思考

| 常旭华

近年来，为推动财政资助科技计划项目形成的职务科技成果的转移转化工作，“赋予科研人员职务科技成果所有权”可以被视为一项最重要的改革举措。为此，中央和地方陆续出台了若干法律法规与政策文件，力图通过权属分享推动科技成果转化工作。这项改革举措看似已经尘埃落地，但从 2020 年和 2021 年该议题依然出现在国家自然科学基金和国家社会科学基金的资助与选题清单中来看，这一议题的一些基本问题依然有待进一步厘清。

基本问题 1：职务科技成果权属改革在我国权属配置体系中处于什么位置

关于财政资助科技计划项目形成的职务科技成果，其所有权归属可以按照“谁资助，谁拥有”、雇主原则、“谁发明，谁拥有”进行分配，对应的是“国家主义”“单位主义”“个人主义”。从目前立法情况看，职务科技成果权属存在“类拜杜规则”“类教授特权”并存的局面，对在什么情境下采取什么样的权属分配规则缺乏明确界定。反观域外国家，以最广为人知的《拜杜法》为例，其核心功能之一就是统一了三种分配方式，除涉及军事、核相关技术及特定外国实体外，对财政资助科技计划项目形成的职务科技成果全部按“单位主义”处理。

我国整体的职务科技成果权属配置体系应当以“单位主义”为核心，赋予科研人员职务科技成果所有权只能作为附条件的有效补充。深圳的地方立法将赋权条款从“可以”改为“应当”，既有违《专利法》原意，也损害了权属分配本身的灵活性。

基本问题 2：职务科技成果权属改革解决的问题是公平还是效率

从国际经验看，无论是“拜杜规则”还是“教授特权”的增设与废除，都是要解决特定发展阶段的效率不足问题,而非公平问题。以知识产权体现的职务科技成果本质上属于法定权利,其权利认定本身就体现了社会对发明人的激励机制。进一步而言,职务科技成果权属改革的效率提升应聚焦在社会层面,而非组织层面或个人层面。基于这两点理解,职务科技成果权属改革应当以“谁最有效率运用成果,成果就归谁”和“谁持有成果后全社会的交易成本最低,成果就归谁”两个原则来处理。

科技成果转化应当以社会利益最大化为终极目标,最终是将创新成果交给最具有创新活动的企业,实现资源优化配置,对此,切不可过度宣扬“天价”转让或许可费。因这一行为会给予科研人员不切实际的收入预期,也可能会损害技术交易市场的健康发展。

基本问题3:职务科技成果权属改革的灵活性如何确保?

针对财政资助形成的职务科技成果,其所有权分配强调效率优先,需要从分配主体和分配内容两方面强调灵活性。从分配主体看,分配顺序应为“单位→科研团队→科研人员个体”,若非必要,“赋予科研人员职务科技成果所有权”不需要穿透指导,只赋权到科研团队层面,允许团队负责人根据团队成员的工作台账和实际贡献,灵活确定或根据约定团队成员的所有权份额。从分配内容看,权属分配以及由此产生的收益分配包括四方面内容,专利申请权、专利权、基于专利权的收益分配,应当以“有利于推动科技成果转化”为核心,根据不同情境灵活选择相应的分配方案。

总之,科技成果转化主体多元、利益关系复杂,在发明完成前、专利申请前、转化实施前等特定节点,应基于意思自治原则,通过约定方式充分保障各利益攸关方的权益。

加快推动科研高质量发展

| 周文泳

改革开放 40 多年,我国科研事业取得了举世瞩目的伟大成就,现阶段,已进入了从量变到质变的关键转型期。坚持“四个面向”,加快推进科学研究高质量发展,既是推动我国现代化建设的客观要求,也是新时代赋予我国广大科研机构和科研人员的重要使命和责任。

一、全面认识科研质量的内涵

科学研究是人类以自然现象、社会现象、思维现象等为对象,探索客观事物内在本质及发展规律的系统性活动。在科学研究发展历程中,逐渐开始出现专门的学术机构。现代科学的产生,加速了专门学术机构的体系化和规范化,形成了科学的社会建制,进而形成了包括哲学社会科学、自然科学、技术科学等在内的学科体系。

随着人类科学研究加速发展,科学研究质量问题日趋凸现,逐步成为影响我国乃至世界经济社会发展和科技进步的重要因素。科学研究质量是指科学建制、科研过程和科研成果的固有特性满足科研价值主体要求的程度,表征了科学研究质量特性与价值主体要求之间的辩证关系。

科学研究质量特性包含科学建制、科研过程和科研成果三者的特性。首先,科学建制由价值观念、行为规范、组织方式、物质支撑等要素构成,具有目的性、层次性、集成性、协同性、适应性等特性。其次,科研过程包括研究问题提出、研究方案设计、实施过程、科研产品形成和应用等,具有效率性、有效性、可重复性和适宜性等特性。再次,科研成果以科研论文、学术著作、报刊文章、研究报告等进行表达,通过学术期刊、出版读物、报刊、互联网和媒体等载体传播,具有创新性、知识性、科学性、实践性等特性。

科研价值主体要求体现科研供方、科研需方和科研相关方的价值诉求。首先,科研供方是科研任务的承担方,包括科研机构、科研团队、科研人员三个层次,三者价值诉求呈现出层次性并各有侧重。其次,科研需方也称科研顾客,是接受科研结果的个人或组织,包括科研资助方、科研委托方、科研用户等价值主体。因视角不同,不同科研需方会提出不同的科研价值诉求和科研要求。再次,科研相关方包括科研合作方、科研管理部门、科研中介和社会公众等,不同科研相关方的价值诉求存在差异并各有侧重,会提出科研供需双方在科研产品生产和使用过程中的特定要求。

二、衡量科研高质量发展的三个尺度

高质量发展是党的十九大以来推动我国经济社会各项事业发展的核心理念。科研高质量发展,是关注科研的外延拓展、内涵深化和实质贡献的发展状态,是科研质量特性日益满足科研价值主体要求的发展状态,也是有利于促进科研事业发展、支撑经济社会高质量发展、增强基层组织能力和提升社会公众获得感的科研发展状态。从宏观层面看,应从如下三个尺度衡量科学研究是否处于高质量发展状态。

首先,是否有利于提升科研事业的国际竞争力。科学研究是旨在揭示自然界、人类社会和思维领域客观事物的内在本质与发展规律的知识生产活动。在国际科研竞争日趋激烈的背景下,率先取得从 0 到 1 或从 1 到 N 的高质量科研成果,是国家科研事业自立自强的现实需求,也是科研高质量发展的客观要求。

其次,是否有利于支撑经济社会高质量发展。科研事业对经济社会高质量发展的支撑作用,主要体现在两个方面。一是科研事业在国际竞争中取得领先优势、弥补短板或缩短差距,为国家经济社会高质量发展提供支撑。二是科研事业为国家提供科学知识的有效供给,更好地满足国家经济社会领域科研需方和科研相关方的客观需求,并在推动国家经济社会高质量发展中起到引领作用、先导作用和促进作用。

最后,是否有利于增强基层组织和社会公众的获得感。国家和各级地方政府公共财政拨款、科研委托方资助和社会捐赠是我国科研机构的主要科研经费来源。公共财政经费源于基层组织和社会公众缴纳的税费收入。无论是基础研究、应用基础研究,还是应用研究,最终目的都是更好地满足各类基层组织和社会公众的要求。

三、持续推动科研高质量发展

首先，要树立高质量科学研究理念，完善科研质量评价标准。一要善于发现各方共性要求，坚守科研质量底线。考察科研质量特性时，不同科研价值主体要相互尊重、求同存异、和而不同，客观认知和理解彼此价值诉求差异，善于发现各方共性要求。二要正确认识科研质量特性及相互联系。考察科研质量特性时，需要正确认识科学建制、科研过程和科研成果及科研质量特性的内在联系和交互作用。坚持系统思维和联系观点，既有助于客观认识科研质量特性及其形成原因，也有助于更好地发现、分析和解决科研质量问题。三要完善科研质量评价标准。科研成果质量评价，要坚持分类评价原则，客观评估科研成果的实质内涵和实际贡献。科研过程质量评价，要重点评价科研过程的有效性、可验证性和适宜性。科学建制质量评价，要重点评价不同科研价值主体之间价值诉求的一致性和协同性。

其次，要完善科学建制，推动科研事业自立自强。一要树立家国情怀，崇尚科学精神。政府管理部门要遵循人文科学、社会科学和自然科学各自发展规律，深化科研人才、科研机构、科研项目和学科评价机制改革，营造符合科研高质量发展要求的宏观社会生态环境，促进国家科研事业自立自强。科研机构要树立国家和人民利益至上的大局观和政绩观，健全符合人才成长规律和成果价值验证规律的科研评价激励制度和科研支撑体系，优化微观学术生态环境，引导科研人员潜心问道、为国效力。二要深化科研体制改革，完善科研行为规范。政府管理部门要坚持“四个面向”，深化科研体制机制改革，释放更多改革红利，促进人文科学、社会科学和自然科学等不同门类的学科分类发展，打破制约多学科交叉研究和融合创新的制度壁垒，激发科研机构和科研人员创新活力，促进高质量科研成果不断涌现。三要坚持分类原则，优化科研资源配置效率。自由探索性基础研究要强化保障性投入力度和后期补偿激励机制；前瞻性基础研究要集中优势科研力量，催生从基础理论到实际应用的系列重大原创成果；应用基础研究要整合政府和科研机构优势科研资源；应用研究为特定目的或用途提供新思路、新途径、新方法等，要整合科研机构和用户优势科研资源。

最后，要坚持文化自信，加强中国特色学术话语体系建设。一要加强顶层设计。现阶段，为顺应国家经济社会高质量发展的现实需要，既要构建中国特色学术话语体系框架并不断充实其内涵，也要在参与国际学术话语交流中做到有所为、有所不为。当中国特色学术话语体系建设取得初步成效后，既要持续充实内涵，又要持续增强其在华人社会、“一带一路”沿线国家乃至全球的影响力。二要加快规制设计。在参与国际学术交流和合作中，要加强政策引导，坚持文化自信，增强科研机构和科研人员的主体意识，加快自主学术话语规则和制度建设。坚持“四个面向”，出台顺应科研高质量发展要求的学术话语规制的配套政策，促进我国学术话语内容从追随国际热点到服务国家建设事业的转型。三要加强汉语载体建设。要进一步深化汉语学术成果交流和传播平台的评价机制改革，营造学术成果交流和传播载体的公平竞争环境；持续加大相关资源要素投入力度，深化学术成果同行评议制度改革，吸引国内外学者的优质稿件，打造一大批汉语精品学术期刊、汉语在线论文发布平台、汉语学术成果检索平台等学术成果交流和传播载体。

（转载自《中国社会科学报》，2021-01-05）

强化国家战略科技力量，高校如何更好发挥作用

| 蔡三发

党的十九届五中全会提出："坚持创新在我国现代化建设全局中的核心地位，把科技自立自强作为国家发展的战略支撑，面向世界科技前沿、面向经济主战场、面向国家重大需求、面向人民生命健康，深入实施科教兴国战略、人才强国战略、创新驱动发展战略，完善国家创新体系，加快建设科技强国。""要强化国家战略科技力量，提升企业技术创新能力，激发人才创新活力，完善科技创新体制机制。"

2020年年底召开的中央经济工作会议确定了2021年要抓好的八项重点任务，排在首位的就是强化国家战略科技力量。提出"要发挥新型举国体制优势，发挥好重要院所高校国家队作用，推动科研力量优化配置和资源共享"。

长期以来，我国不少高水平高校围绕国家战略需求，加强有组织的科研，"聚集大团队、构建大平台、承担大任务、催生大成果"，取得了显著的成效，国家科技三大奖60%以上由高校获得。但是，与中央"加快建设科技强国""强化国家战略科技力量"的要求相比，高校还是存在着不小的差距和不足，需要进一步坚持"四个面向"，以创新推进高质量发展，深度融入国家创新体系，更好地发挥在"强化国家战略科技力量"中的作用。

一是要积极加强顶尖基础学科建设。要通过对基础学科建设和基础研究的大力支持和长期支持，聚集一批高水平基础研究人才，在某些前沿方向构建顶尖基础学科团队，探索面向世界科学前沿的原创性科学问题的发现和提出机制，促进原始创新，争取实现"从0到1"的突破。

二是要积极加强多学科交叉的集成创新。高校具有综合性和多学科的优势，可以发挥这个优势，针对国家重大科技项目，加强多学科交叉与协同，以问题为导向，重点攻关一些关键核心技术，争取解决"卡脖子"的战略急需及"颠覆性技术"问题。

三是要积极参与国家实验室、国家重大科技基础设施、国家重点实验室等平

台建设。国家级科技平台是国家战略科技力量的重要载体,高校要发挥自身特长与优势,积极牵头或者参与国家级科技平台建设,为国家重大基础前沿研究和高技术发展提供有力的技术和平台支撑。

四是要积极参与国家战略科技力量空间布局建设。北京、上海、粤港澳大湾区国际科技创新中心建设,以及国家自主创新示范区、国家高新区等重点区域创新能力提升等方面,都需要高校积极参与、深度融入,服务国家战略科技力量空间布局建设。

五是要积极参与国家战略性科学计划和科学工程。组织体现国家战略意图的重大科技任务,需要强化跨部门、跨学科、跨军民、跨央地整合力量,高校要积极参与,争取在其中发挥关键作用,取得重大成果。

六是要积极参与以企业为主体、市场为导向、产学研深度融合的技术创新体系建设。高校要加强协同创新,以创新链对接产业链,形成体系化、任务型的协同创新模式,服务国家重大关键核心技术攻关任务,突破产业安全、国家安全的重大技术瓶颈。

总之,高校尤其是重点高校要主动发挥国家队的作用,积极参与打造国家战略科技力量,全面构建与新发展格局相适应的高质量科技创新体系,为"强化国家战略科技力量"作出更大的贡献。

面向我国高校的专利活动全景调查分析

| 常旭华

自《专利法》实施以来，高等院校（以下简称高校）一直是我国专利活动的重要参与者。高校专利申请量、授权量的全国占比普遍维持在20%以上。高校是典型的非专利实施主体，如何将高校持有的大量专利转移出去，受到了学界、政府部门、企业的高度关注。在讨论这一问题之前，有必要对我国高校的专利活动进行全景式调查。

一、我国高校的专利申请、维持及披露活动

1985年以来，我国累计专利授权（含授权后、已失效）超过500项的高校有553所。高校专利申请活动大致可分为两个阶段：2000年之前，全国高校专利数量连续15年徘徊在1 000项左右，增速缓慢；从2001年开始，高校专利申请量几乎是以指数函数形式增长。2001—2017年，全国高校专利申请量平均增长率为31.59%，专利授权平均增长率为35.59%。这可能与我国进入21世纪以来一系列专利公共政策的实施密不可分。

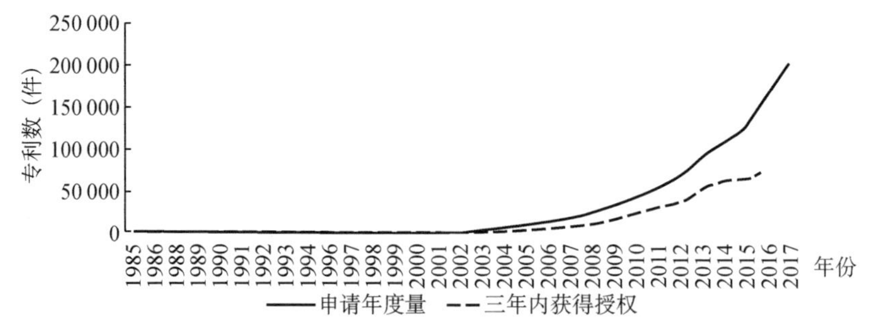

图1　1985—2017年全国高校专利申请和授权整体情况

从省份分布看，高等教育大省贡献了最多的专利授权。排名第一的是江苏省，有63所省内高等学校累计专利授权超过500件，合计190 681件专利；其次

是浙江(141 712)、北京(113 167)、陕西(87 689)、广东(75 660)、山东(75 642)、上海(73 739)、湖北(68 307)等。

伴随专利数量的激增,全国高校维持5年以上的专利数量除个别年份外,整体呈现增长趋势。从增幅看,剔除个别年份的异常点外,维持5年以上的专利年均增长率为29.88%,低于专利申请量增幅和专利授权率增幅。如图2所示。

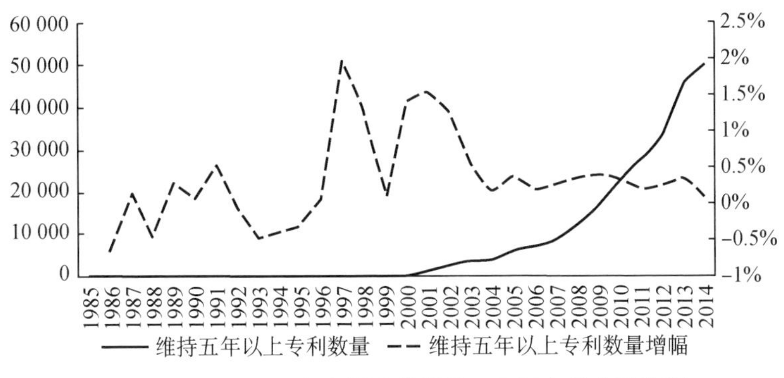

图2 1985—2014年全国高校维持5年以上的专利情况

从专利披露率角度看,统计了中国高校50.25万件发明专利后发现,高校独有率87.29%,即12.71%的发明专利不完全归高校所有。其中,8.96%的发明专利为高校与其他组织合作共享,校企合作占比7.08%。未披露发明专利中,个人拥有率2.94%,企业拥有率0.73%。

二、我国高校的专利价值情况

受制于数据获取性问题,我们采集了部分教育部直属高校过去10年连续的研发投入数据和专利申请数据,计算各校的专利申请倾向。总体而言,综合类高校(如北京大学、复旦大学、四川大学等)的专利申请倾向较高,而理工类高校(如电子科技大学、华南理工大学等)、行业特色类高校(东华大学、江南大学等)的专利申请倾向则较低。28所高校的单件专利开发成本差异接近10倍。北京大学的单件专利开发成本达342.2万元/件,其次是同济大学(235.6万元/件),而江南大学和东华大学的单件专利开发成本最低,不到40万元/件。

三、我国高校专利转移转化情况

全国高校历年的专利许可数量不稳定，长期徘徊在 1 000 件左右，与高校年均超过 30%的专利申请量和授权量形成了鲜明对比。这一方面与我国专利许可不实行强制登记有关，同时也不可否认地反映出我国高校专利质量堪忧。

从高校专利许可排名情况看，南京邮电大学以 704 次的许可频次排名第一，其后是浙江大学(599 次)、南京林业大学(598 次)、华南理工大学(349 次)等。总体而言，各大高校许可频次差距显著，与高校专利申请和授权量不存在正相关关系。

从专利出售合同数和合同金额看，各大高校差距更加明显，我们可归纳为四种情况，如图 3 所示。各大高校关于专利转移的考评指标存在差异，导致专利出售合同额和合同数不完全匹配。

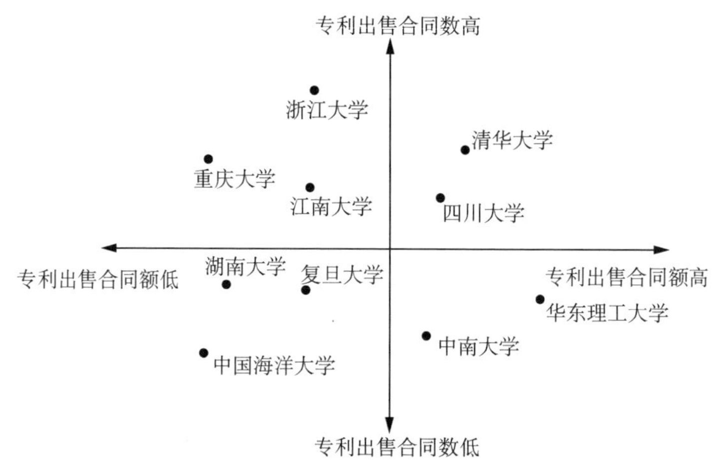

图 3　部分高校在四个象限中的相对位置(示意图)

四、我国高校衍生企业发展情况

在国家支持校办产业发展、“大众创新、万众创业”等政策感召下，自 20 世纪 90 年代开始，经过近 30 年的发展，我国高校结合自身学科特色和职能定位，发挥其雄厚的人才、知识、科技、校友、社会网络、政府资源优势，大力发展衍生企业，由此也推动了一大批高校集团公司和上市公司的诞生。年度增长数量如图 4 所示。

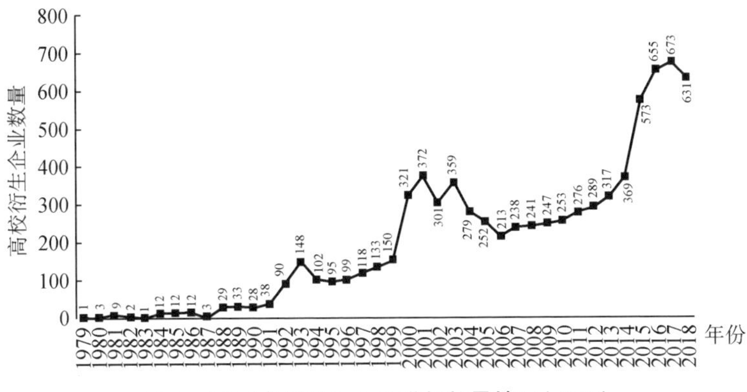

图 4　我国高校衍生企业增长数量情况(1979)

值得注意的是,并非所有的高校衍生企业都能进入高校的统计口径。以上海某双一流高校为例,据不完全数据检索与分析,该校近 4 000 名老师,在校外担任了 374 家公司的法人、股东或高管。但这 374 家企业中,与该校存在股权关系的不足 50 家,即该校呈现出“两个 10%现象”(多达 10%的老师在校外公司任职;仅有 10%的关联公司受到高校资助)。结合教师专利披露率可以合理推断,教师的科技成果或发明专利可能越过高校,输送到了校外关联企业。

五、我国高校以专利为核心的产学研合作情况

受惠于我国持续推进产学研合作,高校联合企业共同申请专利的现象愈加普遍。1999—2016 年间,尽管校企合作量、单独以企业名义申请量的总体增长速度不及总量增速,但依然呈现明显的上涨趋势(图 5)。

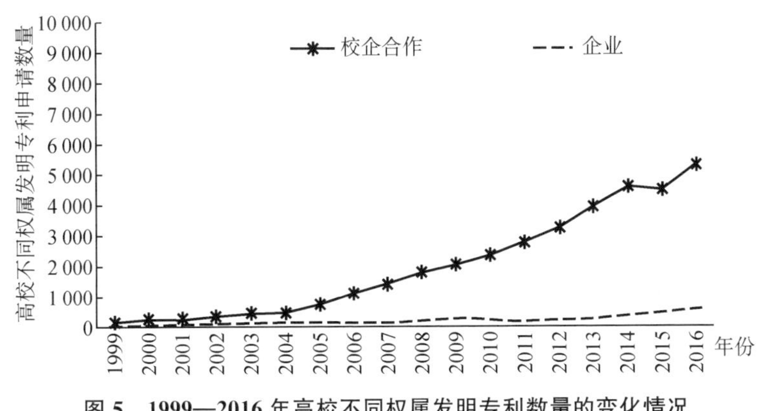

图 5　1999—2016 年高校不同权属发明专利数量的变化情况

总体而言，可以得出以下结论：①得益于较高的研发投入和科研项目支持力度，我国高校的专利活动呈现出日益活跃的态势，专利转移也通过许可、转让出售、衍生企业等多种渠道得以成功实施；②高校专利活动存在蹊跷板现象，单纯比较某一个指标的增长或下降无法全面客观地反映真实图景，学界和政府部门需要基于多源数据，开展全景式分析；③在未来关于高校专利活动的管理工作中应将工作重心放在专利质量控制、专利转移综合绩效评估、专利信息化管理和大数据分析三个方面。

面向创新型经济发展的环高校知识经济圈的结构调查报告

| 常旭华

大学是国家创新体系的重要组成部分，在城市发展中具有特色地位和独特作用。这其中，以大学科技园为核心的环高校区域是上海科技创新中心建设的重要策源地和承载地。以同济大学为代表的环高校知识经济圈正充分发挥自身优势，结合重点学科发展，发挥积聚效应、平台效应、综合效应，培养了一批创业者，推动了相关战略性新兴产业的可持续发展。本报告对上海交通大学、复旦大学、同济大学、华东理工大学、东华大学五所高校的环高校知识经济圈进行了调查，从企业层面剖析其结构，提出相应的对策建议。

一、环高校知识经济圈的结构调查

行业结构：上海环高校知识经济圈内批发和零售业最多（部分高校周边此类企业达到 12 043 家），其次是科学研究和技术服务业，再次是租赁和商业服务

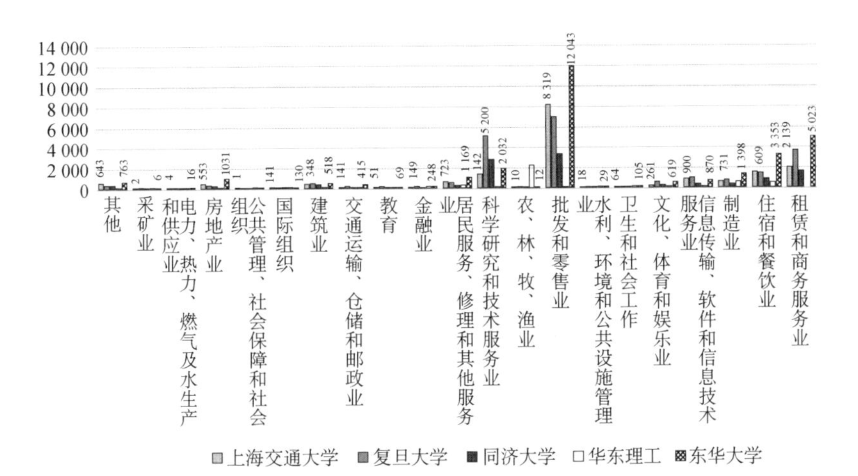

图 1　环高校知识经济圈企业属性分布

业、住宿餐饮业。这表明，当前环高校周边企业主要以服务师生后勤为主，高附加值行业、高利润企业显著偏少。

规模结构：上海交通大学、华东理工大学临近徐家汇商圈，大企业相对积聚；复旦大学、同济大学地处杨浦区，小微企业和中小企业居多（表 1）。整体而言，环高校知识经济圈在培育大企业方面仍有较大提升空间。

表 1　环高校知识经济圈规模结构

注册资本（认缴）	上海交通大学	复旦大学	同济大学	华东理工大学	东华大学
小于 100 万	3 921	9 490	4 800	1 656	8 248
占比	21.74%	42.55%	40.46%	32.31%	27.62%
小于 500 万	5 116	12 386	6 415	1 988	12 563
占比	28.37%	55.54%	54.08%	38.78%	42.07%
小于 1 000 万	5 514	13 585	7 042	2 092	14 125
占比	30.58%	60.92%	59.36%	40.81%	47.30%
企业总数	18 032	22 301	11 863	5 126	29 860

存续结构：从历史维度看，环高校知识经济圈内正常存续企业普遍占比不超过 50%，非正常经济占比偏高。这表明，环高校知识经济圈在培育“常青企业”方面仍需努力（表 2）。

表 2　环高校知识经济圈存续结构

	上海交通大学	复旦大学	同济大学	华东理工大学	东华大学
存续（在营、开业、在册）	5 367	11 253	5 760	2 113	10 930
在营（开业）	518	172	201	91	1 231
正常经营占比	32.64%	51.23%	50.25%	43.00%	40.73%
撤销	9	1	8		
吊销	79	80	77	11	305
吊销，未注销	2 167	2 397	1 149	709	3 252
吊销，已注销	219	234	110	36	258

（续表）

	上海交通大学	复旦大学	同济大学	华东理工大学	东华大学
已吊销	1 044	1 425	743	423	1 965
注销	8 341	6 607	3 694	1 653	11 579
非正常经营占比	65.77%	48.18%	48.73%	55.25%	58.13%
其他	283	108	115	88	318

在此基础上，笔者所在课题组构建了以高校教师为核心的科研人员画像数据库，识别环高校知识经济圈的企业创办情况。如表 3 所示，上海五所高校以货币出资撬动社会资本的能力存在显著差异，上海交通大学、同济大学的社会资本撬动能力最强。

表 3　环高校知识经济圈企业创办情况

权股穿透层级	上海交通大学	复旦大学	同济大学	华东理工大学	东华大学
1	23	20	52	46	28
2	115	47	173	104	55
3	239	60	240	30	13
4	285	46	99	/	2
5	78	14	8	/	/
认缴出资额(亿)	17 259.56	3 083.92	15 266.95	793.62	2.23
直接持股	23	20	52	46	28
间接持股	725	167	520	143	70

数据来源：根据企查查数据整理。

教师创业：上海五所高校教师在环高校知识经济圈内的创业占比为 10%，即约 10%的教师担任了环高校知识经济圈内企业法人或股东。对创业教师的身份进行识别后，我们发现：(1)这些教师均属于所在高校的王牌学院，如上海交通大学的机械与动力工程学院、复旦大学的微电子学院、同济大学的建筑与城市规划学院、华东理工大学的化工学院等；(2)教师担任法人或股东的企业中，只有很少比例获得了所在高校资产经营公司的货币投资。

表 4 环高校知识经济圈教师创业情况

	师资数量（人）	教师担任法人	占比	教师担任股东	占比	高校与教师均参投	高校参投合计
上海交通大学	2 924	85	2.21%	151	5.16%	5	63
复旦大学	3 539	176	4.97%	338	9.55%	6	28
同济大学	3 851	118	3.06%	249	6.46%	27	125
华东理工大学	1 814	28	1.54%	67	3.69%	5	35
东华大学	1 093	40	4.94%	59	6.68%	5	27

最后，我们匹配了环高校知识经济圈内企业与所在高校硕士/博士名单后发现，硕士/博士毕业生在环高校 1 公里范围内创办企业的比例差异较大，占比介于 2%至 9%之间（表 5）。

表 5 环高校知识经济圈学生创业情况

	学生数量（人）	毕业年份	学生担任法人	占比	学生担任股东	占比
上海交通大学	53 366	2006—2019	1 932	3.62%	1 284	2.41%
复旦大学	35 723	2003—2014	2 108	5.90%	2 565	7.18%
同济大学	5 153	2002—2008	438	8.50%	508	9.86%
华东理工大学	15 935	2006—2020	345	2.17%	314	1.97%
东华大学	16 649	2001—2020	1 340	8.05%	1 120	6.73%

二、对策建议

环高校知识经济圈的可持续发展离不开母体大学的资本、人才、技术支持。对此，我们从高校维度提出如下建议：持续优化环高校知识经济圈的行业/企业结构，面向创新型经济发展要求筛选入驻企业，同时，坚持不断吸引小企业、留住大企业、培育常青企业；依托高校优势学科，牢牢巩固环高校知识经济圈的产业特色和行业地位；持续增强母体高校与环高校知识经济圈的经济联系，充分发挥大学的社会资本撬动能力；最后，从打造环高校产业创新生态圈的高度和建设理念出发，驱动校区—社区—园区三区联动，实现学术圈—技术圈—产业圈三圈融合，持续形成环高校知识经济圈的核心竞争优势。

以高质量学科体系促进高质量科技创新

| 蔡三发

习近平总书记在清华大学考察时指出，要坚持中国特色社会主义教育发展道路，充分发挥科研优势，增强学科设置的针对性，加强基础研究，加大自主创新力度，并从我国改革发展实践中提出新观点、构建新理论，努力构建中国特色、中国风格、中国气派的学科体系、学术体系、话语体系。同时要求，一流大学建设要坚持党的领导，坚持马克思主义指导地位，全面贯彻党的教育方针，坚持社会主义办学方向，抓住历史机遇，紧扣时代脉搏，立足新发展阶段、贯彻新发展理念、服务构建新发展格局，把发展科技第一生产力、培养人才第一资源、增强创新第一动力更好结合起来，更好为改革开放和社会主义现代化建设服务。

通过学习总书记的讲话，笔者有一点很深的体会，那就是要加快构建中国特色高质量学科体系，以更好支撑和促进我国的高质量科技创新。在我国，一流大学建设总体上是以一流学科建设为基础。学科是大学的基本组成单元，是科技创新的主要载体。但是，由于学科分类形成的学科间的壁垒，往往阻碍了学科相互交叉融合，无法形成有机的高质量学科体系，同样阻碍了科技创新的高质量发展。因此，加快构建中国特色高质量学科体系，将有利于大学把发展科技第一生产力、培养人才第一资源、增强创新第一动力更好结合起来，更好地实现高质量科技创新，为打造国家战略科技力量做贡献。

立足新发展阶段，中国特色高质量学科体系可以从“特”“交”“新”“融”“高”五个方面加强建设。

一是“特”。要从中国发展的战略需求出发，构建中国特色的学科体系。学科说到底就是一种学术分类，对学术进行更加的合理分类才能更好地服务国家发展。例如早期我国工科学科分类比较细，那是为了适应国家建设与工程技术发展的需求。进入新时代，我们应该从国家当前与未来的发展需求出发，增强学科设置的针对性，走出中国特色的学科发展道路。而有针对性的学科设置将进一步聚集队伍和资源，重点突破某一方面的科技创新。

二是“交”。要充分开展学科交叉并促进交叉学科建设。现实问题往往需要多个学科协作才能解决，因此，要改变单一学科发展导向，强化学科交叉，并在充分的学科交叉中寻找到新的学科增长点，最终形成新的交叉学科方向或者交叉学科。例如现在很热门的人工智能，就具有广泛的多学科交叉特征，也被许多高校设置为交叉学科。通过学科交叉与交叉学科建设，将实现以问题为导向的科技创新，有利于重大科技问题的集中攻关。

三是“新”。要进一步加强创新，瞄准科技前沿和关键领域，推进新工科、新医科、新农科、新文科建设。有了前面所提到的学科交叉与交叉学科建设，坚持“四个面向”，再通过不断的创新，就能深入推进新工科、新医科、新农科、新文科建设。近几年，新工科、新医科、新农科、新文科建设已经在本科专业设置与人才培养方面有了许多探索，后续应该在研究生学科设置、科技创新、人才培养等方面进一步深化。

四是“融”。要进一步融合大学内部各类学科，形成各个学科之间相互联系紧密的有机体，促进各个学科学者之间学术共同体的构建，促进各个学科相互之间的协同创新与协同发展。要通过学校内部的学科融合，突破各个学科以我为主的单一学科发展路径，形成多学科融合发展的态势，进而形成真正的学科体系。而多学科融合发展的学科体系，也有利于形成学科集群，进而产生集群的创新效应。

五是“高”。要实现高质量的学科发展，就需要构建高质量的学科体系。高质量学科体系需要形成基础学科厚重、应用学科拔尖的发展形态，需要构建学科追求卓越的自我驱动机制，促进整个学科体系朝着一流的方向不断迈进。习近平总书记强调，追求一流是一个永无止境、不断超越的过程。高质量学科体系建设也是一样，需要不断朝着更高的目标冲刺，才能更好地支撑和促进高质量科技创新。

新一轮“双一流”建设的若干思考

| 蔡三发

自“双一流”建设工作启动以来，国家层面通过一系列全局性、系统性、前瞻性的顶层设计与制度创新，把“双一流”建设融入国家发展和民族复兴的宏伟目标中，取得了令人瞩目的成绩，形成了宝贵的经验。首轮“双一流”建设已经完成周期自评，预计新一轮的“双一流”建设将在2021年启动。当前，进一步总结首轮“双一流”建设经验，思考新一轮“双一流”建设对策，具有十分重要的意义。

一、新时代以及“双一流”建设的要求

当今世界正经历百年未有之大变局，我国发展的内部条件和外部环境正在发生深刻复杂变化。从国际层面来看，第四轮科技革命带来知识生产方式的转变，国际间产业、科技、人才竞争加剧，新冠肺炎疫情带来种种冲击与挑战。从国内视角来看，我国面临新发展格局、新时代中国特色社会主义建设、中国特色制度与文化的深化探索，这是“十四五”规划的一个背景，也是“双一流”建设的一个背景。

面向国家和区域的战略、面向新时代、面向未来的国际竞争，这“三个面向”对于我们“双一流”高校很有参考价值，从时代背景、从国家到国际范围，每一个学校都可以考虑在新时代背景下，在国家教育现代化过程中，在建设世界一流大学、一流学科的国际竞争发展中如何去确定自己的定位。

“双一流”建设应该走内涵式发展、高质量发展、可持续发展的道路，首轮“双一流”就是从整体发展水平、成长提升的程度以及可持续发展能力三个维度来评价的。

二、当前“双一流”建设高校关注的主要问题

为进一步了解当前“双一流”建设高校普遍关注的问题，笔者通过问卷和访

谈收集了相关资料，总结了以下五个问题。

一是学科交叉与交叉学科建设还没有很好的突破。相对于国外学科设置和学科交叉具有灵活性，我国学科比较固化，学院划分较细，往往一个学院就是一个学科，致使学院的存在反而阻碍了学科交叉以及交叉学科的建设，一旦跨学院，学科交叉与交叉学科建设在很多学校执行起来就比较困难。如果下一轮“双一流”还要有进一步突破的话，应该在学科交叉以及交叉学科方面实现比较大的突破，才能真正地解决一些“双一流”发展的问题。

二是管理的过程比较多，需要进一步深化“放管服”改革。深化“放管服”改革能够激发高校内生的发展动力，但是在“双一流”建设中，各种项目在具体的执行过程中，来自主管部门的各种规定或者各种规范性的管理要求相对比较多，执行起来有一点束手束脚，所以希望能够进一步深化“放管服”。

三是“双一流”建设如何科学评价？这个问题大家也是比较关心的，虽然有原则性的框架，但是怎样进一步“破五唯”，如何进行评价体系的改革也是各高校比较关注的问题。

四是“双一流”建设高校重大性、原创性、影响深远的成果相对较少。从指标来讲我们已经一流了，但是真正的世界级的重大成果、顶尖成果，或者说那种“从 0 到 1”的重大突破还比较少。过去五年，“双一流”建设高校给世界贡献的原创性的重大突破，真正改变世界、改变人类的划时代的科学技术创新比较少。

五是外部环境或者外部办学条件有待改善。许多“双一流”建设高校还存在许多历史欠账，师生员工的工作与生活空间不足，工作环境及配备条件等方面相对还有待进一步提升。

三、关于下一轮“双一流”建设的若干思考

关于“新一轮”建设，笔者有几点不成熟的思考，供大家参考。

第一，重点建设与平衡发展。“双一流”建设是重点建设还是平衡发展，答案是两者都要兼顾。一方面要建世界一流，须有能够真正冲到世界的水平。从国家层面来看，在平衡发展中间也要设置一些重点建设的高校或者一流学科。从学校层面来看也存在这样的问题，在一个学校里，不可能所有的学科都是一流的，也需要考虑平衡发展。而要平衡发展，对于中国这样一个大国来说，东西南北各区域要均衡发展，不可能让某一个区域一直发展不起来，所以既要突出一个

重点，又要考虑平衡发展。建设内容也存在同样的问题，究竟是全面建设还是重点突破，需要进一步思考和研究。

第二，规范建设与自主建设。在管理过程中要加强过程管理，例如从规划方案到过程中间的动态监测，中期的自评，周期末的总结等环节。未来可以进一步扩大高校自主建设的权限，让高校自己决定建设哪些一流学科。首轮建设的时候，高校建设的学科都是认定的，然而这些学科并非都是高校想要建设的。第一轮学科评估启动得稍晚，使得各项工作显得有冗繁，下一轮“双一流”建设或应进一步改革，使得各高校将精力集中在“建设”本身，而不是将精力分散在填表或者搞评价上。

第三，竞争发展与合作发展。在人才培养方面，国内的高校有时候是竞争大于合作，如果站在国家的角度来讲，我们要实现国家的“双一流”建设目标，必须要加强国内高校的合作。我们要思考如何进一步激发国内高校之间的合作，促进国内高校进行教学合作，进而引发一些科研方面的深度合作。西安交大的王树国校长曾经提出建立一些区域的大学合作体，使区域内几所大学联合起来，相互之间进一步加大合作的力度。另外我们可以进一步扩大教师的互聘，使教师可以像医生一样多点执业，同时在几个学校做教授。我国的“双一流”高校特别重视国际合作，在内循环为主的大背景下，各高校要在国际合作继续推进的基础上进一步扩大国内高校的合作。我们很多国际合作的形式非常好，但国内合作反而不行。我们可以跟国外大学联合培养博士，同时授予学生国内和国外的博士学位，我们国内高校之间或许能够借鉴这种模式，同时授予学生两个高校的博士学位，或者我们可以实现一定程度的自由转学。在国内高校合作这方面我们有没有可能在下一轮的“双一流”建设里进一步突破和实现，这个问题非常关键。

第四，问题导向与学科导向。要加强问题的导向、需求的导向，因为有时候问题比学科更重要。例如华为碰到的芯片问题，解决这个问题比建设一个学科更重要。现在我国面临的很多大的科技问题、社会需求不是单一学科能够解决的。若想在未来在新一轮的“双一流”建设中有所突破，要进行以问题为导向、以需求为导向的学科建设，形式上不要完全按照一级学科这样的设置来开展一流学科的建设，一流的重点建设学科不要只限于一级学科，如果高校有实力非常强的二级学科，也可以作为一个一流学科，如果有十分优秀的交叉学科，也可以作为一个重点建设学科，或者高校如果拥有能够服务于一个大产业或者一个大行业的学科群，也可以作为一个一流学科，虽然这样在评估和验收时比较麻烦，但是这种做法带来的益处远远大于其带来的问题。这是下一轮“双一流”建设可以考虑进一步改进的一个方面。

第五，内涵一流与指标一流。从客观指标上来看，无论是论文数、专利数、还是各种经费额度，现在的“双一流”建设大学总体上都能够进入世界的行列或者前列，但是真正的内涵还需进一步去思考。我们如何实现中国特色、世界一流，如何从质量、贡献、绩效这些角度去评价我们的“双一流”高校，这些都值得我们深思。未来的“双一流”要突破，一定要突破指标，不能唯指标，要真正实现内涵式发展，或者在“四个面向”方面，都有重大突破，这样才能够真正服务国家、服务区域、服务人民。

第六，目标引领与文化引领。如果仅仅依靠指标来引领的话，存在很大的局限性，一流大学最终要靠文化来引领，一流大学的水平和灵魂要靠文化来体现，文化的高度决定了一个学校办学的高度。文化达到一定的高度，大学自然就会达到一定的高度。所以要加强大学的文化建设。一旦形成了一流的文化、一流的环境、一流的氛围，就能在学校构建起一个追求卓越的学术共同体，使这个学校迈向一流行列。

第七，财政依赖与社会的参与。我国大部分的“双一流”高校，主要是依靠中央政府支持，有的学校获得的地方政府支持较多。但我们可以看出由于政府的资源、财政是趋向紧缩的，所以其支持力度十分有限，我们要更多地依赖社会资源的拓展。其中比较重要的一种资源获取途径是通过服务社会、产学研，来获得办学资源，例如西湖大学，虽然也有很多政府的支持，包括地方政府给予了其基建等方面的资源支持，但是其自身筹资能力非常好，已经排在中国第三位了。这样一个处于建设初期的民办的大学，在筹资方面做得很细，在每个省都成立理事会，这些举措都值得公办的“双一流”建设高校借鉴。未来各高校还需要进一步扩大社会的参与，社会的参与程度越深，高校服务社会越多，所得到社会的回馈越多，自我的造血能力会更强，当然财政依赖的比例就会下降。

第八，分类发展与分类评价。新时代的教育评价提出要“改进结果评价、强化过程评价、探索增值评价、健全综合评价”的大思路，未来的“双一流”建设评价要充分引入分层分类的理念。我国有 100 多所“双一流”大学，其中包含很多种类型的高校，有综合性的，有单科性的，有行业的，发展阶段也各不相同。有些学校已经进入世界一流大学的行列甚至是前列，但有些学校还处在跟跑或者是前行的阶段，不能用同一把尺子来衡量这 100 多所类型各异、发展阶段不同的大学，要考虑如何利用分层、分类、分纵队的评价方法来改进我国现有的高等教育评价体系。笔者建议未来“双一流”建设的评价应该朝着长周期、多维度、过程性的方向去改革。

（节选自作者于 2020 年 10 月 10 日中国教育战略学会高等教育专业委员会 2020 年年会上的发言）

科技成果转化出路在哪

| 任声策

一、当前科技成果转化中存在的两个基本问题

科技成果转化是新时期我国坚持创新驱动发展、全面塑造发展新优势的重要路径之一。党的十九届五中全会明确要求坚持创新在我国现代化建设全局中的核心地位,把科技自立自强作为国家发展的战略支撑,强调要完善科技创新体制机制,大幅提高科技成果转移转化成效。中央、地方和各类创新主体均高度重视科技成果转化工作,例如在各省市《国民经济和社会发展第十四个五年规划和二〇三五年远景目标的建议》中均进一步提出科技成果转化目标。如北京市提出"加强科技成果转化应用,打通基础研究到产业化绿色通道";上海市提出"加快构建顺畅高效的技术创新和转移转化体系,加速科技成果向现实生产力转化,提高创新链整体效能";广东省提出"大幅提高科技成果转移转化成效、建设珠三角国家科技成果转移转化示范区";江苏省提出"完善科技成果高效转移转化机制,建立省级中试孵化母基金,完善中试保障和运行机制";浙江省提出"大幅提升科技成果转移转化效率,建设全球技术转移枢纽"等。

然而,虽然各界对科技成果转化的关注热度居高不下,且近年来我国科技成果转化成效显著提升,但其中存在两个顶层问题值得警惕:一是重"术"远超重"道",当前在体制机制改革中针对科技成果转化的讨论很多,围绕权益、评价、分配、交易渠道等取得了显著进步,但是对于科技成果转化的全局性问题讨论偏少,过度集中于对"专利"化成果这一科技成果转化的局部问题的讨论,导致对科技成果转化的本质认识仍有很大不足。二是重"显示度"远超重"实效度",重"表"轻"里",存在过热与急功近利倾向,虽然重视热度持续高涨有利于加快改革步伐,但是持续"过热"也容易产生用力过猛、投入过度、重复低效、虚假繁荣等问题,急功近利则会导致片面追求显示度高的成效,而忽视显示度低但有长远效益的工作,例如过度关注专利转让数量和收入、而对未产生直接收益的知识溢出成

效重视不足等。

二、两个典型成功案例

第一个成功案例是 Cohen-Boyer 专利转化案例。Feldman 等(2007)介绍了 Cohen-Boyer 专利['Process for producing biologically functional molecular chimeras'(US4237224),斯坦福大学 1974 年申请,1980 年授权]技术转移的案例,该专利是 DNA 重组技术专利(rDNA),该专利技术成功转移(许可给 468 个企业),快速推进了相应技术发展和运用。该专利技术转移起始于发明人给企业提供技术咨询服务,斯坦福大学在 Cohen-Boyer 技术许可中的四个目标发挥了重要作用,这四个目标是:(1)技术转移要与大学的公共服务理念一致;(2)促进基因工程技术为满足公共利益而及时充分的商业化,提供适当激励;(3)为最小化潜在的生物危害而管理技术;(4)为教育和研究提供收入。

第二个成功案例是一个 MEMS 技术相关专利转化案例。Azagra-Caro 等(2017)探究了该专利技术转移典型案例,该微电机系统专利(MEMS)技术由美国一大学于 1989 年申请,被引用 430 次。该专利技术源于发明人 1 的博士论文,发明人 2 是其导师,是 1986—1990 年在高研院开展的研究,受 NSF 资助。该专利技术一改之前各代 MEMS 技术只能圆形运动,使之可以线性运动,因而能够被广泛应用。技术诞生时,MEMS 相关产业处于初步发展阶段。(1)正式转移渠道:一是该技术只被正式许可给一个非本地公司 MEMS Solution,该公司后续专利多次引用该专利,但未与该校开展其他合作,对技术扩散的影响较为有限。二是该技术通过发明人的咨询服务方式为另一非本地公司 Sensor Technologies 广泛所用,该公司是高研院的合作伙伴,未缴纳专利许可费,但该公司后续与该校合作密切,帮助学校建立 Microlab 实验室、将 MEMS 制备能力转移到该大学,对该技术的扩散影响很大。三是本地创业者通过向 Microlab 实验室缴会员费获得知识转移。1997 年该大学建立 Microlab 项目,缴会员费的创业企业可以在此开展 MEMS 相关制备实验,开展试验研究,很多创业企业是该大学毕业生创建的。本地 MEMS 产业因此得以发展。(2)非正式转移渠道:一是该研究所毕业生毕业后的知识转移,如发明人 1 和发明人 4 毕业后到非本地机构从事相关工作,并将技术进一步转移给合作者。二是该大学的实验室成为相关知识交流平台,为高研院和本地相关企业的研发人员提供交流渠道,促进知识转移。该专利技术的主要转移渠道如图 1 所示。

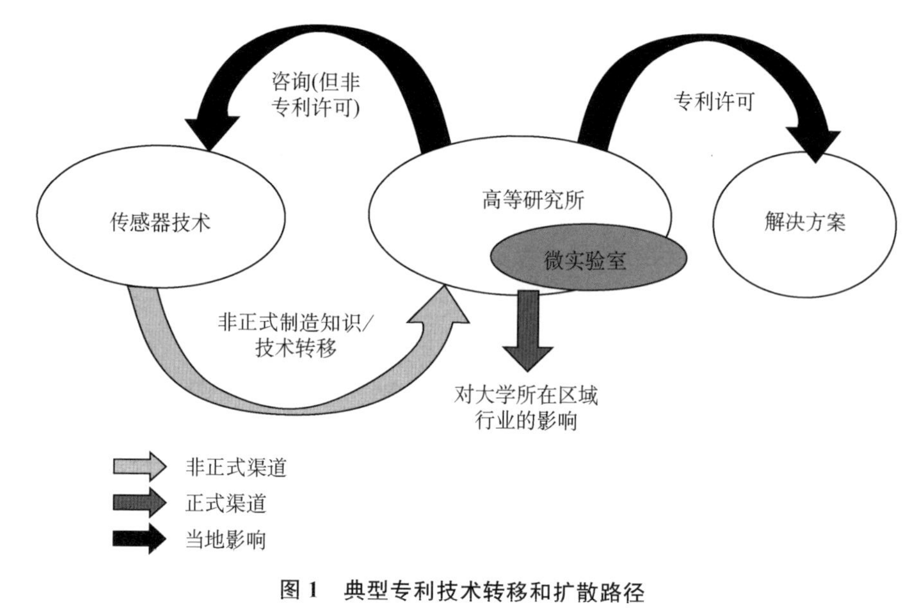

图 1　典型专利技术转移和扩散路径

（来源：Azagra-Caro 等，2017）

三、两点重要启示

以上两个专利技术转移转化成功案例给我国高校和科研机构科技成果转化工作带来两个方面的重要启示。

首先，在理念和思路上，高校与科研院所的科技成果转化工作需要开拓理念和视野、秉持长期导向、不忘初心。一是要形成知识转移的综合观念。高校科研院所的科技技术成果转化理念需要拓宽、拔高，应该从知识转移的理念高度统筹科技成果转化工作，不应局限于专利技术转让和“四技”服务。以“环同济”知识经济圈为例，其不断发展更多的是同济大学知识转移的综合结果，而非仅仅是专利技术转让和“四技”服务的贡献。二是要注重长期导向。在科技成果转化中应更注重长期导向，树立“久久为功”思想，关注知识转移的长期综合效果，不过度受一朝一夕的所谓“有显示度”指标所牵绊。三是不忘初心。高校、科研院所在科技成果转化中需要以高校、科研院所的核心使命为根本，以人才培养、知识创造、社会服务等为为使命，致力于推动社会进步的“公益”事业，而不应过度追求“创收”。如上述两个成功案例所示，在斯坦福 Cohen-Boyer 关于 rDNA 专利技术转让中，如果短期内过度追求收入很可能会限制该技术扩散的范围和速度，影响技术的社会价值发挥和(或)产生技术危害。在 MEMS 专利技术转让中,如果过度强调收入,可能导致与 Sensor Technologies 公司的合作受冲击,从而影响该公司对高校的知识反向溢出,可能造成该大学本地 MEMS 相关创新创业及产业集群兴起存在困难。

其次,在路径上,科技成果转化要坚持正式和非正式渠道并重,促进综合效果趋向最佳。一是从正式转移渠道看,专利许可只是科技成果转化中最显性的部分,容易被过度重视,但其总体贡献并非人们想象的那么大,而技术开发、咨询等服务活动在科技成果转化中扮演的角色更需要高度重视。在上述两个成功案例中技术咨询活动均发挥了重要作用。二是从非正式渠道看,知识溢出才是科技成果转化的核心驱动力。校企合作实验室是重要知识溢出平台,其知识溢出是双向的,不仅高校以正式或非正式途径向企业溢出知识,企业也可以向实验室溢出知识,促进实验室能力提升。在校企合作实验室的知识溢出中,产品化能力和开放性是高校校企合作实验室促进知识溢出的两个关键,拥有产品化能力的实验室具有产品试制平台,实现了创新链和产业链的无缝衔接,有助于基于创新技术的创意得到快速验证;开放性拓宽了实验室知识溢出的范围。

因此,科技成果转化工作是一项综合性的知识转移工作,需要以知识转移理念为指导,其成效不仅体现在专利成果许可转让上,也体现在技术开发和咨询服务之中,更体现在广泛存在的知识溢出之中。当前,需要重塑科技成果转化的综合评价体系,不宜以偏概全仅用专利成果转让数量和(或)金额来评判,研究机构也应树立"久久为功"的长期导向,既要抓专利转让和技术咨询,也要抓知识转移和溢出。

当前,提升我国科技成果转化成效,既要重"道"又要重"术",关键是构建高质量知识供给和高质量知识需求的有效匹配体系。本文所述两个典型的成功案例,均是基础性和突破性技术创新,虽然其成功经验产生于特定技术领域、技术生命周期和制度背景等,但其对我国科技成果转化工作的参考价值仍然值得借鉴。

一流学科发展的三维评价模型及建设策略分析

| 蔡三发　沈其娟　靳霄琪

一、引言

高校学科评价是指基于一定的价值标准，系统衡量某一时间段内学科建设水平的实践。它是把握学科发展水平与态势、推动学科建设的重要机制。作为一项高度复杂的专业性活动，学科评价既牵涉政府资源配置的有效性和公正性，也影响大学的声誉和建设策略，更关乎学者的学术发展平台和空间。自21世纪初，我国教育部学位与研究生教育发展中心已在全国范围内组织了多轮学科水平评估；近年来随着“双一流”建设的推进，一流学科建设成效评价也正有序展开，引起社会广泛关注。伴随着实践经验的积累，我国学科评价理论也逐渐走向丰富。然而，学科评价如何全面真实地反映学科发展状况、为学科建设提供激励和正面导向，这些重大的根本性问题仍有待进一步探讨。

2020年10月，中共中央、国务院印发《深化新时代教育评价改革总体方案》（以下简称《总体方案》），对新时代我国教育评价改革作出了系统部署。《总体方案》强调要“坚决克服唯分数、唯升学、唯文凭、唯论文、唯帽子的顽瘴痼疾”，扭转教育评价中的短视行为、功利取向和机会主义，避免评价功能的异化。学科评价是教育评价的重要组成部分。确立合理的价值标准对于我国建设世界一流大学和一流学科具有重大指导意义。因此，在结合党和政府关于“双一流”建设的重要论述，以及高等教育内涵式、高质量发展的政策精神基础上，本文尝试提出一流学科发展的三维模型，讨论一流学科评价中所应坚持的价值导向及其相应的评价要素，为高校一流学科建设提供相关策略建议。

二、一流学科评价中的两个关键问题

学科评价是一项系统工程，包括明确评价主体与对象、确定内涵与原则、制定要素与标准、选择方法与工具等多个方面。其中，明确评价对象并理解其内涵是学科评价的逻辑起点。因此，一流学科评价首先需要厘清两个关键问题：一是何谓一流学科，二是一流如何评价。关于这两个问题学界已有不少论述，以下简要回顾其中主要论点，以作为本文构建三维评价模型的理论基础。

何谓一流学科？学科评价中的“学科”指的是高校中的基层学术组织，是科研创新、教学育人和社会服务的行动主体。由于知识的不同特性与高校本身的不同定位，学科的功能与价值不是单一的，而是多维度的。因此作为学科发展的理想状态，“一流学科”的标准和通往“一流学科”的路径也是多元的。对于所谓“一流”，不仅不同学科之间存在不同标准，即便在同一学科内部，恐怕也并不存在单一标准。对“一流学科”内涵的讨论需要因时制宜、因地制宜，需要深入关注学科与社会之间的互动。然而，随着大学和学科评价排名的风靡，“一流学科”在许多人的认识中越来越局限于各类排行榜上的前排名单。数值上的微小差异往往更加吸人眼球，而对于“一流”所应承载的丰富内涵的探讨仍显滞后。众多学者和政策制定者都强调，一流学科不是评出来的。即是说，学科评价本身不能造就一流学科。科学合理的学科评价体系应该能够通过量化手段来尽量全面真实地反映一流学科发展中的关键特征与维度，引领学科建设，指出前进方向。这就涉及一流学科评价中的另一个关键问题。

一流如何评价？当前国内外的学科评价指标体系都强调人才培养、队伍建设、科学研究、社会服务、文化建设、国际合作等各方面数据。评价要素固然丰富，但其视角多为资源投入和成果产出的体量，而学科对区域和国家发展的真实贡献、学科建设中的资源配置效率、学科的可持续发展潜力等方面仍缺乏相应的关注。这样的视角有短视与脱节之嫌，不仅未能全面深层地反映一流学科发展中的关键维度，而且容易造成学科建设导向的错位和学科生态的失衡。例如，有学者指出，当前我国学科评估需要突破局限性，从“构成论”向“整体论”的学科评估方式转变。“构成论”把对一流学科的认知简单化为若干被分解的指标集合（科研生产力、声誉等），而丢弃了赋予一流学术组织真正生命养分的整体性要素，如学术氛围、组织成长，以及学者所坚守的价值观和信念等。科学合理的一流学科评价应该帮助学科组织加强对自身的诊断，培养自我改进的质量文化，激发学科组织在其自身相应的环境中自我演化的生长动力。

三、一流学科发展的三维评价模型

一流学科评价政策与实践应该着眼于学科多元、整体、长远的发展。结合理论反思和当前的政策、实践走向，一流学科发展的全面评价需要兼顾以下三个维度：一是学科发展的效益，二是学科发展的效率，三是学科发展的可持续度。由于不同学科知识生产活动的规律并不相同，它们在这三个维度上的具体表现也各有差异。但是只有在这三个方面都达到较高水平，一流学科才实至名归。

1. 学科发展的效益

《现代汉语辞海》将“效益”定义为“效果和收益”。学科发展的效益主要表现为学科对知识发展和社会进步的真实贡献，衡量某一时间点上学科的整体水平与质量。高效益是学科内涵式、高质量发展的基本要求。评断一流学科的发展是否实现高效益，标准在于是否朝着世界一流的方向去培养人才，所做的科研是否具有世界影响力，是否按照习近平总书记所说的“四个面向”——面向世界科技前沿、面向经济主战场、面向国家重大需求、面向人民生命健康——作贡献。

为提高学科发展效益，学科评价需要引导高校从追求“指标一流”到“内涵一流”的转变，具体来说包含以下四个方面。

首先，一流学科评价需要强调学科对于国家和区域发展的实质性贡献、拓宽对“贡献”内涵的认知。现有的评价指标往往着重于学术研究成果，而对于高校和学科在人才输送、社会服务、政策咨询、文化传承等方面创造的价值赋值相对较低。例如，在支持本地社区经济社会文化发展方面，许多科研成果表现相对普通的学科未必不如科研顶尖学科，但是它们的贡献与价值却较少在评价体系中得到相应的体现。

其次，学科评价需要加强对隐性效益的关注。当前评价体系往往更倾向于选取表面、直观的易测指标，如学科培养的毕业生数、科研资金投入额、篇均论文被引用量等，而缺乏测评体现深层次建设成就的内容的成熟操作，如学科建设理念的前沿性、学科对知识增长做出的贡献度、学科在某一研究领域的影响力、学科组织机构布局的科学性、学科管理运行机制的有效性、研究团队的梯度配置情况、学科文化养成和以文化人的成效等。这些内容需要通过高校和学院提供个性化的深度描述以进行质性评判。

再次，我国学科评价亟待确立中国内涵、中国标准。我国学科评价曾经十分倚重国际分析评价工具，如“基本科学指标数据库”(Essential Science Indicators,

ESI)等。国际指标体系因其成熟的经验积累和庞大的数据支撑有独到价值,应当予以合理使用,可以部分参考但不能照抄照搬。我国学科评价体系切不可因此忽视构建具有本土意义的质量标准和评价要素。例如,对于人才培养质量的评价,可遵循习近平总书记提出的"执着信念、优良品德、丰富知识、过硬本领"作为总体要求。

最后,学科评价需要充分考虑学科之间不同的知识特性和发展规律。例如,理工科和文科、应用学科和基础学科,其成果产出的周期和形式、人才培养的定位和模式都不尽相同,应在学科评价中得到体现。现有的一些评价改革举措,如代表作制度等,已经开始改变原先评价指标设计偏重于理工学科的做法。从这个角度来看,以同行评议为主体、结合多方利益相关者评价的模式应该在学科评价机制中发挥关键作用,以充分尊重每一学科的不同知识特性及其对所在社区的不同贡献方式,凸显学科特色,避免学科为迎合外部指标而盲目建设带来的同质化现象。

2. 学科发展的效率

效率指的是成果与成本的比值,用以衡量某项工作的投入产出所消耗的时间、人力及其他资源等的转化效果。学科发展的效率主要体现为一段时间内学科成长程度和投入资源总量之间的关系。高效率发展追求以最少的要素投入获得最大的产出,实现公共财政资源、社会资源、人才资源的优化配置。过去几十年,我国高等教育规模迅速扩大、质量整体上升,离不开各级政府和社会各界的大量资源投入。然而,正如我国经济增长方式正经历从粗放型向集约型转变,高等教育领域也需要改进工作方法和管理技术,提高学科建设中的资源利用率。

为引导学科实现高效率发展,学科评价可运用增值评价、投入产出比测量、过程绩效考核等手段,敦促高校处理好短期效率与长期效率、局部效率与整体效率之间的关系。

首先,增值评价衡量一段时间内学科发展成果的增值。它注重学科的成长进步程度和速度,而不是某一时间点上的绝对体量。需要注意的是,学科发展成果的充分显现往往需要较长时间,因此学科评价需要合理设置评价周期,既体现评价结果的时效性,又减轻学校负担,引导学校和学科长远规划、潜心发展,防止片面追求短期效率而忽视长期效率。

其次,鉴于当前办学资源有限,高校必须审慎地思考内部资源分配问题。为争创一流,许多学校选择集中力量建设已有的优势学科和领域。这样的策略固然存在一定的现实合理性,但是对于学校整体的学科生态来说可能并不能达到效率最优。因此,学科评价需要从学校,甚至区域的全局层面出发来衡量投入产出比,引导高校寻求资源配置的最佳策略,而不是以造就若干个一流学科点为最终目标。

最后,学科评价需要注重过程绩效,突出对学科建设中遇到的问题、重点难点等执行情况的测量,如落实学科建设经费的使用去向,以及掌握学科突发情况的应变策略等。只有对学科建设过程中的信息进行全程、多方面的监测,形成良性的评估反馈,动态调整建设策略,才能真正实现学科的高效率发展。

3. 学科的可持续发展度

学科的可持续发展指的是,通过持续更新学科知识、优化学科组织结构、拓展学科系统功能,使学科自身的发展与其所在院校、区域、国家的发展大环境相互支持,形成良好的发展态势。2018 年 9 月,教育部部长陈宝生在上海召开的"双一流"建设现场推进会上明确指出,"可持续"是双一流建设的重要特征与标准。一流学科的建设是一个长期过程,需要做好长远规划,脚踏实地、打好基础,形成梯度建设体系。与前一维度所关注的学科长期发展效率不同,可持续发展度更强调对学科变革与创新能力的评价,树立危机意识,预测学科的未来发展态势,以长远目光引领学科建设的政策与实践。

对学科可持续发展能力进行评价需要重点着眼于知识、人才、组织三个方面。

首先,学科评价需要遵循知识生产的规律与趋势。学科围绕知识开展研究教学和相关的传播工作,随着知识前沿的不断推进而更新学科的方向。当前全球新一轮科技革命是群体技术创新的产物,学科交叉融合和协同创新已经成为知识生产、科学发展、核心技术突破的必然趋势。因此,学科评价不应该被旧有的学科建制和知识生产方式所限制,而是要与时俱进,将创新的学科成果及时纳入评价中。

其次,学科组织可以被视为学者的实践共同体。归根结蒂,学科的发展建设需要一代又一代学者的持续努力。因此,学科评价需要关注学术队伍结构是否合理、人才培养机制是否有效。学科评价不能仅以资深学者、"帽子人才"的数量来衡量学科实力,更要关注高校和学科对青年学术人才的培养投入能否保证学术队伍发展后继有力。当前评价体系普遍使用期刊索引收录论文数量、论文被引用情况、承担科研项目等级及数量、人才称号等指标,容易刺激教师的短期行为,不利于引导教师着眼长远来规划学术发展,也不能很好地激励他们投身于引领经济、社会、技术变革的重大科研项目。因此,学科评价需要加强对教师学术工作本身的尊重。除了科研产出,人才培养,以及其他形式的知识传播与转移也应被视作学科发展的重要方式。即便是没有即时产生重大成果的自由探究和试错,也应在学科评价中得到相应体现。

最后,一流学科建设不应被仅被视作抽象的目标或者分解的指标群,而应该根植于学科组织文化和学术生活之中。追求卓越的学术文化能够为建设一流学科提供持久的内生动力。因此,一流学科评价需要关注学科组织在政策和制度变革、学术文化和环境建设上的努力。这方面的评价很难通过量化指标实现,更不应该刺激学科组织为了改革而改革。评价可通过学科组织自评、论证来进行,鼓励建设主体根据自身实际情况和发展定位论述其在关键领域的建设与改革举措。并且,这些举措不应作为学科排名的依据,而应通过同行和专家的深度评审来检视其合理性、实际成效及不足之处,得出切实的评价改进建议。

四、一流学科建设的策略分析

学科评价旨在以评促建,在根本上是为学科建设服务。从本文所构建的三个维度出发,结合当前评价实践,我们可以概括出不同学科在该三维评价模型中可能出现的五种典型态势(图 1)。不同态势下学科发展面临不同的瓶颈,因此也需要相应不同的建设策略。

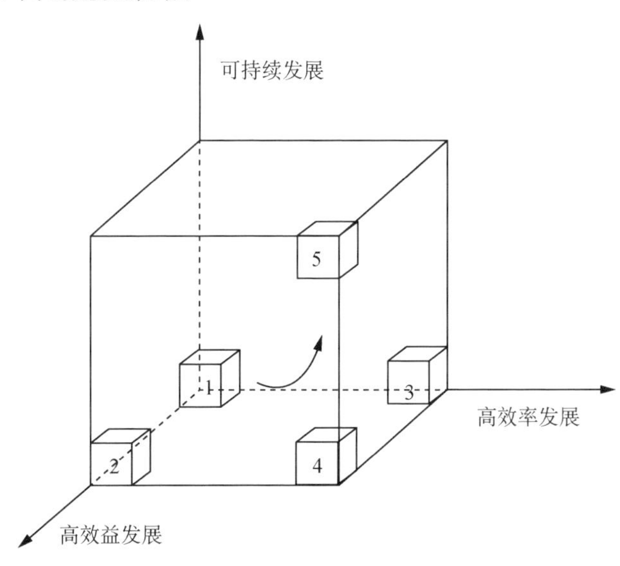

图 1　一流学科发展的三维评价模型

模块 1:该模块代表学科在效益、效率、可持续发展度三个维度上都表现不佳。这样的学科有可能是一些传统或基础学科,在知识生产方式和高等教育模式重大变革的环境中面临升级困境:理论创新乏力、与社会需求脱节、学科发展定位不清晰、建设成效低下。为学科的长远发展考虑,高校与学科负责人应从知识、人才、组织制度和文化方面多管齐下,探索学科的转型发展出路。例如,通过学科交叉和协同寻找知识创新点与新的社会贡献途径;根据社会需求调整人才培养的定位与模式;改革僵化的学科建设方式,鼓励跨学科交流合作以及校际、国际合作以开拓新的增长点;或者通过学科之间的调整与整合来实现资源的优化使用。

模块 2:该模块中的学科发展效益较高,说明这些学科现阶段的理论与实际应用价值较高,对社会的贡献较大;但是在效率和可持续发展方面表现不佳,则意味着学科的进一步发展面临瓶颈。这样的情况有可能出现在一些高校的老牌强势学科中。由于历史积存丰厚,这些学科规模较大、稳定性较强,在师资规模、研究成果、人才培养等方面都能取得较好的评价,但是可能存在知识创新后劲不足、组织结构僵化等潜在威胁。由于体量大,这些学科往往占有大量的建设资源(人、物、政策等),但若计算资源的投入产出比,则有可能发现资源的利用效率不高。这些学科应该警惕学科滑落的危险。高校与相关的学科负责人应该通过制度改革,优化学科建设中的投入产出比,提高公共资金与科研经费的使用效率。

模块 3:该模块中的学科发展效率高但发展效益低。其突出表现是"短平快"的科研成果多,但是对知识发展和社会进步的实际贡献小。这样的学科虽然有可能暂时在学科评价体系中获得较高评分,"指标一流"并不真正代表"内涵一流",机会主义的建设策略事实上造成极大的资源浪费,对于学科本身乃至整个高校的学科生态都有害无益。这就需要高校和学科负责人提高责任意识,探索学科内涵式发展的有效策略。

模块 4:该模块中的学科在发展效益和发展效率上表现俱佳。近年来发展势头较猛的一些新兴学科、交叉学科可作为这一模块的典型案例。伴随着知识生产方式的变革,这些学科中的知识生产及其他学术活动的驱动很大程度上来自外部参与——包括高校外部和学科外部。它们注重跨学科和校企合作研究,不仅为学术共同体的发展生产知识,同时也为产业界、市场及相关利益主体生产知识,具有以问题为导向、基于实践需求、融合不同学科等特点。这些学科也多采取灵活的组织方式,接受更加宽泛的评价标准,包括来自社会、经济和政治领域的多种要求。但是,新兴学科往往在可持续发展维度面临一定挑战。例如,如何将迅速变化的外部需求与稳定持续的理论提升相结合,使得新兴学科在知识大厦中占据一席之地。高校与相关的学科负责人应该通过制度、文化创新来维持新兴学科在资源、人才等多方面的持续投入,保证学术生产的稳定性,逐渐发展学术生产的内生动力,使得新兴学科不仅能满足外部需求,更能引领社会发展。

模块 5:这一模块代表的是一流学科建设所要追求的理想状态。本文已对各维度的内涵和要素进行了说明,此处不再赘述。需要指出的是,理论上来说从模块 1、模块 2、模块 3、模块 4 到模块 5 并不存在严格递进的顺序。但是根据笔者观察,在学科建设实践中,学科的可持续发展不可能脱离高效益、高效率发展而实现,因而此处不再对模型中的其他发展模式(可持续发展度高而效率、效益低)进行讨论。发展效益、发展效率、可持续发展度三个维度之间的内在联系值得高校和相关学科负责人在制定学科发展战略和政策时予以重视。

五、结语

本文从效益、效率和可持续发展度三个方面构建了我国一流学科发展的评价模型。该模型倡导多维度、成长性、整体性的学科评价,目标是促进学科改进结果评价、强化过程评价、探索增值评价。希望这一模型能够为高校与学科负责人提供一个学科发展的自审框架,助力其定位学科建设与发展中存在的问题,进而制定科学合理的学科建设策略、战略规划与发展机制。在国家及区域层面,则希望有助于推广落实科学的评价理念和政策,积极引导学科优化布局、发展升级、交叉融合,提高学科发展与知识生产的可持续性,真正实现以评促建。

(转载自:蔡三发,沈其娟,靳霄琪.一流学科发展的三维评价模型及建设策略分析[J].大学与学科,2021(3):57-64.)

学术界在构建“可信人工智能”中如何发挥作用

| 贾 婷 陈 强

在人工智能技术加快落地应用的同时，也带来了算法黑箱、去人工化、数据监控、智能鸿沟等风险隐忧，使得“研判和防范人工智能发展风险”成为全球范围内广受关注的议题，发展“可信人工智能”（Trustworthy artificial intelligence）逐步成为全球共识。在2021年世界人工智能大会上，由中国信通院（CAICT）和京东探索研究院联合发布的《可信人工智能白皮书》将可信的特征要素总结为“可靠可控、透明可释、数据保护、明确责任、多元包容”五个方面，以进一步明确“可信人工智能”实践的能力要求。但是，“可信人工智能”的构建难以通过单一主体实现，必须建立包含学术界、产业界、政界及技术使用者等多主体的跨界联结机制（图1），以实现技术供给侧端与社会需求侧的有效互动和协同推进。对各类主体特征、参与形式及功能定位的认知成为构建支持体系的前提，本文将重点探讨学术界在构建“可信人工智能”中的作用，梳理其基础优势和作用机理。

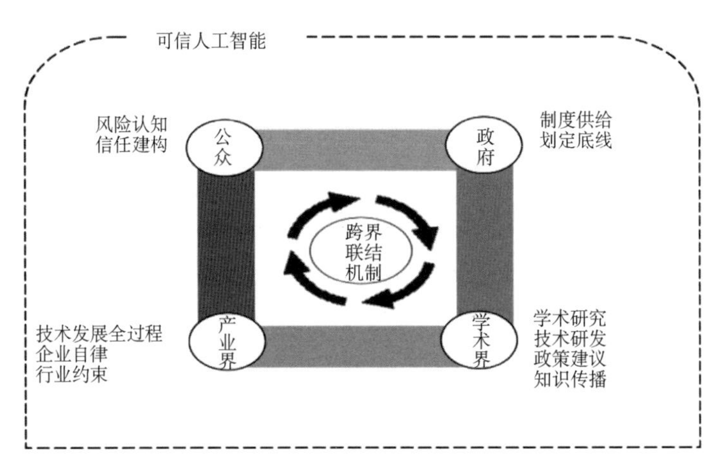

图1 “可信人工智能”跨界联结的主体

学术界对人工智能发展潜在风险的理解和感知，决定了构建“可信人工智能”的基本方向，而这种感知依赖于人工智能发展的生态。自 2010 年开始，机器学习和深度学习技术推动了人工智能的第三次研发高潮，AI 应用的社会场景多元化，在很大程度上推动了人工智能学术研究快速走向深入，从而奠定了高校院所在人工智能领域的基础优势。

一、机构数量

2018 年以后，我国高校及科研院所顺应发展形势，瞄准数学、计算机及智能关键领域，建立涵盖基础研究与应用开发的多层次学科基地。据统计，在我国 2017 年正式公布首批世界一流大学建设的 42 所高校中，有 32 所高校设立了人工智能学院、研究中心及实验室，其中，校企联合共建的人工智能研究中心/实验室融合了平台优势和产业优势，建立的深度合作关系为“可信人工智能”的构建奠定了组织基础。

二、科研队伍

高校院所汇集了国内人工智能研究领域的专家学者，专兼职科研人员成为人工智能技术发展的重要力量，通过组建国内外高端技术团队，致力于在人工智能重大基础理论和“卡脖子”关键技术领域实现突破，使社会影响力和话语权逐渐增强。此外，教师的角色及身份认知，在一定程度上弱化了研究活动的逐利性，并促成更为审慎的恪守科技伦理的规范，明确了学术研究的边界。据《可信人工智能白皮书统计》，2020 年可信人工智能论文数量相比 2017 年增长近 5 倍，可见学术界对这一问题的关切，也有助于为构建“可信人工智能”打通关键“人”脉。

三、跨学科研究

跨学科、跨领域交叉与融合是开展人工智能基础理论研究和“人工智能＋”赋能应用研究的重要途径，学术界更容易实现这种跨越，在 2017—2019 年获得立项的与人工智能相关的 117 个国家自然科学基金项目中，共涉及 34 个学科门类(图 2)，可以看到对人工智能应用领域的探索十分广泛。

而在 2018—2020 年立项的国家社会科学基金项目中，与人工智能研究相关的有 169 项，其中与人工智能发展风险相关的项目有 46 项，其项目研究主题

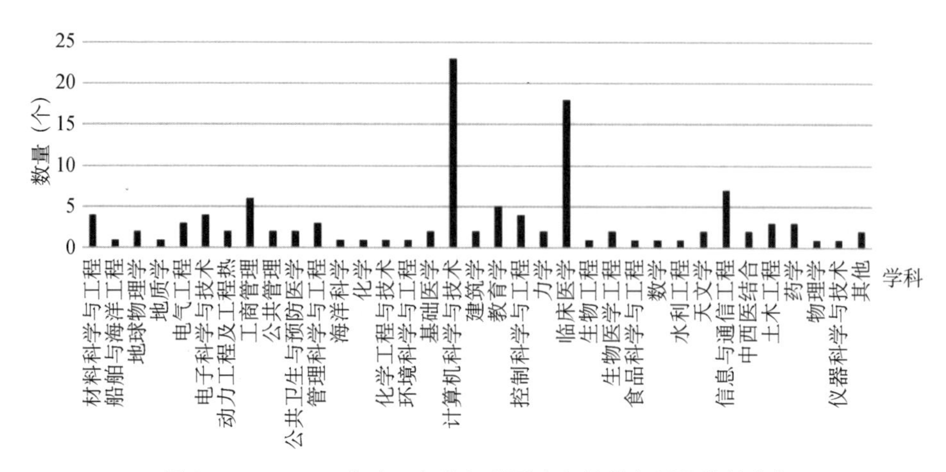

图 2 2017—2019 年人工智能相关国家自然基金项目学科分布

(表 1)与"可信人工智能"的研究范围高度重合,可见学术界是"可信人工智能"研究的"先锋队"。

表 1 2018—2020 年人工智能风险相关的国家社科基金项目主题分析

项目主题	立项数	项目主题	立项数
劳动力与就业	13	治理难题	2
伦理规制	11	负责任创新	1
法律问题	8	隐私保护	1
风险防范	4	人机关系	1
产品责任	3	性别平等	1

四、人才培养

据《2020 世界前沿技术发展报告》统计,美国人工智能人才总数约为 83 万人,中国仅约 5 万人,基础算法、芯片和传感器等方面的人才更为短缺。高校通过专业教育培养人工智能领军人才和产业骨干人才,为人工智能产业发展提供持续动能。另外,高校通过开设人工智能伦理相关的通识和专业课程,提升了未来人工智能从业者的科技伦理素养、风险认知及应对能力,并通过社会知识传播促进公众认知,增强用户信任。

五、国际合作

构建“可信人工智能”是全球性治理问题，需要通过国际合作达成共识，学术界通过组建国际化研究团队、参与及举办国际会议等方式搭建桥梁，在交流学术研究成果的同时，也在参与规则制订，融入国际话语体系等方面开展了积极探索。

以上五点表明，学术界在构建“可信人工智能”方面具有基础优势，并在多主体跨界联结机制中能起到联结各个主体的枢纽作用，在人才培养和成果转化过程中与产业界联结，通过课题研究和咨政建言与政府联结，通过知识传播和社会服务与公众联结。因此，首先应着力强化高校院所发展“可信人工智能”的意识，建立健全内部科技伦理审查制度，完善标准化操作流程，建立监管、评价及考核机制。同时，也要为学术界联结作用的发挥提供必要支撑，打造沟通平台，理顺主体间关系，从人工智能技术发展的全过程视角出发，构建“可信人工智能”的生态。

面向“新发展阶段、新发展理念、新发展格局”的新文科创新创业人才培养理念与模式构建*

| 许　涛　邵鲁宁

人机物三元共生的发展现状和趋势带来了深刻的经济、社会和教育的结构性变化，也同时推动了剧烈的思想、价值和精神追求系统性变革。换句话说，技术创新正在引起生产方式、生活方式、思维方式、教育方式和治理方式的深刻革命。传统文科不论是在应对日趋复杂的现实社会问题上，还是在面向未来培养具有创新力和领导力的人才方面，已经难以适应人机物三元共生的经济社会发展现实和趋势，尤其是面对以人工智能、5G、物联网、区块链技术等为代表的元宇宙时代的加速到来，传统文科更需要深刻的理念和模式变革。

新文科建设不是在传统文科中添加一些新兴技术或新兴专业，而是推动实质性学科交叉、进行跨界协同的创新发展，探索技术赋能的新兴文科发展方向和文科人才素质能力结构，培养面向未来、引领未来、创造未来的思想者、引领着和创造者。

为此，要积极探索新文科的本质和内涵，尤其是面向新一轮工业革命和产业变革的新文科创新创业人才培养。新文科创新创业人才培养要以全球新科技革命和中国特色社会主义进入新时代为背景，突破传统文科的发展模式，以“文理医工交叉融合”的理念和模式从根本上解决传统文科发展的问题与挑战，持续推动传统文科的更新升级，从以专业为导向转向以学生成长、社会需求和未来发展为导向。这就需要决策者在布局、发展新文科过程中传承弘扬“同济天下、崇尚科学、创新引领、追求卓越”的新时代同济文化，通过修订人才培养目标和方案，支持各院系通过交叉融合的方式重建课程体系和人才培养模式，建设以产业和市场需求、创新和未来发展为导向的新文科人才培养课程群，并让文科、理科、工

* 本文为2021年首批教育部新文科研究与改革实践项目“基于学科交叉融合的新文科创新创业人才培养探索与实践”(项目编号:2021120013)、教育部第二批新工科研究与实践项目“创造力与创新创业融入新工科人才培养的理念、模式与路径研究”(项目编号:E-CXCYYR20200924)的阶段性研究成果。

科和医科老师跨界组合，持续升级新文科人才培养的内容，开发既满足当下发展和又能引领未来发展的课程，培养人机物三元融合时代所需的创新创业型文科人才。

好奇心通向未来，想象力创造世界。要通过把好奇心、想象力和创造力教育融入新文科建设，丰富和完善同济大学共生型“三创”教育生态系统，培育中国特色、世界一流的人文社科领域思想领导者和创新实践者，形成同济风格的新文科研究和实践模式，培养具有持久好奇心、旺盛想象力和强大创造力的新文科人才，更好地服务创新型国家建设事业，为“两个一百年”奋斗目标和中华民族伟大复兴做出积极贡献，践行高等教育人才培养的家国情怀和历史使命。

此外，要以“文理医工交叉融合”为指导原则和实践模式，充分利用学校多学科优势，加强资源整合，把技术创新创业前沿课程融入新文科课程体系，把培养学生的数字素养和数智能力作为新文科人才培养的重要抓手。即使大数据分析、人工智能算法、新媒体技术等融入、支撑新文科的创新发展，用技术赋能新文科人才成长，体现出新文科建设与技术支撑的深度交叉融合，增强新文科人才的创新力。同时，在新文科建设中，还要通过增强文化意识与自信，构建中国特色的新文科话语体系，培养新文科人才的思想力和领导力，推动新文科人才“走出去”，在“一带一路”和“人类命运共同体”建设中“讲好中国故事”“传播中国声音”。形成具有同济特色的新文科创新创业人才培养理念与模式。

创新是高等教育的本质属性。新文科建设既是新时代我国哲学社会科学创新发展的内在要求，也是新工科、新农科、新医科协同创新，共同谱写中国高等教育蓝图的浓墨重彩，更是同济大学坚持立德树人、培养引领未来的社会栋梁和专业精英，为中华民族伟大复兴培养创新人才的历史使命。

他山之石

从美国智库报告看美国科技创新战略新趋势

| 任声策

一、美国最新科技创新战略报告概述

特朗普政府高度重视美国的竞争力，但是并未给予美国科学界足够的重视，甚至损害了美国科技体系，将政治置于科学之上，促使美国科学在175年历史中首次呼吁在总统选举中投票支持特定候选人（拜登）。这些年，美国在全球科技创新中的优势地位不断下滑，美国研发投入占世界比重已从1960年的69%降低到2018年的28%，各类研发指标不断被中国超越，而美国联邦基础研究投入难以恢复到20世纪90年代之前的增长趋势。Lee和Haupt（2020）研究表明，中国在中美科研合作中处于领导地位：过去五年（2014—2018），如果没有与中国的合作，美国的研究论文发表数会降低，而中国的研究论文发表数在没有与美国合作的情况下会上升。2020年以来，美国智库发布了一系列科技创新战略研究报告，围绕保持和巩固美国科技领先地位提出了建议，其中体现了美国科技创新战略趋势。

1.《美国国家关键和新兴技术战略》报告概要。2020年10月，美国总统办公室发布国家关键和新兴技术战略，该报告的目标是保持美国在关键和新兴技术领域的世界领先地位，提出了两大战略支柱，一是提升国家安全创新基础，二是保护技术优势。

围绕提升国家安全创新基础这一支柱，提出以下目标：

- 培养世界上最高质量的科技劳动力。
- 吸引并留住发明家和创新者。
- 撬动私人资本和专长进行建设和创新。
- 快速推动发明和创新。
- 减少抑制创新和行业增长的繁琐法规政策和官僚程序。
- 引领反映民主价值观和利益的全球技术规范标准和治理模式的发展。

- 支持建设一个强健的国家安全创新基础(NSIB):包括学术机构、实验室,支持基础设施、风险投资,支持企业和产业。
- 提升研发在政府预算中的优先级。
- 政府开发和采用先进技术应用,并提升政府作为私营部门客户的可取性。
- 鼓励公私伙伴关系。
- 与志同道合的伙伴建设牢固持久的技术伙伴关系,并推进民主价值观和原则。
- 与私营部门一起,释放积极信号,以提升公众对关键和新兴技术的接受度。

围绕保护技术优势这一支柱,提出如下目标:

- 确保竞争对手不用非法手段获取美国的知识产权、研究、开发和技术。
- 在技术开发的早期阶段,要求安全设计,与合作伙伴一起采取类似的行动。
- 通过加强学术机构、实验室和产业的研究安全,保护研发机构的诚信,同时平衡国外研究人员的有益贡献。
- 确保在出口法律和法规以及多边出口制度下对进出口贸易的适当方面进行充分控制。
- 让盟友和合作伙伴参与制定他们自己的流程,类似美国外国投资委员会(CFIUS)所执行的。
- 与私营部门合作,并从其对成本与收益及与成本与收益相关的未来战略漏洞的理解中获益。
- 评估全球科技政策、能力、趋势,以及它们如何影响和破坏美国的战略和计划。
- 确保供应链安全,鼓励盟友和合作伙伴也采取类似行动。
- 向主要利益相关者传达保护技术优势的重要性,并尽可能提供实际帮助。

报告确定了关键和新兴技术目标的优先级,分别是最高优先级领域,美国要做技术领导者,在其他高优先级领域,美国要与合作伙伴并跑,对于一些全球扩散迅速或处于早期且难以识别对国家安全影响的技术,美国会采取风险管理方法,先识别、评估并提出技术风险优先级,后采取协同反应以避免、减少、接受或转移风险。该报告列出了美国 20 个关键和新兴技术领域。包括:先进计算,先进武器,先进材料,先进制造,航空发动机,农业技术,人工智能,自主系统,生物技术,化生、放射和核减弱技术,通讯网络技术、数据与存储、能源、人机界面、医疗健康、量子信息、半导体、空间技术。

2.《增强美国创新优势》报告概要。2020 年 10 月,美国智库战略和国际关系研究中心(CSIS)发布 *Sharpening America's Innovative Edge*,该报告报告认为二战后美国在科技上取得了数十年领先,美国开始自满,躺在冷战模式的成功之上不能与时俱进。研发投入强度过去十余年基本没有增长,私有领域的支出增长弥补了政府投入的下滑,特别是 STEM 教育在投入加大情况下仍停滞不前,美国的领先地位受到威胁。报告提出从七个方面建议国家技术战略,要在三个方面努力,即创新投入,保护关键技术,领导数据治理。这七个方面分别如下。

- 创新基础再强化。增加政府研发投入,加强并多元化世界级人才通道,鼓励企业投资,建设数字基础设施。恢复联邦研发基金投入占 GDP 1%的战后同等水平,每年增加 1 000 亿美元。
- 支持关键技术。利用政府购买力创造市场,鼓励关键技术投资,包括人工智能,生物技术,量子计算,机器人等新技术。
- 设定全球标准。
- 推进政府整体技术控制政策。
- 与盟友和合作伙伴进行多边技术控制。
- 采取国家数据隐私管制。
- 与亚太区域伙伴形成一致的数据治理措施。

3.《自满的危险:美国科学与工程位于临界点》报告概要。2020 年 9 月,美国智库莱斯大学贝克公共政策研究院,发布报告 *The Perils of Complacency: America at a Tipping Point in Science & Engineering*,该报告认为美国在科技创新中存在自满,未来的成功国家不仅要有最伟大的发明,还要有最快的创新,美国联邦研发投入方法还是建立在这样的假设之上:可以凭借过去的成功,在大量渐进创新基础上保护 IP 维持经济增长和国家安全。而美国面临的严峻威胁是将不再是科学和工程技术人才的首选目的地,对其他国家在科学和工程领域的崛起的反应能力,受到日益严峻的财政约束。

报告认为,美国失去全球竞争力的 10 个简单步骤如下:

- 削减研发投入:基础研究投入不能提升到 GDP 的 0.3%,研发投入不能提升到 GDP 的 3.3%。

- 阻止 STEM 学生和工作人才移民。
- 缺乏一致、持续的联邦资助战略。
- 为联邦资助 R&D 设施提供最小资本资源。
- 对长期科学项目进行年度资助，资助周期不稳定。
- 对研究者设置繁重管制，提供模糊的收益。
- 在中小学的 STEM 教育领域保持二流水平。
- 继续削减州政府对高等教育的投入。
- 回避高风险、高潜力研究和联邦对创新的支持。
- 保持联邦预算在未来产生更少酌情部署资金。

4.《迎接中国挑战：美国技术竞争新战略》报告概要。2020 年 11 月，美国智库莱斯大学贝克公共政策研究院与美国艺术与科学院联合发布报告 *Meeting the China Challenge: A New American Strategy for Technology Competition*，该报告认为，美国的领导地位比很多美国人想象中的要强，只是需要新政策提升美国安全、美国优势。美国对中国存在过度反应问题。美国应设定三个互补政策目标：自我强化、保持开放、降低风险，具体为：

- 提升美国创新能力，措施包括从提升基础研究投入到有选择地升级生产系统。
- 调整精准（targeted）风险管理措施，以应对当前和未来的安全威胁。
- 尽可能多地保持开放、伦理和整合全球知识体系和创新经济带来的好处

最后与理念类似国家一起实施这些政策，这样更可能成功。报告对基础研究、AI，5G，生物技术分别提出建议。以下是 16 个共同的政策建议，分别支持三大目标。

- 提升竞争力

a）做好自己。是美国政策错误，而非中国行动，导致美国优势减弱。将联邦研发经费提升到 GDP 的 1%，使政府、大学和私营领域研发投入达到 GDP 的 3%，政府要在以前的投入基础上，提供通用基础设施，国家标准和技术研究所要提供共享 AI 技术检测服务。

b）美国独特的商业创新模式，吸引新进入者。

c）恢复美国在全球技术标准设置中的领导地位。

d）没有全球人才，就没有全球领导地位。避免美国成为顶级人才的第二

选择。

e）芯片是基础，要保持芯片的全面领导，从设计到生产，联合伙伴控制制造设备出口，保持芯片制成品出口给中国民用。

· 精准风险管理

f）精确定义政策问题

g）定位未来

h）聚焦多层次风险管理战略，不仅限于中国

i）拥抱"小院子，高篱笆"的理念

j）建立新技术联盟

k）多样化供应链

l）追求全政府协同

· 保持开放

m）根据技术具体风险和收益调整政策

n）互惠协商以稳定相互依赖关系

o）合作建立负责任的科学伦理

p）恢复促进国际贸易和技术合作的规则和机构

二、美国未来科技创新主要趋势

近期，美国方面认为，拜登政府在美国科技方面有六大需要优先处理的任务：首先是尊重科学，基于科学证据做决策；二是气候变化；三是多边主义（特朗普政府撤出了伊朗核协议，巴黎气候协议，联合国教科文组织、WHO 等多边合作协议）；四是与中国"全面科学"竞赛（有合作有竞争）；五是处理新冠肺炎疫情；六是恢复对联邦科学的信任。总结上述报告，总体上美国会更加重视以下方向。

（1）加强政府研发投入。联邦研发投入达到 GDP 的 1%以上，总体研发投入达到 GDP 的 3%以上，基础研究投入达到 GDP 的 0.3%。

（2）加强 STEM 人才培养。

（3）加强人才吸引力，保持人才首选地地位。

（4）用价值观拉拢伙伴合作遏制中国主要领域科技进步。

（5）保持开放，采取更加精准的科技风险控制措施。

（6）面向新科技的跨领域交叉研发机构建设。

（7）减轻美国科技研究人才的管制负担。

总之，美国在自满和恐慌之中逐渐形成自信认识，那就是美国依旧在多个领域领先，只不过要更加重视保持优势、更加警惕风险，如相关报告认为：中国科技发展对美国的挑战虽大，但与其脱钩会最终损害美国，美国企业要在世界规模化运营，通过本地化 R&D 来满足快速增长的多样化市场，雇佣可以雇佣的最佳人才。全球运营——包括在中国——会支持美国的经济活动和工作创造。美国当政者应努力平衡这些复杂现实来提升公众利益。另外，美国开放可以保障急需的全球人才稳定流入美国。美国吸引顶级人才的能力非常关键，对跨境合作和移民的限制会损害美国创新。与日趋强大的中国竞争的最佳方式，是尽可能多地保护这种开放秩序，同时设计有效措施化解风险。也有报告提出保持美国未来产业（AI，量子信息，先进制造，先进通讯，生物技术）领导力的大胆行动，包括：①促进多产业参与研究和创新；②创造新机构来整合一个或多个未来产业领域，并覆盖从研究发现到产品开发；③创造新的方式，确保有足够的高质量、多样化的未来产业劳动力。

如何打动海外青年科技人才的心

——来自德国洪堡基金资助体系的经验启示

| 胡　雯

当今世界正在经历百年未有之大变局，国际科技竞争格局发生的重要变化致使国际科技人才争夺愈加激烈。

从我国的外部环境来看，一是新一轮科技革命与产业变革推动全球产业链重新布局，将对国际人才流向产生深远影响；二是中美贸易摩擦持续发酵，中国与西方国家关系紧张、科技竞争加剧，使我国海外科技人才引进面临重大挑战，中美、中国与其他西方国家间的高层次科技合作受限；三是新冠肺炎疫情对包括科技人才在内的全球青年就业带来破坏性影响（根据国际劳工组织发布的报告，新冠肺炎疫情已经导致全球五分之一年轻人失业，全球劳动收入下降超过10%）。

从我国的内部发展来看，近年来，国内各大城市陆续出台人才政策，展开地方层面的“人才争夺战”，其中科技创新型人才和青年人才成为争夺焦点，新一线城市和二线城市的人才吸引力显著增强，对以上海为代表的一线城市造成了压力。

青年人的理想视野决定了城市的发展高度，青年人的激情活力决定城市的发展脉动。上海在建设具有全球影响力的科技创新中心的目标驱动下，对海外科技青年人才求贤若渴。德国的洪堡基金会成立于1860年，以德国探险家、自然地理学家亚历山大·冯·洪堡（Alexander von Humboldt，1769—1859）的名字命名，致力于资助各学科和国籍的世界各国优秀学者前往德国进行学术研究，同时资助德国本土学者，是德国海外人才资助计划的主要执行机构，为德国引进海外科技青年人才提供了重要支撑。大变局背景下，上海如何打动海外科技青年人才前来发展？或许我们可以从德国洪堡基金会海外人才资助体系的经验中获得一定启发。

一、让科技人才成为“合伙人”而非“打工人”

自2015年以来，上海先后发布“人才工作20条”“人才工作30条”，加上更早些时候实施的“浦江人才计划”(2005)、《上海领军人才队伍建设办法》(2006)等人才激励项目，青年人才的普惠性支持政策日益完善，为国内外青年人才来沪发展提供了有力支撑。

近年来，面对日益严峻的国际人才争夺形势，国内其他城市对海外科技人才的资助和奖励力度陡然增强，深圳、武汉、杭州、南京、成都、长沙等地先后出台直接落户、住房补贴、生活补贴等优惠政策(参见表1)。

表1 海外科技人才财政资助金额对比

资助项目	人才类型	财政资助金额	资助期限
上海市 浦江人才计划	A类(科研开发)	15万元/年	2年
	B类(企业创新创业)	15万元/年	
	C类(社会科学)	7.5万元/年	
	D类(殊殊急需)	7.5～15万元/年	
深圳市 孔雀计划	A类(国家领军)	60万元/年	5年
	B类(地方领军)	40万元/年	
	C类(后备人才)	32万元/年	
南京市 “345”计划	3计划(急需紧缺外国专家)	60万元/年	3年
	4计划(海外高端创新团队)	最高500万元项目资助	—
	5计划(海外专家工作室)	30万元启动经费:30万元/年	3年
成都市 蓉漂计划	A类(国际顶尖人才)	300万元	分期拨付
	B类(国家级领军人才)	200万元	
	C类(地方高级人才)	120万元	
	青年项目和海外短期项目	60万元	
	顶尖创新创业团队	500万元	

相较而言，上海在海外青年人才资助的力度层面已经很难获得相对优势。

同时较高的居住和生活成本容易造成巨大生存压力，对于错过楼市造富运动的新引进青年人才而言，他们似乎已经与上海高速发展的红利擦肩而过，只能成为芸芸众生中的“打工人”和“接盘侠”。

因此，优化海外青年科技人才的资助模式和执行流程，是当前上海提升人才资助体系效率的重中之重。在打造科技人才政策时，应当用培育和发展“合伙人”的思维取代压榨和内卷的“打工人”思维。

科技人才的青年时期是创新和创造活跃的黄金时期，因此更需要考虑如何放开他们的手脚，而不是用条条框框加以束缚，应当注意减少资助中的限制性条件，注重政策执行中的用户体验，使青年人才在从事原创性研究时具备更高的风险承受能力，敢于挑战不确定性高的前沿研究领域，同时通过优化成果转化的利益分配方式让人才真正享受城市发展红利。就此而言，洪堡基金会在增强青年人才的获得感和提升国际人才资助资金使用效率方面的经验值得借鉴。

二、增强青年科技人才资助的获得感

从青年科技人才的发展规律上来看，一方面，来沪发展青年人才的居住和生活问题具有紧迫性，特别是一线城市的住房和生活成本居高不下，不利于初来乍到的青年人才安居乐业。因此海外青年人才资助项目中的个人津贴和安置补助的发放应更注重便捷、直接，以增强人才的获得感。然而，目前源于上海市财政资金的海外青年科技人才资助计划，多以科研项目资金形式下拨用人单位，在实际使用中仍然采用实报实销方式，一定程度上降低了人才的获得感。另一方面，青年人才的科研生涯处于上升阶段，对领域内同行的认可尤为重视，学术性荣誉对青年人才的发展具有重要激励作用。但当前各地的人才称号都有严重的利益化趋势，与科研项目获取、职称评定、薪酬待遇挂钩，变相削弱了学术性荣誉的本质。

德国洪堡基金会的做法恰好与我国的做法形成一定对比。洪堡基金会的海外人才资助分为两大类，一类为奖学金，一类为荣誉类奖励（表 2）。前一类注重为初到德国的海外青年学者提供易得的生活补助和周到的生活保障，后一类着重通过学术性荣誉奖励和配套资助吸引杰出和有潜力人才到得到长期发展。

表 2 德国洪堡基金会的海外人才资助体系

<table>
<tr><th>项目类型</th><th>项目名称</th><th>资助对象</th><th>年龄阶段</th><th>资助期限</th><th>面向国家</th></tr>
<tr><td rowspan="4">奖学金</td><td rowspan="2">洪堡研究奖学金</td><td>博士后</td><td>青年
获得博士学位 4 年的</td><td>6～24 个月</td><td rowspan="2">不限
(除巴西)</td></tr>
<tr><td>有经验的研究人员</td><td>中青年
获得博士学位 12 年内</td><td>6～18 个月</td></tr>
<tr><td rowspan="2">乔治·福斯特研究奖学金</td><td>博士后</td><td>青年
获得博士学位 4 年内</td><td rowspan="2">6～24 个月</td><td rowspan="2">发展中国家和转型国家</td></tr>
<tr><td>有经验的研究人员</td><td>中青年
获得博士学位 12 年内</td></tr>
<tr><td rowspan="6">荣誉型奖励</td><td>洪堡学者奖</td><td>顶尖学者</td><td>不限</td><td>5 年</td><td>不限</td></tr>
<tr><td>洪堡研究奖</td><td>杰出学者</td><td>不限</td><td>最长 1 年</td><td>不限</td></tr>
<tr><td>乔治·福斯特研究奖</td><td>杰出学者</td><td>不限</td><td>6～12 个月</td><td>发展中国家和转型国家</td></tr>
<tr><td>索菲亚奖</td><td>顶尖初级研究人员</td><td>青年
获得博士学位 6 年内</td><td>5 年</td><td>不限</td></tr>
<tr><td>贝塞尔研究奖</td><td>潜力学者</td><td>中青年
获得博士学位 18 年内</td><td>最长 1 年</td><td>不限</td></tr>
<tr><td>安内莉泽·迈尔研究奖</td><td>人类学和社会科学杰出学者</td><td>不限</td><td>5 年</td><td>不限</td></tr>
</table>

资料来源：根据德国洪堡基金会官方网站编译整理。

比如，洪堡研究奖学金中的博士后奖学金以博士毕业 4 年内的青年人才为资助对象，每年申请通过率约为 25%～30%。获得资助的青年学者可以获得每月 2 650 欧元的津贴，以及由洪堡基金提供的来德差旅补贴、语言培训、医疗保险等福利，此外，配偶和 18 岁以下子女在满足相应条件的前提下也可获得补贴，这无疑为青年学者前往德国就业发展提供了全方位的支持。

海外青年人才，特别是刚刚踏入工作岗位的新进博士，在生活保障方面往往具有更多需求，这样，优厚的薪资条件和全面的福利待遇成为吸引青年人才的关键因素。从洪堡基金会提供博士后奖学金的实际操作来看，其资助内容的设置充分考虑了青年人才在居住、医疗、家庭、社会融入（语言培训）等方面的需求，各类经费的支持可以帮助青年人才有效应对初到海外工作时遭遇的主要困境。

此外，洪堡基金会善于将学术性荣誉作为资助手段延揽人才。洪堡基金会的海外人才资助体系中，荣誉型奖励占比较高，针对青年人才的奖项主要是索菲亚奖和贝塞尔研究奖。申请人申请这些项目时，必须由具有提名资格的高校或研究机构向洪堡基金会提名，并通过跨学科遴选委员会和相关专家的联合审核。在学术领域内，此类项目具有很高的国际认可度。洪堡基金会的荣誉性奖励一方面能够给予青年人才强有力的学术性激励，另一方面也有助于提升学术界对相关项目的认可程度，形成良性循环。

三、结合市场化机制提高财政资金的使用效率

从洪堡基金会的操作来看，针对海外人才的资助项目中，由财政资金发放的个人津贴和研究经费一般具有透明、公开、固定的资助额度、使用规范、考核和验收形式，并通过签订合同，固化和明确资助方（洪堡基金会）、海外人才和用人单位（聘用海外人才的高校或科研院所）的责任义务。引进人才与用人单位间通常采用市场化机制协商确定额外的个人薪资和科研资助，特别是对于全职引进的人才，在聘用合同中应明确他们是否可在外兼职或获得第三方收入。

德国洪堡基金会资助的荣誉型人才项目，获得者必须以全职形式前往德国工作，除去配套的国家财政资金提供的奖励，海外人才的个人收入可与用人主体协商确定，且与来自第三方的额外收入不冲突，体现了资助与市场化用人机制的充分结合。这种资助模式一方面对财政资助的边界和额度提出了明确要求，另一方面由市场化机制根据人才的能力和水平确定额外收入。这在很大程度上降低了财政资助可能远高于人才市场定价所造成的资金浪费，也有利于平衡本地人才与海外人才间的收入差距，避免由此形成的人事矛盾。

四、上海要抓住大变局下的引才机遇

在当下中美关系、中国与其他西方国家关系紧张的态势下，一些旅居那里的中国学者正面临越来越不利的工作和生活环境。

比如，美国协会组织“政府关系委员会”（Council On Governmental Relations，由一些研究型大学、附属医学中心和独立研究机构组成）2019 年 3 月发布的报告《未查明的潜在外国影响案例》（*Deidentified Cases of Potential Foreign Influence*，该报告原件已无法在这家机构的网站中检索到）显示，部分美国高校正在密切地调查相关人员，而调查对象无一例外都是华人学者。“在中

美同时拥有教职”“未适当披露同国外的关系”以及“受到外国人才计划的招募”，被列为在美华人学者涉及的主要问题。

再比如，美国参议院国土安全与政府事务委员会2019年11月发布的《对美国的研究界的威胁：中国的人才招聘计划》（*Threats to the U.S. Research Enterprise: China's Talent Recruitment Plans*）指责中国采取交换工资、研究经费、实验室空间和其他激励措施转移了大量美方由公共财政资助的知识产权，并提出了14条应对此类威胁的建议。

但另一方面，海外中国人才在当地遭遇的困境也为中国吸引海外科技人才，特别是中国背景的科技人才，提供了机遇。在逆全球化态势愈演愈烈的背景下，上海作为中国吸引海外青年科技人才的重镇，更有必要借鉴发达国家比如德国洪堡基金会资助海外人才的经验，通过优化财政资助模式提高资金使用效率，同时在一定程度上避免约定不清导致被引进人才利用规则漏洞多头通吃等尴尬情况的发生。

2007年，时任上海市委书记的习近平同志将上海的城市精神确定为“海纳百川、追求卓越、开明睿智、大气谦和”，这正是改革开放以来上海能够吸引世界各国精英汇聚的核心特质，其精神内核是上海文化温厚的包容性。这种包容性也应充分体现在面向海外青年科技人才的资助体系中，成为上海打动人心的核心竞争力。

（转载自“澎湃新闻”，2020-12-12，本文部分内容已发表于《科技中国》2020年第10期）

赢得技术竞争：美国拜登政府人工智能战略动向判断

——对《最后的报告：人工智能》的解读

| 赵程程

在种种猜测声中，2021 年 1 月，美国人工智能国家安全委员会（NSCAI）向总统和国会提交了最终报告——《最后的报告：人工智能》（*Final Report: AI*，以下简称《报告》）。700 多页的报告，从国土（信息）安全和技术竞争两个方面，全面、详尽地介绍了美国引领人工智能时代的具体战略和实施蓝图。《报告》中提出美国要想赢得全球 AI 技术竞争，保持技术领先优势，人才是关键资源，微电子是关键领域，创新生态系统是保障，并进行了详尽的战略部署和政策论证。

一、人才是赢得 AI 技术竞争的关键资源

美国试图建立"全渠道、全方位的 AI 人才战略"，赢得全球 AI 人才技术竞争。该战略可分为纵向和横向。纵向战略是对 AI 人才进行功能化设计，包括研究人员、开发人员、终端用户、消费者（图 1）。横向战略是对本土 AI 人才、国际 AI 人才进行差异化政策设计（图 2）。该政策一改特朗普政府的"排外风格"，明确提出弥补上届政府"失误"导致的绿卡问题；扩宽 O-I 签证的适用范围，重点面向 AI 学界和业界；直接向美国认证的高校 STEM 类博士生颁发绿卡；创建企业家绿卡，鼓励国外博士生在美创业等。

二、微电子是赢得 AI 技术竞争的关键领域

《报告》将微电子独列一章，可见微电子是赢得 AI 技术竞争的关键领域。虽然美国在芯片设计方面仍具有竞争力，但在尖端芯片制造方面已经落后于中国台湾、韩国等竞争对手。美国在微电子领域的领先地位正在下降，尤其在制造、装配、测试和封装方面已不再引领世界。通过 2014—2024 年中国（中芯国际）、美国（Intel）、中国台湾（台积电）、韩国（三星电子）芯片制造工艺的比较与预测，

AI研究人员：将专注于半自主和全自主系统的技术研发。他们是算法专家，拥有现代人工智能研究的最新知识，可能参与想法的初始化，推动开发周期，从研究到测试一个重大项目的原型或一个重大项目的组成部分。

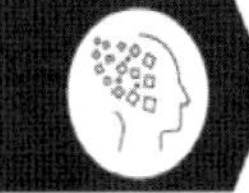

AI开放人员：将负责数据清洗、特征提取、选择和分析；模型训练与调整；与领域知识专家和最终用户的伙伴关系；发现当地的开发机会。与人工智能专家相比，开发人员需要的培训和教育更少，他们需要的培训、教育和/或经验大致相当于副学士学位或学士学位包括数据处理和模型培训中的相关伦理和偏见缓解。

AI终端用户：日常业务将会被人工智能增强/激活。人工智能的使用将非常类似于目前可用的软件的使用，因为它将需要一些系统特定的培训，但是，除了一些管理数据的职位，很少或没有特定的人工智能专业知识。

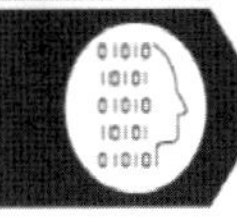

AI产品消费者：了解AI产品在市场上的重要性和技术先进性，在购买技术时能做出更好的消费者选择

图 1　美国 AI 人才战略(横向)

资料来源:Final Report：AI，2021。

对象：高中及以上本土学生

举措：1. 通过《国防教育法案II》(NDEA II)

2. 重点扶持美国本土基础教育、本科教育中的数字技能培养

3. 为25 000名本科生、5 000名研究生、500名博士提供STEM项目奖学金

对象：AI技术研发人员、创业者

举措：1. 将人才吸引政策+技术转移政策有机结合

2. 拓宽0-1签证的适用范围，重点面向人工智能学界和业界的人才

3. 贯彻和宣传国际企业家规则

4. 扩大和明晰H-1B、0-1和其他临时工作签证的高技能工人更换企业时限和条件

5. 弥补因上届政府失误而丢失的绿卡

6. 向美国认证的大学STEM类博士毕业生颁发绿卡

7. 就业绿卡数增加一倍， 偏向给予STEM和AI领域人才永久居住权

8. 创设企业家签证。鼓励外国博士生在美国创业

图 2　美国 AI 人才战略(横向)

根据资料整理绘制

未来在芯片制造领域，中国台湾（台积电）、韩国（三星电子）将引领行业。

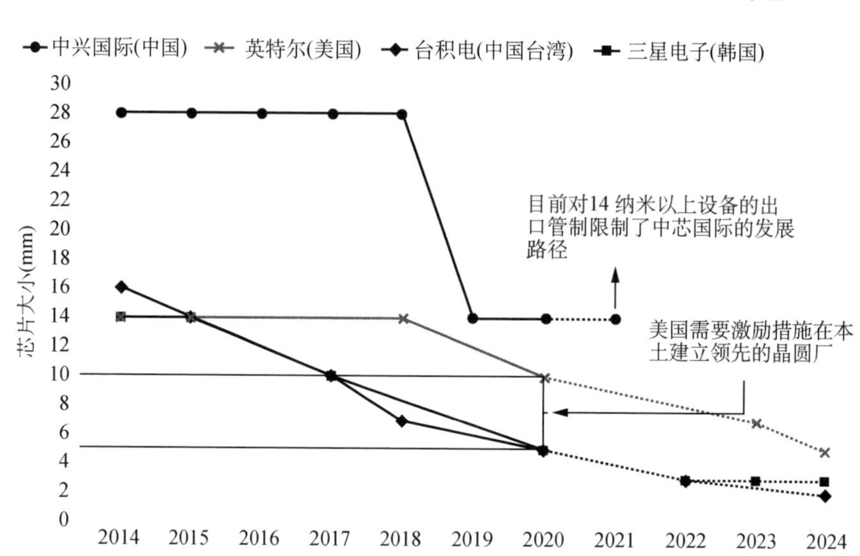

图 3　2014—2024 年芯片制造工艺比较与预测

资料来源：Final Report：AI，2021。

美国在微电子领域的领先地位正在下滑，导致美国对芯片的进口依赖，尤其是对中国台湾高端芯片的严重依赖，使美国在经济和军事上处于不利位势，存在战略上的脆弱性。尽管美国在微电子学的研究、开发和创新方面拥有大量的专业知识，但由于美国缺乏最先进的半导体制造设施，制约了其在芯片制造工艺方面的突破。

为此，《报告》提出"国家微电子战略"，以重振美国在微电子行业的领先地位。尽管在芯片制造工艺方面，中国台湾、韩国已超越美国，但"国家微电子战略"仍将箭头瞄准潜在威胁最大的中国，明确提出"保持微电子技术领先中国两代人"的目标。该战略纵横美国国务院、国防部、能源部、商务部和财政部等多个部门协同实施；加大联邦政府对微电子基础研究的研发投入；通过一系列技术转移禁止条例等手段防止技术非法向竞争对手转移；加强建设完整、具有竞争力的本土微电子供应链，减少对全球多元化微电子供应链的依赖；为半导体设施和设备制造商提供 40％可退还的投资税收抵免。

三、创新生态系统优化是赢得 AI 技术竞争的重要途径

美国 AI 创新生态系统中主体及要素基本齐备。优化 AI 创新生态系统，提

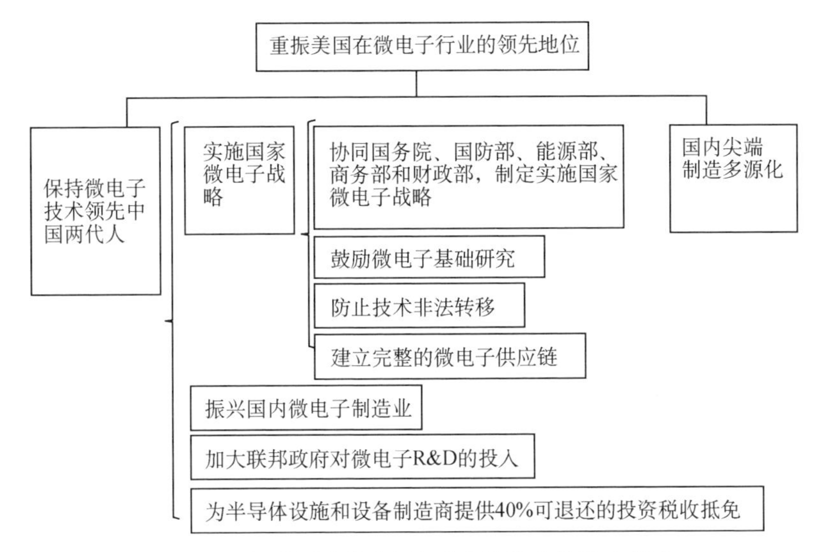

图 4　重振美国在微电子行业领先地位的战略部署

根据资料整理绘制

高各个主体创新能动性和各个创新要素产出效率是美国赢得 AI 技术竞争的重要途径，主要聚焦三个方面。

一是，为 AI 创新生态系统"注血"，加强联邦资金对 AI 基础研究投入。具体举措：①建立国家技术基金(NTF)；②增加非国防 AI 研发资金，每年翻一番，2026 年达到 320 亿美元；③优先资助 AI 关键领域；④将 AI 研究所数量增加三倍；⑤资助风险大的 AI 项目。美国人工智能创新的关键应该是独创性的基础研究。然而，对美国人才流动数据分析发现，越来越多的 AI 人才从大学(基础研究阵地)流向企业(应用研究)。联邦资助拨款申请成功率年年下滑和越发复杂的官僚程序，致使大学的专家和他们的学生渐渐被大型科技公司吸引。长期下去，这势必掏空美国在 AI 基础研究积累的研发优势。同样，基于神经网络理论的 AI 算法和技术渐进性创新会导致研发成本不断上升，内卷性竞争愈演愈烈。这也意味着人工智能初创公司在美国的增长路径越来越窄，美国在人工智能研发方面的创新能力和全球竞争力下降。因此，只有在基础研究上实现颠覆性创新，才能为 AI 技术创新带来可持续的、外卷性的良性竞争。因此，《报告》将 AI 基础研究视为美国赢得 AI 技术竞争的关键。

二是，为 AI 创新生态系统"夯实地基"，建设并开放国家 AI 研发基础设施。

建设扩大国家 AI 研究基础设施是为了现实对计算环境、数据和测试设施的民主化访问，鼓励社会 AI 爱好者（非 AI 从业者和大学研究人员）进行 AI 前沿探索。国家 AI 研究基础设施包含 5 个部分。（1）国家人工智能研究资源（NAIRR）。为了弥合“计算鸿沟”，NAIRR 将为经过验证的研究人员和学生提供可扩展的计算资源的补贴。（2）一套特定领域的 AI 研发测试平台。该平台由多个联邦机构赞助搭建，提供可访问的资源设施，建立基准标准，围绕影响公共利益的人工智能应用领域建立探索空间。（3）大规模、开放式的训练数据。这包括复杂数据集的管理、托管和维护；鼓励私营部门和学术界共享数据集；为数据工程师和科学家团队提供资金，并解锁目前由政府持有的公共数据。（4）开放式的知识网络。在科学和技术政策办公室的协调下，与盟国共建开放式的知识网络，有效和高效运行的人工智能系统。（5）与盟友和合作伙伴的研究机构协同建立多边 AI 研究机构。

三是，为 AI 创新生态系统“增动力”，建立更为紧密的公私合作关系。美国在人工智能等技术方面的领导地位取决于更密切的公私合作。（1）为人工智能等战略性技术开拓应用市场。政府通过促进联邦机构采购人工智能技术，推动人工智能技术应用，更有利于国家安全和公众利益。（2）形成以战略性新兴技术为核心的区域创新集群网络。政府应规划出以人工智能等战略性新兴技术为重点的创新集群，将为来集群内进行 AI 产学研的参与者提供税收优惠、研究资助和准入标准。（3）为人工智能竞争力联盟提供私人资金。鼓励行业建立一个非盈利组织，在五年内提供 10 亿美元的资金，拓宽人工智能研究机会，支持人工智能技能和教育。

四、结语

中国是美国赢得 AI 技术竞争的最大劲敌。《报告》至少 10 次明确中国是最有潜力的竞争者，两国竞争远超合作。美国试图纵横英国、韩国等重要国家，形成 AI 联盟，制定技术标准，“孤立”中国。然而，随着美国在 AI 技术领域的领先优势逐渐褪去，美国与盟国的合作关系不再牢不可破。

两国 AI 技术竞争的焦点是人才。中国 AI 人才战略不应只限定于对国际人才的吸引，更应关注本土人才的培养。对本土人才的培养，应从高中起一贯而下，纵贯本科、硕士、博士。对国际人才的判断，眼光不应高高在上，仅瞄准国际顶级人才，而应不拘一格，将国际人才与国内人才衡量标准进行对接，本土之策也应适用于国际人才。

基础研究是赢得 AI 技术竞争的关键。中国拥有良好的 AI 应用场景和宽松的数据环境。然而,长期基于神经网络理论的 AI 算法和技术渐进性创新,会导致研发成本不断上升,内卷性竞争愈演愈烈。因此,只有基础研究上实现颠覆性创新,才能为 AI 技术创新带来可持续的、外卷性的良性竞争。然而,周期长、风险大、回报低的 AI 基础研究,仅靠政府资助是难以长期持续进行的,因此需要联合共有部门和私有部门设立研究基金,鼓励一批具有甘坐冷板凳精神的科研人员。

从美国 AI 最新战略，初探美国人工智能创新生态系统

| 赵程程

基于笔者在《美国拜登政府人工智能战略动向判断》中对美国 AI 最新国家战略行动特征和着力点进行的深入的剖析，本文尝试将人工智能技术的赋能性和军民两用性，与美国 AI 国家战略行动重点进行融合，勾勒出美国人工智能创新生态系统的雏形，即美国 AI 创新生态系统可以分为技术创新生态系统、产业创新生态系统和国防创新生态系统（图 1）。

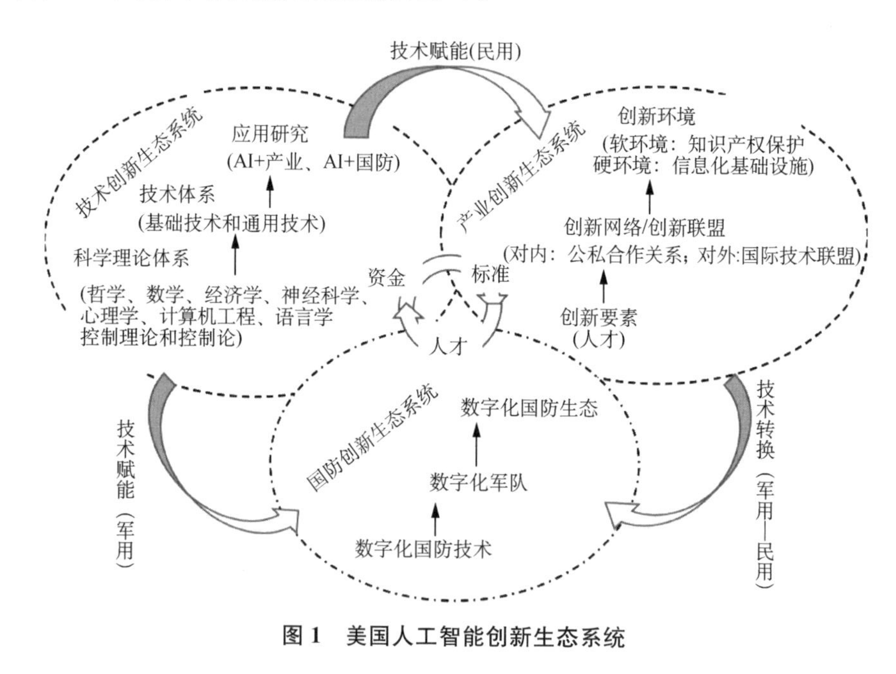

图 1　美国人工智能创新生态系统

一、子系统一：技术创新生态系统

美国 AI 国家战略的技术创新聚焦于“科学理论体系”“技术体系”和“应用场

景”三个层面。

科学理论体系上的重大突破，将推动人工智能技术体系和应用场景上的重大变革。人工智能科学理论体系涉及八种理论：哲学、数学、经济学、神经科学、心理学、计算机工程、控制理论和控制论、语言学。人工智能赋能性根源在于科学理论的重大突破。对美国人才流动数据进行分析发现，越来越多的 AI 人才从大学（理论研究阵地）流向企业（应用场景）。联邦资助拨款申请成功率年年下滑和越发复杂的官僚程序，致使大学的专家和学生渐渐被大型科技公司吸引。长期下去，这势必掏空美国在 AI 理论领域积累的研发优势。同样，基于神经网络理论的 AI 算法和技术渐进性创新，会导致研发成本不断上升，内卷性竞争愈演愈烈。这也意味着人工智能初创公司在美国的增长路径越来越窄，美国在人工智能研发方面的创新能力和全球竞争力下降。这说明，只有理论研究上实现颠覆性创新，才能为 AI 技术赋能产业带来可持续的、外卷性的良性竞争。因此，AI 科学理论上的突破被视为美国赢得 AI 技术竞争的关键，需要联邦政府坚持对 AI 理论研究的持续性投入。然而，科学理论的重大突破，具有高风险性，少有企业愿意“注资”该领域。美国 AI 战略要求联邦政府承担这一风险，强化对该领域的持续性“赌徒式”注资。

技术体系由基础技术和通用技术构成。基础技术包括处理后的有序化数据（数据）、数据处理能力（算力）以及网络和通信通道（运力）。以庞大的数据体系与数据处理能力（算力）为核心的信息机构是人工智能信息机制与智能决策机制的重要基础。海量精准有效的数据信息流（数据）是计算机模拟预测和决策的科学依据。因此，美国 AI 国家战略重点部署在影响算力的微电子领域、影响算法的量子计算，以及扩建海量 AI 数据资源的国家人工智能研究基础设施（NAIRI）计划。高速的网络和通信通道（运力）是将海量数据与运算终端相连通的桥梁。美国国防部重点部署强化网络和通信通道，用以提供带宽以支持传输数据、融合数据，以及各级软件系统集成。通用技术包括计算机视觉、自然语言处理、语音识别、机器学习、知识图谱、大数据服务平台。其中，大数据服务平台不仅具备资源快速整合与服务获取，进行动态可伸缩扩展及供给的强大功能，而且还可以对海量信息进行有序化处理，以实现数据、技术、平台和资源的整合与交互。人工智能的平台体系建设，是人工智能技术扩散应用的前提。因此，对内，美国 AI 战略着重于创建国家人工智能测试平台，服务于学界和业界研究机构（隶属国家人工智能研究基础设施 NAIRI）。对外，美国与盟友共建 AI 信息共享平台，有条件共享美国 AI 通用技术。

科学理论体系、技术体系支撑着 AI 应用场景的持续开拓。人工智能的国家安全应用场景(AI 强化的信息战、AI 加速后的网络攻击等)逐渐成为美国国家安全战略的重要议题(AI 国防战略)。人工智能不仅在传统安全领域表现不俗,而且在以发展与和平为主题的非传统安全领域也发挥着重要作用。因此,谈论人工智能技术创新生态系统如何影响国际格局,如何塑造中美国家科技战略布局是美国 AI 战略的重要构成。

二、子系统二:产业创新生态系统

人工智能技术赋能产业经济领域,在拓宽 AI 技术应用场景的同时,也实现了传统产业的升级突破。AI 产业创新生态系统的重点在于集聚"创新要素"、深化"创新网络/创新联盟"合作关系、优化"创新软、硬环境"。

人才是激发企业创新活力的重要因素,也是各国 AI 战略部署的要点。全渠道式的 AI 人才战略是美国对本土人才、国际人才进行的差异化政策设计。对本土 STEM 人才培育体系的优化和对国际人才的吸引是 AI 赋能产业创新的关键举措。

深化公私合作关系是本土"创新网络"建设的核心;构建技术联盟是国际"创新网络"建设的实质。紧密有效的创新网络的核心是深化公有部门与私有部门的合作关系。一方面,政府注资 AI 公有研究机构,实现 AI 基础理论和技术的突破;另一方面,扩宽 AI 公有研究机构与本土私有企业之间的联合研发,将 AI 研究成果市场化、场景化。从维护国家安全的角度考虑,政府通过为人工智能企业和个人提供税收优惠、提高研究资助和准入标准,强化其在公私合作关系中的主导力,在特殊情况下干预企业由民用向军用转型。与此同时,美国有条件地与盟国共享 AI 研发成果,共建国际 AI 技术联盟,为未来全球人工智能技术标准抢占美方主导权,并占领道德制高点和意识形态优势地位,以及赢得遏制他国发展的筹码。

知识产权保护是优化"创新软环境"的核心;信息化基础设施建设是优化"创新硬环境"的关键。一方面,适度的知识产权保护不仅能促进本土技术研发的良性竞争,也是建立全球知识产权联盟的前提条件。另一方面,建设扩大信息化基础设施是为了实现对计算环境、数据和测试设施的多元化访问。

三、子系统三:国防创新生态系统

"技术从经济领域被移植到政治领域后,它极易被国家俘获用于社会控制和政治权力再生产,技术手段成为国家治理的重要工具"。新型技术的军事化应用可能会打破既有国家间力量均衡,各国技术水平的差异将会大大加剧国家间军事与战略竞争。透过美国"AI+国防"战略部署,AI 国防创新生态系统发展可分为"数字化国防技术""数字化军队"和"数字化国防生态"三个阶段。

数字化国防技术,是 AI 国防创新生态发展的外在驱动。人工智能技术描绘的未来战争前景解构了"以人为核心"的作战体系,用智能机器、智能系统取代"人"作为战争的现实载体,以"技术对抗"取代"军事对抗"。以美国"AI+国防"战略为例,"国防研发持续投入"和"数字技术广泛采用"是数字化国防技术实现的重要途径。其中,"国防研发持续投入"应聚焦在高风险的颠覆性技术,将技术投资战略与未来作战需求相结合。"数字技术广泛采用"是对国防(公有部门)与商业(私有部门)的合作关系的深入与重塑。

数字化军队,是 AI 国防创新生态发展的内在动因。人工智能正潜在地改变各行为主体对技术的理性认知。人工智能对军事战争的影响,既取决于行为主体对人工智能军事化应用意识的认知,也同样取决于其对技术应用能力的认知,因此,技术意识与认知成为人工智能影响国际格局的内在动因。以美国"AI+国防"战略为例,数字化军队建设的核心是"士兵 AI 化训练"和"军队 AI 化协同作战"。其中,"士兵 AI 化训练"是让 AI 执行士兵无法有效完成的计算和分析,辅助士兵进行军事决策。"军队 AI 化协同作战"是使技术人员、操作人员和领域专家都作为一个完整的作战指挥部,借助人工智能国防系统,公共参与,协同作战。

数字化国防生态,是 AI 国防创新生态发展的重要机制。除了"数字化国防技术的引入"和"数字化军队的建设",数字化国防生态系统还包括 AI 硬环境,即数据架构、集成 AI 开发环境、AI 资源共享市场、高速通信通道,以及 AI 软环境。

四、美国 AI 创新生态系统的"技术—政治"双向逻辑叠加

"技术—政治"双向互动是美国 AI 国家战略的内在逻辑,也体现了 AI 创新生态系统的内在关联。为此,本文将技术逻辑和政治逻辑置于同一个时间维度

上进行考察,分析美国 AI 创新生态系统发展的政治目的和战略着力点(表 1)。

表 1　美国 AI 创新生态系统的技术逻辑和政治逻辑

战略着力点		技术逻辑:AI 创新生态系统发展		
		技术创新生态系统	产业创新生态系统	国防创新生态系统
政治逻辑:维度的争夺	国际权力格局	—	—	硬抓手:对华技术合作关系;关键技术的出口管制;软抓手:国家技术联盟(标准体系的建立)
	国家权力	—	应用场景开拓	应用场景开拓
	技术权力	人才培育和吸引,技术突破	人才培育和吸引,技术突破	人才培育和吸引,技术突破

美国 AI 国家战略的内在本质,即是在技术上抢占人工智能高地,在政治上维护或重塑国际权力秩序,且两者统一于实现国家利益最大化的目标。

首先,当处于技术创新生态系统时,技术逻辑主导下的权力争夺主要集中在国内人才的培育和国际人才的吸引,以及科学理论和基础技术的重大突破。基于此,美国 AI 国家战略主要聚焦在技术权力,即实现新一代 AI 理论突破、维持微电子等基础层的技术霸主地位,以及知识与技术创新的关键要素——人才的本土培育与国际争夺。

其次,当技术创新生态系统发展孕育出产业创新生态系统时,技术逻辑主导下的权力争夺主要偏向于应用场景开拓,表现为 AI 技术赋能已有产业的转型发展和 AI 技术型企业的创新发展。政府通过政策支持、产业规划,深化公私合作关系,实现国家权力对产业转型和企业创新的干预。公有部门的技术段位决定了国家权力资源竞争的深度与广度,权力竞争仍体现为实现国家核心利益的最大化。

最后,当技术创新生态系统发展跃出经济领域,向政治、军事领域扩散,形成国防创新生态系统,即国家利用人工智能技术实现国家治理现代化、保障国家安全能力建设和影响国家权力分配格局提供技术支撑。人工智能技术赋能性不再仅限于经济领域,尤其是技术的军事化应用直接将人工智能技术拉入国家安全和国家军事实力竞争的领域之中。基于此,美国 AI 国家战略围绕对华技术合作关系的重塑,关键技术的出口管制,标准体系建立、意识形态划分以及技术联盟等与中国、俄罗斯等大国展开全面竞争。

综上,从时间维度上,美国 AI 国家战略的内在逻辑演变经历了从技术逻辑和政治逻辑交替演进到两者共同主导的过程,外在体现为人工智能技术创新生态系统发展衍生出产业创新生态系统,至国家创新生态系统的过程。

拜登政府的科技、贸易、人才、移民及对华政策分析

| 王倩倩　陈　强

2021年1月20日，拜登正式就任美国第46任总统，并于当天签署17项行政命令，涵盖新冠肺炎疫情、经济、环境、种族、移民等议题，包括停止退出世界卫生组织及重返《巴黎协定》。显然，拜登政府迫切希望尽快缓和美国国内矛盾，巩固和提升其核心竞争力。对比和分析拜登政府与特朗普政府的科技、贸易、人才、移民及对华政策倾向，可以为未来一个时期我国应对复杂多变的国际环境提供借鉴。

一、拜登政府与特朗普政府的政策倾向对比

1. 由削减研发资金转向加大科技研发投入

特朗普在其任期内的4个财年预算中，都建议削减联邦研发预算，譬如，2021财年的研发预算较2020财年实际支出下降9%。除人工智能、量子科学和航天等领域外，多数领域的研究资助都被削减，尤其是基础研究预算遭到大幅度削减，NSF(National Science Foundation，美国国家科学基金会)、NIH(National Institutes of Health，美国国立卫生研究院)等机构的经费都受到压缩。

拜登政府认为，加强美国的科技实力比遏制中国的科技进步更为重要。单纯的"冷战思维"得不偿失，仅仅"遏制中国"是行不通的。拜登政府从"先阻碍对手发展"意识转向"先提升自身竞争力"意识。从拜登及其竞选团队的公开表态以及2021年1月20日上台以来的行为来看，拜登政府的科技创新政策更加注重美国基础创新能力的提升，聚焦关键新兴技术，注重强化科技创新的体系化能力。拜登政府任命全球知名遗传学家埃里克·兰德担任首席科学顾问和白宫科技政策办公室主任，并将这一职位首次提升至内阁成员级别，凸显了科学技术在政府决策中的地位。2021年3月3日，国务卿安东尼·布林肯在其首场外交政策演讲中，将"确保美国在技术上的领先地位"作为八大优先事项之一(图1)。

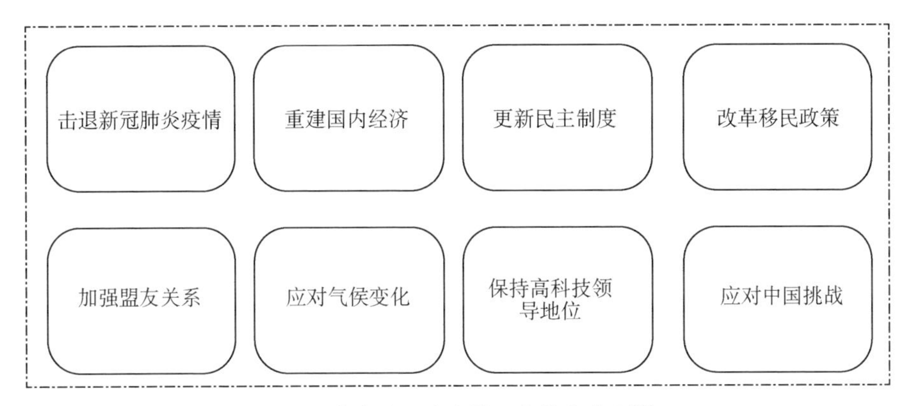

图 1　未来美国外交的八大优先事项①

2021 年 3 月 31 日，拜登政府推出美国就业计划。如表 1 所示，其中 5 800 亿美元用来投资 R&D(Research and Development，研究与开发)、振兴制造业和小企业。以上行为及表态表明了拜登政府对科技创新的重视程度，政策重心是加大科技研发投入，发展自身强大的科研创新能力、构建友好的成果转化环境以及提升对人才等科技创新要素的吸引力，通过科技创新，带动经济高质量发展。

表 1　美国就业计划②

6 210 亿美元	投资交通基础设施和防灾能力
5 800 亿美元	投资 R&D、振兴制造业和小企业
4 000 亿美元	投资医疗基础设施
2 130 亿美元	建造、保护、翻新 200 多万套房屋和商业建筑
1 370 亿美元	对学校、社区学院和早期学习设施进行现代化改造
1 110 亿美元	重建干净的饮用水基础设施，更新电网和高速宽带服务
1 000 亿美元	振兴美国的数字基础设施
1 000 亿美元	重塑美国的电力基础设施
280 亿美元	升级退伍军人医院和联邦建筑
100 亿美元	执法投资

① https://www.state.gov/a-foreign-policy-for-the-american-people/.

② https://www.whitehouse.gov/briefing-room/statements-releases/2021/03/31/fact-sheet-the-american-jobs-plan/.

投资 R&D、振兴制造业和小企业的 5 800 亿美元的具体计划如图 2 所示。其中，1 800 亿美元用于投资 R&D 和未来技术，3 000 亿美元用来重塑和振兴美国制造业和小型企业，1 000 亿美元用来投资劳动力发展。

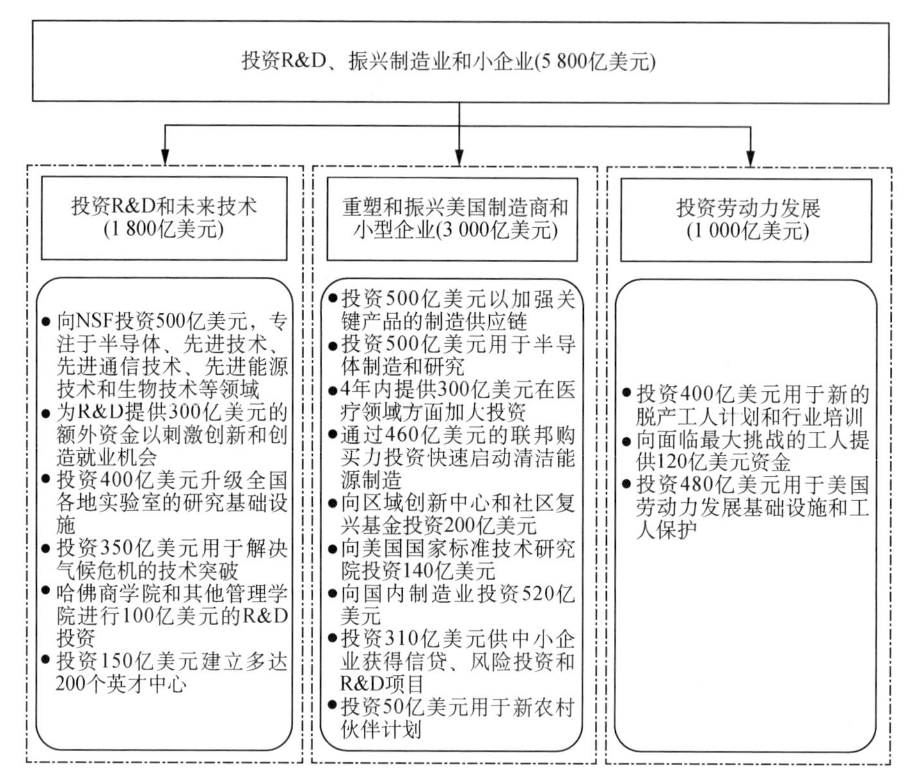

图 2　投资 R&D、振兴制造业和小企业专项的具体投向①

从图 2 可以发现，与特朗普政府大幅缩减科研经费的做法不同，拜登政府高度重视基础研发投入，加大对 NSF 的投入，期望通过实施“新的突破性技术研发计划”提高美国核心竞争力，涉及 5G(5th Generation Mobile Networks，第五代移动通信技术)、人工智能、先进材料、先进技术、先进通信、先进能源、生物技术、新能源汽车等关键技术领域。同时，在这些领域重点进行技术出口管制，严格实施科技企业监管。通过科技提升经济可持续发展能力，促进美国经济增长。图 3 为拜登政府重点科技领域调整方向。

① http://www.whitehouse.gov/briefing-room/statements-releases/2021/03/31/fact-sheet-the-american-jobs-plan/.

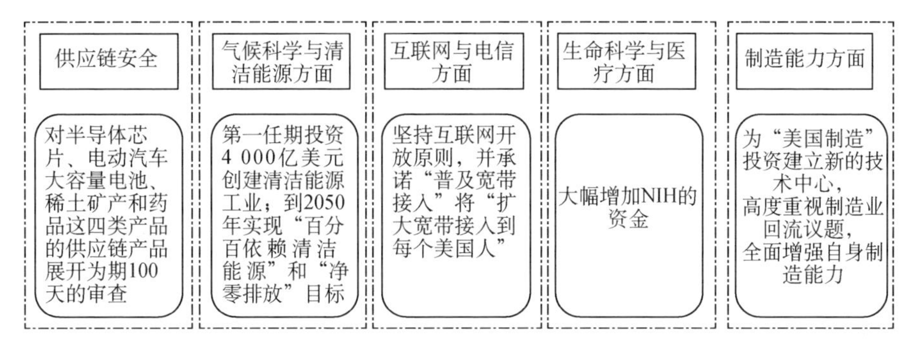

图 3　拜登政府重点科技领域调整方向①

2. 延续特朗普政府的投资审查及出口管制机制

2018 年 8 月 13 日，特朗普签署《2019 年国防授权法案》，并通过《外国投资风险审查现代化法案》(*Foreign Investment Risk Review Modernization Act*, FIRRMA)和《出口管制改革法案》(*Export Control Reform Act*, ECRA)。分别完成了外国投资委员会和出口管制的改革，实施 FIRRMA 和 ECRA 的双重审查，从立法层面构筑了防范中国技术发展，面向中国技术出口和投资的高壁垒。FIRRMA 重点审查外资对美国的投资，ECRA 则重点管控美国对外出口的产品、技术。

FIRRMA 要求 CFIUS(Committee on Foreign Investment in the United States，美国外国投资委员会)对涉及美国关键技术、关键基础设施和数据收集的重大在美投资项目进行积极调查。将半导体、人工智能、网络安全、虚拟现实等新兴技术行业的外国投资、并购纳入国家安全审查范围，致使中国企业在高科技领域的投资空间全面受限。2020 年 2 月 13 日，FIRRMA 的最终实施细则正式生效，主要内容包括：扩大 CFIUS 对外国投资的审查范围并修改审查程序；将澳大利亚、加拿大和英国列为首批“例外国家”；放宽了“例外外国投资者”标准；高度重视人工智能和机器学习技术等 14 项新兴及基础技术。

ECRA 的核心目的在于确定新兴与基础技术并对其出口实施管制，重点识别美国政府认为对美国国家安全至关重要但尚未被当前出口管制法律法规所涵盖的技术。ECRA 将相关技术在其他国家的发展情况、出口管制实施后对该技

① http://www.whitehouse.gov/briefing-room/statements-releases/2021/03/31/fact-sheet-the-american-jobs-plan/.

术在美国发展的影响、限制该技术向外国扩散的出口管制效果作为识别新兴及基础技术的重要考量因素。美国不断地将中国实体列入实体清单，2021年4月8日，美国BIS（Bureau of Industry and Security，商务部工业和安全局）宣布将7个中国超级计算实体添加到《出口管理条例》（*Export Administration Regulations*，EAR）所列的实体清单中，这是拜登政府延续特朗普政府对华技术封锁和打压政策的又一表现。理由是相关中国实体采购美国物项并用于军事，威胁美国国家安全。

基于以上情况，拜登政府将保持FIRRMA和ECRA的政策连续性以及后续行动的连贯性，全力遏制中国的高科技发展，维持和巩固美国在高科技领域的优势。同时，为了避免美国商品出口遭受报复，拜登政府将会增加"例外国家"数量，联合欧洲国家组团制裁中国，以经济制裁与出口管制的方式对中国进行双重打压，保持美国在人工智能、半导体以及5G网络设备等领域的领先和控制地位。拜登政府不会放松在关键核心技术上对中国的封锁，"实体清单"是其保护美国科技和产业优势的重要政策工具，拜登政府将不断丰富清单内容，并以人权问题等为借口，精准打击中国在高科技各细分领域的发展。

3. 由暂停移民转向鼓励优秀人才赴美

特朗普执政时期的暂停移民政策使得大量人员无法赴美学习和工作，造成部分领域的高科技人才短缺，高等教育、旅游业也损失惨重。不但没有推动美国经济复苏，反而减缓了美国经济复苏的脚步，破坏了美国经济资产的多样性，严重削弱了美国对全球高科技人才的吸引力。

拜登政府认识到，来自世界各地的"高技能"工程人才使得美国科技企业在全球化市场中保持持续竞争优势。移民为美国经济不断注入新的动力，其经营的科技企业为数百万人提供就业岗位，帮助美国在科学、技术和创新方面引领世界，为美国的经济繁荣做出巨大贡献。高精尖人才的流失，将急剧削弱美国竞争力。与特朗普政府的"穆斯林禁令"、修筑美墨边境墙、改革绿卡抽签制度、废除"童年抵美者暂缓遣返"计划等多项限制移民的措施，以及加大驱除非法移民力度的严苛移民政策不同，拜登政府上台后，取消了MCF（Military-civil Fusion，军民融合）大学入境禁令、禁止部分中国留学生和研究人员入境禁令、移民签证和非移民签证的入境禁令、不再延续特朗普政府此前对特定临时劳工相关签证的禁令，并于2021年2月18日向国会提交了综合移民改革计划《2021年美国公民法案》，废除"穆斯林禁令"、停止修筑美墨边境墙、延续"童年抵美者暂缓遣返"计划，推翻了多项特朗普政府时期的旧政,其中涉及工作签证、绿卡的内容如表2所示。

表2 工作签证、绿卡内容①

	具体内容
工作签证	计划增加高技能签证的数量(包括H-1B签证),优先考虑高薪资人士
	在美国攻读STEM(Science, Technology, Engineering and Mathematics,科学、技术、工程和数学)类理工博士学位的外国毕业生可直接获得绿卡
	鼓励向高技能非移民签证持有人提供更高工资
	为H-1B签证持有人家属H-4提供工作许可
绿卡	增加职业移民绿卡数量,配额从14万提高到17万
	消除绿卡国别限制,解决个别国家职业移民绿卡积压严重的问题
	绿卡配偶、21岁以下子女申请永久居民绿卡,不受移民年度名额上限限制

虽然目前还不能确定《2021年美国公民法案》能否得到国会批准,但拜登政府放宽科技移民政策的信号已明确传递。

4. 由全面对抗转向对抗、竞争、合作

在对待中国的态度上,拜登政府与特朗普政府基本保持一致,均视中国为最大竞争对手,将中国崛起视为对美国的挑战,并延续了特朗普政府一部分的政策和措施。但相较于特朗普政府,拜登政府略显温和。特朗普政府希望与中国"全面脱钩",而拜登政府则主张"部分脱钩",在涉及国家核心竞争力的领域与中国竞争,打压中国,有选择性地脱钩。在意识形态与价值观念方面与中国对抗;在高科技方面与中国竞争,阻遏中国在网络通信和人工智能等领域的技术进步;在应对全球气候变化方面则选择与中国合作。特朗普政府对美国实力绝对自信,奉行单边主义、单打独斗。拜登政府则实行多边主义、拉帮结派。在至关重要的高科技和未来产业领域,联合盟友通过联合制定行业标准、出口管控、投资审查等方式,打压、封杀和制衡中国。拜登政府在对华策略上纵横捭阖,似乎更有章法,不像特朗普政府那样简单粗暴、乱拳出击。

二、对中国的影响分析

就总体而言,为实现经济复苏,提高科技创新能力,拜登政府的科技、贸易、

---

① https://www.menendez.senate.gov/im.

人才、移民及对华政策呈现出以下倾向：重视基础研发，加强科技领域投资，盯紧关键核心技术，转移关键产业供应链；加大外国投资审查，管控美国产品、技术的出口；放宽科技移民政策，提供赴美就业机会；视中国为最大竞争对手，对华政策聚焦科技领域，协调多边力量对华施压，发动科技战。对中国将产生以下影响。

一是设置美国高技术“护城河”，试图将中国排除在全球高科技生态圈之外。在对待中国高科技发展方面，拜登政府将沿袭特朗普政府的做法，通过出口管制、投资准入、采购限制、阻断交流、专利诉讼等多种手段对中国科技发展实施全方位、立体式封锁。对中国大力发展 5G、人工智能等关键核心技术进行精准打压，限制中国引进消化吸收相关的新兴技术和基础技术，以“国家安全”为由阻遏中国高科技企业的海外拓展，削弱中国战略性新兴产业和未来产业发展的核心竞争力。

二是巩固和强化美国在科技、教育等领域的优势地位，增强对全球科技人才的吸引力，削弱中国科技人力资源的总体实力。拜登政府可能持续加大研发投入力度，不断强化其在科技创新和高等教育领域的绝对领先地位，凭借其雄厚的教育资源、充沛的科研经费、强大的科技成果转化能力，吸引包括中国在内的世界各国优秀人才赴美学习和工作，巩固并增强其高层次科技人力资源优势。同时，运用政治和法律手段，阻断科技人才回流通道，使得中国陷入“人才培养—流失—再培养—再流失”的恶性循环。

三是通过多边机制，联合盟友，建立面向各前沿科技领域的技术联盟体系，综合运用政治、外交、法律、经济、贸易、舆论、文化等手段，使得中国国际科技合作与交流的外部环境逐步恶化。一方面，拜登政府可能加快旨在强化对华技术封锁的多边机制构建。另一方面，美国将在新建立的各种国际科技创新合作联盟和机制中限制中国等国家的加入。同时，以新冠肺炎疫情防控为由，在正常的科研合作、人员往来、信息沟通和资源共享方面设置各种障碍，阻滞中美在科技创新领域的更高水平开放合作。

数字化转型背景下德国青年科技人才培养的经验启示

| 胡　雯

数字技术变革与创新驱动发展正在加速全球数字化转型，并持续对劳动力市场和社会经济体系施加深远和复杂的影响。在工业 4.0 战略指导下，德国长期以来一直致力于数字化发展，2016 年发布了《数字化战略 2025》，使数字化转型成为联邦政府的重点工作内容之一。2019 年 4 月德国联邦教育与联邦部(BMBF)发布“数字化战略”，围绕加强数字素养、增强数据技能、建设数字化基础设施、培育数据共享文化提出了一系列资助项目和倡议，旨在推动青年科技人才的高等教育和职业教育体系面向数字化研究和工作需求发展，相关行动举措具有借鉴价值。

一、德国面向数字化挑战的青年科技人才培养举措

1. 数字世界中的教育战略

德国各州文教部长联席会议(KMK)2016 年发布的“数字世界中的教育战略”是指导德国未来数字化教育发展方向的行动纲领，面向基础教育部分提出了 4 个方面的措施：一是教师培养、培训和继续教育，二是教育媒体的融入，三是数字化基础设施建设与设备资助，四是电子政务与学校管理流程体系建设。该战略的重要贡献在于构建了数字素养的内涵框架和衡量标准，指出青少年数字素养框架的 6 个主素养：搜索、处理与存储，交流与合作，创建与展示，保护与安全行事，解决问题与采取行动，分析与反思。该框架不仅涵盖了数字时代需要的基本操作技能和综合应用能力，还体现了青年科技人才在处理数字时代新问题时所需要的行动能力和互动分享能力。在此基础上，上述 6 个主素养又被细分为 22 个子素养(详见表 1)，对照数字素养框架，有助于衡量人才在数字世界中的行动表现。

表 1　德国青年数字素养框架

数字素养					
搜索、处理与存储	交流与合作	创建与展示	保护与安全行事	解决问题与采取行动	分析与反思
• 搜索和筛选 • 评估和评价 • 存储并提取	• 互动 • 分享 • 共同合作 • 了解并遵守规则 • 积极参与社会	• 开发和创建 • 编辑与整合 • 遵守法律要求	• 在数字环境中安全行事 • 保护个人数据和隐私 • 保护健康 • 保护自然与环境	• 解决技术问题 • 根据需要使用工具 • 查明自己的缺陷并寻找解决方案 • 使用数字工具和媒体进行学习、工作和解决问题 • 认识并表达算法	• 分析和评价媒体 • 理解并反思数字世界中的媒体

资料来源：徐斌艳，2020。

2. 研究数据行动计划

BMBF 正在实施“研究数据行动计划”以应对数字化转型挑战。该行动计划主要有三个目标：一是获得数据主权并搭建数据基础架构，二是促进基于数据的创新，三是增强数据技能（详见表 2）。

表 2　研究数据行动计划的主要目标

序号	目标	具体内容
1	获得数据主权/搭建数据基础架构	通过必要的技术开发，建立和运行节能、安全和现代化的数据基础架构，从而获得数据主权
2	促进基于数据的创新	促进科学研究中的数据更快地转化为知识、思想和创新，使数据变得更加可用，同时积极开发新的数据源
3	增强数据技能	使科研人员具备并学习处理数据所需的技能

资料来源：根据 BMBF 官方网站编译整理，https://www.bmbf.de/de/aktionsplan-forschungsdaten-12553.html。

2020 年 10 月，BMBF 在总结“研究数据行动计划”时指出，数字化转型正在改变研究和教学方式，科学研究对数字专业知识的需求量尤其巨大，更重要的是学术专家还要具备将数据科学与领域知识结合起来的能力。因此要在所有学科中传授数据技能，加深各学科与数据科学的融合。具体来说主要有以下两个措施:(1)针对在校大学生尤其是博士候选人开展促进数据共享的信息传播运动;(2)为了使青年科技人才的能力发展满足新技术和各类应用领域的特定需求,着力推动针对数字能力的特定资格认证。

3. 职业教育4.0计划

德国职业教育4.0计划是面向应用型科技人才培育出台的典型举措。为了应对第四次工业革命的变革性挑战,确保和提高德国职业培训体系的效率,BMBF提出了职业教育4.0计划,对职业培训体系的结构和内容进行了一定的调整,以促进EDP+IT技能在普通学校和职业学校中能够尽早全面传播。自2016年起,职业教育4.0计划先后资助了4个方面的项目(详见表3):一是"未来数字化工作的熟练工人资格和能力"研究计划,该计划旨在调查数字化转型对熟练工人技能需求的影响情况,目前已基本完成;二是"促进职业培训机构和能力中心的数字化计划",属于数字化基础设施投资项目;三是"职业培训中的数字媒体框架计划",也属于数字化基础设施投资项目;四是JOBSTARTER plus计划,主要面向中小企业数字化转型过程中的人才培训需求,于2017年夏季启动了20个项目,每个项目为期3年。德国成熟的职业教育体系为数字化转型过程中的熟练工人培养提供了平台,对中小企业的人才培养和数字化转型需求给予了重点关注,通过资助培训和继续教育项目,为缓解早期数字化阶段人才短缺问题提供了解决方案。

表3 职业教育4.0计划的资助项目和主要目标

项目名称	主要目标	主管机构	资助金额	资助时间
未来数字化工作的熟练工人资格和能力研究计划	尽早认识到数字化对熟练工人资格要求的定量和定性影响	BMBF BIBB	275万欧元	2016—2018年
促进职业培训机构和能力中心的数字化计划	通过购买数字设备和创新培训概念,在对专家(特别是中小型企业)的培训中加速数字化	BMBF	8 000万欧元	2016—2019年
职业培训中的数字媒体框架计划	在职业培训和继续教育中促进数字媒体的使用	BMBF	1.52亿欧元(含ESF*的联合融资)	2012—2019年

（续表）

项目名称	主要目标	主管机构	资助金额	资助时间
JOBSTARTER plus 计划—培训和继续教育资助项目	为中小企业开发合适的支撑结构，解决早期数字化增加的人员需求	BMBF	1 340 万欧元（由 ESF* 共同资助）	2017—2020 年

* 备注：欧洲科学基金会（European Science Foundation，ESF）
资料来源：根据德国《职业教育 4.0—塑造数字化变革》报告编译整理。

BIBB 在 2011 版德国能力资格框架（DQR）的基础上，根据企业数字化转型需求，对人才能力框架进行了调整（如图 1 所示），着重强调了专业能力中的跨学科知识，并将 EDP＋IT 技能在其下单列，表明业界对应用型科技人才数据技能的需求已经开始显现，且 EDP＋IT 技能在工作世界的数字化进程中具有关键作用。

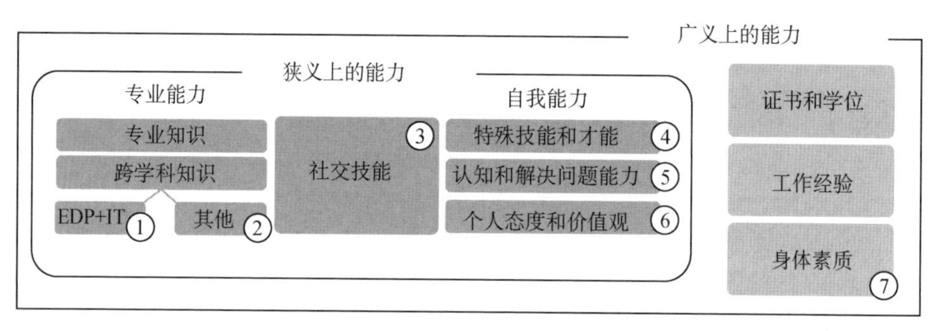

图 1　BIBB 能力计划的基本框架

资料来源：根据德国“应对未来数字化工作的熟练工人资格与技能”研究计划成果报告编译整理。

二、启示与建议

根据德国近年来面向数字化挑战针对青年科技人才开展的政策活动经验，结合我国数字化转型和数字化人才需求，本文认为可以从以下 3 个方面着力。

1. 加强数字化转型对未来科技人才需求的影响研究

数字化转型对总体劳动力结构、行业人才需求、岗位能力要求的具体影响是一个亟待深入开展实证和调查研究的重要议题。因此，有必要加强数字化转型背景下的科技人才需求变化研究：一是在宏观层面，数字化转型对我国长期劳动力市场有哪些影响？如何及早发现未来劳动力短缺或剩余的主要领域？二是在中观层面，如何预测各行业未来科技人才需求的结构性变化情况？如何估算不同行业的人才和数字专家缺口？三是在微观层面，伴随产业数字化的深入，各行各业的业务和工作流程势必发生重要转变，这些变化将如何影响具体岗位要求，继而影响工作岗位对科技人才知识结构和能力结构的要求？

2. 优化高等教育知识供给体系赋能数据密集型创新活动

伴随数据密集型研究范式的兴起，青年研究型科技人才培育的重点在于增强数字素养。因此，未来一是要结合我国数字化转型阶段和国际科技竞争的现实情境，对未来青年研究型科技人才应具备的数字素养进行研究和界定，制定内容框架和评价标准，为高等教育课程设置、教师培训和人才评价提供支撑。二是探索在各学科高等教育知识供给体系中，融入数字科学基本知识的可行方案，并针对学科差异性提出结合数据科学技能与专业领域知识的可行路径，着力增强青年科学家的数字素养。三是倡导科学研究中的数据共享文化，推动各类研究型数据库建设，鼓励进一步应用大数据和人工智能方法，为青年科学家开展数据密集型创新活动奠定基础。

3. 完善社会化数字技能培训体系赋能企业数字化转型

面对巨大的数字化人才缺口，亟须建立完善的职业培训体系。一是有必要根据数字化转型对青年应用型人才能力结构提出的新挑战，在实证研究的基础上探索符合未来企业需求的人才能力框架，并形成数字专家的能力评估标准，为企业人才培养提供指南。二是鼓励和资助社会化培训机构面向数字化和智能化转型需求，为在职青年提供规范的职业培训课程，推行社会化技能等级和专业资格认证，制定社会化职业培训的评价标准。三是树立转型意识，注重培养青年应用型人才对数字化转型全过程的系统性思维，为迈向智能化发展奠定基础。

[摘选自：胡雯.数字化转型背景下德国青年科技人才培养的经验启示[J].中国科技人才，2021(4)：8-15.]

从《德国制造 2021 中的绿色技术——德国环境技术地图》看德国与全球绿色技术行业发展

| 鲍悦华

绿色转型正对社会、经济、政治与创新等领域产生越来越深远的影响。2015 年联合国通过的《2030 年可持续发展议程》构成了全球可持续发展的核心框架。同年通过的《巴黎协定》是《京都议定书》后第二份有法律约束力的气候协议。作为落实《巴黎协定》的具体举措，欧盟于 2019 年 12 月通过了《欧洲绿色协议》，希望在 2050 年前实现欧洲地区碳中和。新冠肺炎大流行引发欧洲经济大幅下滑，欧盟通过发起“地平线 2020”（Horizon 2020）等发展计划以及 7 500 亿欧元的复苏工具（Next Generation EU），配合 1.1 万亿欧元的多年期财政框架（2021—2027 年），大力投资包含绿色技术在内的未来技术，希望获得发展新动能。

德国一直以来非常重视绿色行业，并采取一系列措施促进行业发展。早在 2000 年，德国就颁布了《可再生能源法》（EEG），为德国大力发展可再生能源提供了法律保障。2011 年德国联邦政府做出“能源转向”重大决定，退出核电并逐步将能源供应由石油、煤、天然气和核能转向可再生能源。2020 年年底，EEG 完成了第六次修订，强调到 2050 年所有电力行业和用电终端实现碳中和，并设定了可再生能源 2030 年的发展目标。即使 2021 年 9 月的德国新一届联邦议院选举会给联邦政府带来许多工作重心上的调整，但大力推进绿色化转型仍然会是“后默克尔时期”联邦政府发展的核心方向和施政的重要内容。

2021 年 4 月，德国联邦环境自然保护和核安全部（Bundesministerium für Umwelt, Naturschutz und nukleare Sicherheit, BMU）发布了《德国制造 2021 中的绿色技术——德国环境技术地图》（*GreenTech made in Germany 2021——Umwelttechnik-Atlas für Deutschland*）报告（以下简称《地图》）。该报告由罗兰贝格管理咨询公司受德国联邦环境自然保护和核安全部委托，在市场分析和广泛行业调研基础上撰写而成，分析了全球与德国绿色技术行业的发展现状与趋势，评估了德国在绿色技术行业的地位和机会。这已经是德国从2007年以来第六次发布绿色技术主题的技术地图，显示出了德国政府对于绿色技术行业的重视，并已进行了长期跟踪，如表1所示。通过该系列报告可以清晰地看出全球与德国绿色技术行业发展的特点与趋势。

表1 德国绿色技术行业长期跟踪监测成果

	时间	名称
1	2007	GreenTech made in Germany-Deutsche Ausgabe 德国制造的绿色技术——德国输出
2	2009	GreenTech made in Germany 2.0-Deutsche Ausgabe: Umwelttechnologie-Atlas für Deutschland 德国制造的绿色技术2.0：德国的环境技术地图
3	2012	GreenTech made in Germany 3.0：Umwelttechnologie-Atlas für Deutschland 德国制造的绿色技术3.0：德国的环境技术地图
4	2014	GreenTech made in Germany 4.0：Umwelttechnologie-Atlas für Deutschland 德国制造的绿色技术4.0：德国的环境技术地图
5	2018	GreenTech made in Germany 2018：Umwelttechnik-Atlas für Deutschland 德国制造的绿色技术2018——德国环境技术地图
6	2021	GreenTech made in Germany 2021：Umwelttechnik-Atlas für Deutschland 德国制造的绿色技术2021——德国环境技术地图

一、绿色技术行业及其先导市场

从2007年起，《地图》就开始使用“绿色技术先导市场”(GreenTech-Leitmärkte)来考察环保技术和资源效率领域(即绿色技术行业)的市场发展。绿色技术先导市场超越了环保行业和产品的传统划分，新纳入了环保创新与新技术和服务。此外，先导市场还考虑了交通和供水等基本需求以及如何可持续地满足这些需求。《地图》在先导市场下还设置了更为具体的细分市场(Marktsegmente)和技术路线(Technologielinien)，以差异化的方式捕捉绿色技术行业的发展动态和趋势。2021版《地图》将绿色技术行业划分为7个先导市场，具体如表2所示，比2018版《地图》新增加了“可持续农林经济”先导市场。

表 2　德国绿色技术行业先导市场

先导市场	细分市场
环境友好型能源生产、存储和分配 Umweltfreundliche Erzeugung, Speicherung und Verteilung von Energie	可再生能源
	化石燃料环保使用
	储能技术
	高效能源网络
能源效率 Energieeffizienz	节能生产工艺
	建筑节能
	设备能源效率
	跨行业组件
资源和原材料效率 Rohstoff- und Materialeffizienz	材料高效生产过程
	跨行业共性技术
	可再生原料
	环境保护商品
	适应气候的基地设施
可持续交通 Nachhaltige Mobilität	替代驱动技术
	可再生燃料
	提高效率技术
	交通基础设施和交通规制

先导市场	细分市场
循环经济 Kreislaufwirtschaft	废物收集、运输与分类
	材料回收
	能源回收
	废物处理
	二氧化碳捕获
可持续水经济 Nachhaltige Wasserwirtschaft	水提取和处理
	供水管网
	污水净化
	废水处理
	提高水利用效率
可持续农林经济 Nachhaltige Agrar- und Forstwirtschaft	智慧农业和林业
	农业和林业经济创新形式
	化肥、杀虫剂和动物饲料的可持续使用

二、德国绿色技术行业发展现状与特点

1. *发展势头强劲，行业充满韧性*

图 1 展示了德国与全球绿色技术行业先导市场发展情况。2020 年，全球绿色技术市场规模首次突破 4 万亿欧元大关，达到 4.6 万亿欧元。根据《地图》预测，全球绿色技术市场仍将保持强劲的发展势头，预计市场规模在 2030 年达到 9.4 万亿欧元，年均增长率在 7.3%。德国 2020 年绿色技术行业市场规模达 3 920 亿欧元，预计到 2030 年市场规模总量将翻一番以上，达到 8 560 亿欧元，

年均增长率在 8.1%,显示出超过全球发展的活力。

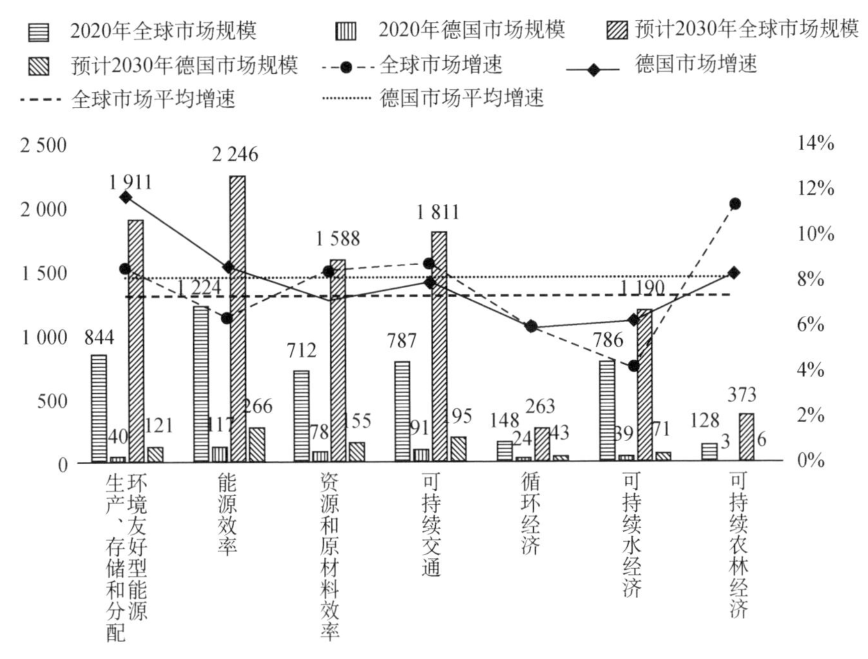

图 1　德国及全球绿色技术先导市场发展情况(单位:十亿欧元)

新冠肺炎的流行已成为 21 世纪重大事件,其社会、经济、政治长期影响尚无法评估。德国绿色技术行业在新冠肺炎疫情影响下显示出了强大的韧性。根据《地图》调查,约 48%的受访绿色技术企业认为其业务开展情况令人满意,甚至有 37%的受访企业认为情况良好。在对未来的预期方面,约 17%的受访绿色技术企业预测新冠肺炎疫情会使企业面临中期重大挑战,在对所有行业企业的该项调查中,该比例高达 39%;约 14%的受访绿色技术企业预测新冠肺炎疫情给企业带来的中期挑战相当小,在所有行业企业的该项调查中,该比例仅为 3%。

2. 具有全球竞争力,已成为德国经济重要支柱

图 2 显示了德国绿色技术行业在全球市场的份额情况。2020 年德国经济规模占全球比重约为 3.4%,但其绿色技术行业占到了全球 14%的份额,显示出了“德国制造的绿色技术”在全球市场上卓越的竞争力。根据《地图》测算,从 2016 年—2020 年,德国绿色技术行业占全球的份额基本维持在 14%左右。在 7 大先导市场中,“能源效率”“资源和原材料效率”“循环经济”和“可持续水经济”这 4 个先导市场占全球的份额实现了提升,“环境友好型能源生产存储和分

配”和“可持续交通”这 2 个先导市场占全球的份额有所下降。

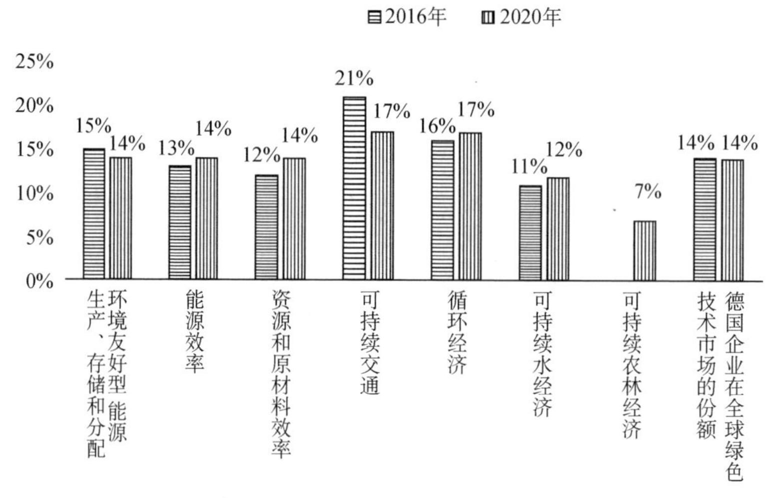

图 2　德国绿色技术先导行业在全球市场的份额

经过长期发展，绿色技术业已成为德国重要的支柱产业。根据《地图》统计，自 2007 年以来，绿色技术行业在德国经济中的比重就开始不断增长，2020 年占德国国内生产总值的比重达到了 15%，预计到 2025 年将提高到 19%，在就业和销售方面也呈同步上升趋势。德国国内对绿色技术的巨大需求是德国绿色技术企业蓬勃发展的重要原因，特别是 2011 年默克尔政府做出的“能源转向”决定在过去几年中使绿色技术行业发生了巨大变化，尤其是对能源效率先导市场起到了巨大的推动作用。

3. 高度重视研发创新，占据价值链高端环节

根据 OECD 对高技术产业的界定，研发强度在 2%～5%之间的行业属中高技术行业。绿色技术行业和机械工程、车辆制造、电气工业等行业同属于中高技术行业。根据《地图》调查，德国绿色技术行业研发强度约为 3.1%。在 7 大先导市场中，“可持续水经济”(3.6%)、“环境友好型能源生产存储和分配”(3.3%)、“能源效率”(3.2%)、“资源和原材料效率”(3.2%)这 4 个先导市场研发强度高于平均水平，“可持续交通”和“可持续农林经济”这 2 个先导市场研发强度为 3.1%，和绿色技术行业平均水平基本一致，“循环经济”先导市场研发强度为 2.4%，是唯一低于平均水平的先导市场。企业的较高研发投入为德国绿色技术行业快速增长提供了重要推动力。

《地图》还调查了德国绿色技术行业企业在价值链上的定位，如图 3 所示。在整个价值链服务范围内提供各类服务的受访企业多于生产和设备制造企业，有超过 1/3 的受访企业提供价值增值环节的产品整合、研发、技术咨询、工程和服务，体现了绿色技术行业具有较强知识和技术导向，处于价值链中高端环节。

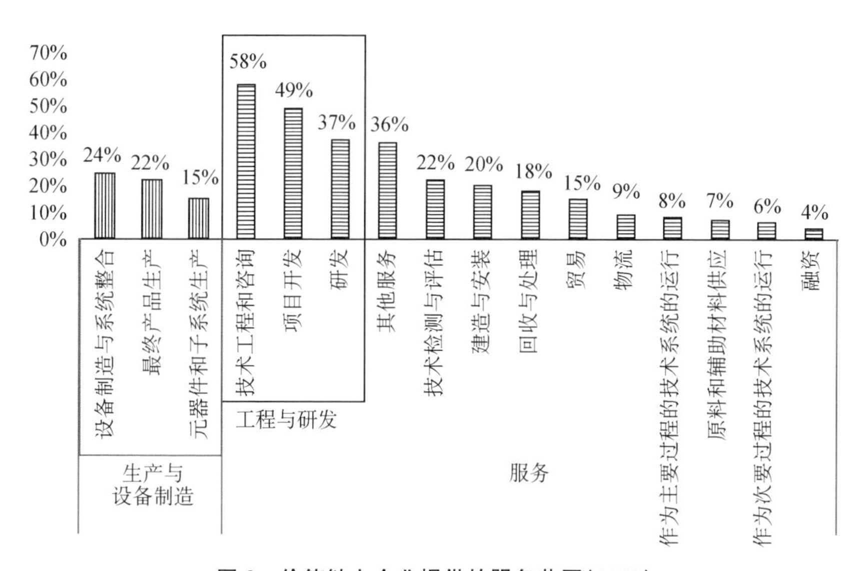

图 3 价值链上企业提供的服务范围(2020)

4. 中小企业种群活跃，产业创新生态系统初显

一直以来，德国强劲的经济实力与其以“隐形冠军”为代表的中小企业的贡献密不可分。根据《地图》调查，德国绿色技术行业中 91% 为中小型企业，其年销售额不高于 5 000 万欧元，雇员不超过 500 人。在销售方面，德国绿色技术行业中，年销售额低于 100 万欧元的企业占 44%，100 万至 500 万欧元之间的企业占 25%。一家绿色行业企业的平均年销售额约为 2 300 万欧元。在雇员数量方面，44% 的绿色技术行业企业雇员人数在 10 人以内，75% 的企业雇员数量在 50 人以内。德国中小型企业的优势在于企业内部决策流程迅速、高效，更容易与客户建立直接联系，甚至和他们共同开发创新性技术和程序。

绿色技术行业领域涉及的气候和资源保护等问题往往需要复杂的跨部门解决方案，充分考虑整个生态环境系统来加以解决。随着技术日趋完善，优化和完善单个绿色产品和服务会越来越困难。数字化大大提高了将单个产品和组件连接成系统并产生整体解决方案的效率。德国绿色技术企业凭借数字化转型发展和灵活可持续的商业模式创新，加快构建起绿色技术产业创新生态系统，通过协同与合作，提供比单个创新产品更具有价值的系统集成解决方案，这是“德国制造的绿色技术”在全球市场上需求量巨大的重要原因。

三、全球绿色技术行业的未来增长点

《地图》预测到 2030 年，全球绿色技术行业将以 7.3%的年增长率快速发展，总规模从 2020 年的 4.6 万亿欧元增长至 2030 年的 9.4 万亿欧元。七大先导市场也将各自实现快速增长，如图 1 所示。除了预测 7 大先导市场的增速外，《地图》还对各先导市场下具体细分市场的发展情况进行了预测，如图 4 所示。

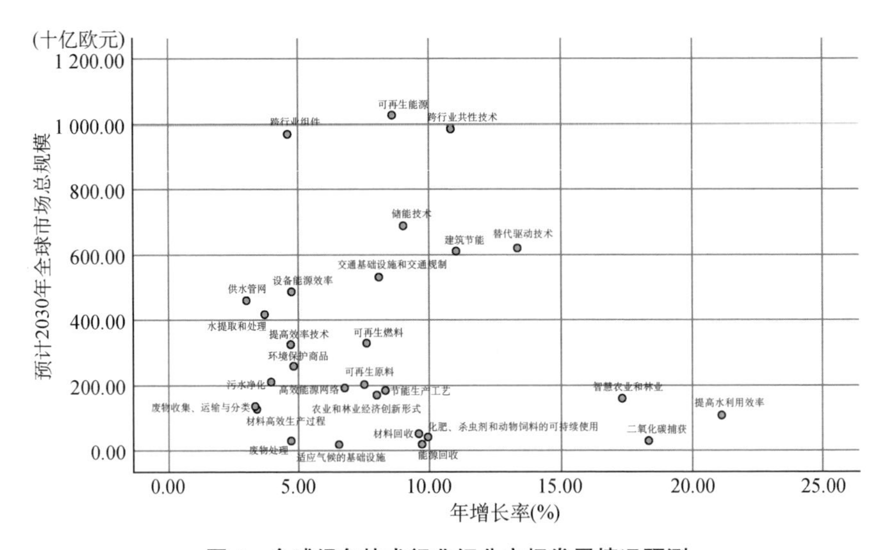

图 4 全球绿色技术行业细分市场发展情况预测

从细分市场增速来看，“提高水资源利用效率”“二氧化碳捕获”和“智慧农业和林业”这 3 个细分市场至 2030 年将快速发展，年增长率分别达到 21.1%、18.3%和 17.3%，但它们的全球市场规模总量较为有限，预计 2030 年分别只有 1 070 亿、300 亿和 1 600 亿欧元。此外，“替代驱动技术”“建筑节能”和“跨行业共性技术”这 3 个细分市场预计到 2030 年也能够保持 10%以上的年增长率，并且这 3 个细分市场预计到 2030 年都将达到 6 000 亿欧元以上的可观的全球市场规模。

从细分市场的全球规模来看，预计到 2030 年，有 7 个细分市场的全球规模预计能够到 5 000 亿欧元以上，包括“可再生能源”(10 290 亿)、“跨行业共性技术”(9 840亿)、“跨行业组件”(9 730亿)、“储能技术”(6 900亿)、“替代驱动技术”(6 230亿)、“建筑节能”(6 110亿)、“交通基础设施和交通规制”(5 340亿)。

四、对我国绿色产业发展的启示

我国已明确提出2030年前力争碳达峰、努力争取2060年前实现碳中和的目标,“十四五”规划也提出,未来5年单位国内生产总值能源消耗降低13.5%,二氧化碳排放降低18%。对我国而言,除了实现上述碳中和目标外,加快发展绿色产业的战略意义重大。科技部部长王志刚指出,碳达峰碳中和将带来一场由科技革命引起的经济、社会、环境的重大变化,其意义不亚于三次工业革命,是关系到未来发展优势、可持续安全和重塑地缘政治经济格局的经济社会发展综合战略。对于我国而言,德国发展绿色产业的做法与成效能够给我们带来许多有益启示。

1. 选准赛道提前布局

《地图》对全球绿色技术行业及其细分市场到2030年的发展情况进行了预测,对于我国政府而言,可以结合自身发展现状与特点,选择有较大前景的细分市场和技术路线进行研究分析和提前布局,更好地占据未来全球市场。

2. 建立起长期跟踪统计监测体系

德国从2007年开始就进行了绿色技术行业跟踪监测。该行业和许多战略新兴产业一样,具有跨行业跨领域特点,传统产业统计体系并不能提供契合的统计决策支持。我国政府可以根据绿色技术等战略新兴产业发展特点,建立起更具针对性的统计监测体系,对绿色技术和其他重要的战略新兴产业进行长期跟踪和统计监测,为重大决策提供更好的数据支持。

3. 注重研发投入和科技成果转化

绿色技术行业是知识和技术密集型行业,研发投入是德国绿色技术企业占据价值链高端环节、保持全球竞争力的重要保障。针对我国企业仍未完全成为创新主体的现状,一方面要进一步引导企业加大研发投入,加快提升研发创新能力,另一方面应保障和加强相关领域的基础研究投入,提升绿色技术创新策源能力,通过加强高校和科研机构与企业的产学研合作、直接成立衍生企业等方式,将原创科技成果快速转化成现实生产力。

4. 为中小企业提供更多支持,构建和完善绿色技术产业创新生态系统

针对绿色技术行业发展特点,我国政府应进一步强化其“强基”和“筑网”功

能，加大对绿色技术中小企业的支持，形成中小企业级别的比较优势，并通过创造和鼓励绿色技术产业创新生态系统内不同物种的信息沟通和能量交互，提升整个系统的能级，面向重大行业问题，在系统内部发展出更具竞争力的系统集成解决方案。

5. 加快绿色技术行业数字化转型

数字化不仅能显著提升绿色技术企业竞争水平，助力产业创新生态系统形成，数字化本身也能够带来积极客观的生态效应。对于我国政府而言，要同步加快绿色技术行业的数字化转型步伐，以数字化赋能绿色技术行业发展。

聚焦碳达峰和碳中和，德国国家氢战略一年回顾

| 常旭华

气候变化事关全人类利益，得到了中美欧的高度关注和重视，并正在从单纯的科学问题逐渐演变为事关新一轮技术革命、国际政治角逐的全面问题。习近平总书记指出，实现碳达峰和碳中和是一场广泛而深刻的经济社会系统性变革，并做出了2030年前碳达峰、2060年前碳中和的庄严承诺。在中美、中欧关系趋紧的形势下，气候变化问题也已是为数不多可让大国关系稳定的支点。碳达峰、碳中和的核心是以技术驱动能源革命，以技术实现节能减排，其意义不亚于三次工业革命（王志刚，香山会议）。其中，欧洲一直是气候变化问题及相关技术研发的力推者。本文以德国为例，回顾性介绍德国在过去一年的主要举措。

一、聚焦氢能源技术，制定国家氢战略，设置国家氢能委员会

德国为应对气候变化，实现碳中和目标，正全面围绕氢气技术链、价值链、产业链，扎实推进《德国国家氢气战略》，包括制氢技术路线、氢气运输技术、氢气运营方案等，并加强了与太阳能资源丰富的北非、澳大利亚的合作，明确德国的氢气技术领导者地位。

2020年6月10日，德国联邦政府通过国家氢战略，并任命了国家氢能委员会。德国联邦经济事务和能源部长Peter Altmaier指出："氢气是全球能源成功转折的关键原料，它将为将德国和全世界实现气候目标做出重要贡献。对此，氢能战略将为德国塑造成氢能技术领域的领军者奠定基础。"德国联邦环境部部长Svenja Schulze表示："国家氢能战略将给德国带来双重推动力——保护环境、推动新冠危机后经济可持续复苏。"德国联邦交通和数字基础设施部部长Andreas Scheuer表示："在交通领域也需要氢气！氢战略将为企业提供一个清晰的框架，使投资决策变得更加可预期和可规划。"德国联邦教育和研究部部长Anja Karliczek强调："如果想在2050年之前实现碳中和，德国需要可再生能源的可持续能源供应。德国应进一步加强绿色氢气在生产、储存、运输、分配、应用环节

的研究与创新。”德国联邦经济合作与发展部部长 Gerd Müller 表示：“气候变化长期以来一直是影响全人类生存的问题。通过氢战略，我们正在朝着二氧化碳中和型燃料的方向飞跃，从而实现全球能源转型。”

为了实施国家氢能战略，德国政府计划到 2024 年再投入 16 亿欧元。德国联邦交通部已在“氢和燃料电池技术国家创新方案”(NIP)的框架下促进氢相关的研究与开发活动，从 2021 年起每年投资约 8 千万欧元用于 NIP。联邦交通部还将提供开放技术资金，用于购买公共汽车、商用车和铁路车辆，包括氢和燃料电池动力车辆，以及车辆所需的罐体基础设施。

2021 年 3 月 9 日，德国联邦教研部出资 5 600 万欧元，资助 16 个氢气基础研究项目，主要针对下一代技术和之后的技术，旨在帮助寻找氢经济基本问题的答案，从而为新产品和新应用奠定科学基础。联邦教研部部长 Anja Karliczek 提到：“德国应成为世界上最大的绿色氢气知识来源。绿色氢气是德国作为高科技国家能源安全的核心构件，通过氢技术的开发和国际销售，一方面有机会确保德国的竞争力，另一方面也有机会将其与对可持续经济的责任相结合。

二、聚焦储能技术，资助电池能力集群研究与成果转化

电池储能技术是电动类交通工具(汽车、船舶、飞行器等)、可穿戴设备等领域的共性技术，也是制约这些行业产品性能的技术瓶颈，电池储能技术已成为德国联邦政府未来能源战略的重要一环。

2020 年 7 月 8 日，联邦教育和研究部(BMBF)表示将再投资 1 亿欧元用于大学和非大学研究机构的电池研究，并支持研究成果快速向工业应用转移。作为“电池研究工厂”总体概念的一部分，德国正围绕电池价值链打造四个电池能力集群，包括智能化电池片生产(InZePro)、回收/绿色电池(greenBatt)、电池使用概念(Batt use)、分析/质量保证(AQua)。

2021 年 1 月 28 日，联邦交通和数字基础设施部将“eCharge”研究项目的资助交给了 Eurovia Teerbau GmbH 公司及其财团合作伙伴 Volkswagen AG、Omexom GA Süd GmbH 和布伦瑞克工业大学。该项目涉及开发电动汽车行驶过程中的非接触式充电系统，要将感应模块融入道路的沥青路面中。“eCharge”研究项目旨在开发道路和车辆相互作用的新方法。感应式能量传输为降低电池成本和改善汽车充电基础设施都提供了潜力。重点是开发基于沥青路面基础设施集成感应模块的完整感应充电系统。在该项目中，要特别针对新

建道路和现有道路的难题制定道路建设解决方案。该项目还涉及可靠的计费程序和系统的经济运行问题。

三、聚焦碳排放重点领域，扩大替代燃料市场

2020 年 7 月 13 日，德国通报了未来氢经济重大项目，支持将绿色氢气作为能源载体进行钢铁生产，推行可持续钢铁生产的长期气候战略。

2020 年 9 月 8 日，德国总理邀请欧盟代表、联邦政府成员、部分联邦州政府总理以及汽车行业代表、国家未来移动平台（NPM）代表，共同召开了“灵活性一致行动”（Konzertierten Aktion Mobilität）第三次会议。会议指出，替代燃料在气候保护和价值创造方面拥有巨大潜力。以减少二氧化碳排放为目标，要求国家未来移动平台（NPM）在年底前提交关于替代燃料（即生物燃料、电力、绿色氢气）使用和市场扩大的建议。

2020 年 11 月 19 日，联邦交通部部长 Andreas Scheuer 主持圆桌会议，主题是“通过公共交通进行货物运输——缓解当地交通和保护气候”，其明确指出在公路货运中使用替代燃料将极大地减少城市物流系统碳排放。在不限制商业运输功能的情况下，一是推广电动车在城市内部的运行，二是鼓励采用 LNG 技术的货车进行城际运输，三是研究载重自行车的可行性。

2021 年 3 月 23 日，德国联邦政府组织联邦代表、部分联邦州的部长级主席、汽车行业的代表、雇员、国家移动未来平台（NPM）和德国科学与工程学院的代表参加了第五次“流动性协调行动”会议。会议重申加强气候保护，保持价值创造。讨论了如何在实现雄心勃勃的欧洲气候保护目标的同时，确保汽车行业的价值创造和就业。气候保护和经济成功并不相互排斥，但需要采取综合办法来实现这两个目标。与会者一致认为，运输部门的低碳化非常重要。鉴于欧盟即将把 2030 年的减排目标收紧到至少 55%（与 1990 年相比），运输部门也必须做出额外的减排贡献。

四、聚焦绿色技术与数字技术联动，加大对绿色转型和低碳技术的投资力度

2020 年 11 月 19 日，欧盟成员国的工业部部长集体讨论了工业绿色转型问题，会议讨论的重点是基础材料和能源密集型产业面临的挑战。德国作为欧盟轮值主席国，其联邦经济部部长 Peter Altmaier 表示：“欧盟必须为绿色和数字

经济转型创造正确的框架条件，应将更多投资用于未来新技术。通过领先的低碳技术，通过碳中和实现经济转型。欧盟需要加强关键技术的泛欧合作，重塑公平的竞争条件。”

2020 年 12 月 1 日，德国联邦教研部在联邦政府数字峰会上展示了环保技术和绿色电子领域的数字创新成果。数字绿色科技旨在通过数字化手段，在水资源管理、可持续土地管理和地理技术、资源效率和循环经济领域开发创新和可持续的产品、工艺和服务。

五、聚焦国际合作，召开欧盟氢气会议

2020 年 11 月 25 日，氢气会议“PrioritHy”在德国欧盟理事会主席国的框架内成功召开。会议再次重申欧洲要在 2050 年之前成为气候中立的大陆，并重点介绍了绿色氢气交通的区域最佳范例，讨论了可能的国际合作方式。

为推动可持续发展和气候保护行动，德国尝试带领欧盟在交通领域开展氢和燃料电池技术革新。由于能源与交通具有典型的网络结构，德国寄希望以点带面，率先在一个相对封闭的网络内部建设示范工程，而后推动氢能源在交通出行领域的全面运用。氢作为最清洁的能源，其大规模商业化应用的难点在于制氢过程和运输存储环节，对此德国的解决方案是利用集中制氢、分布式能源的富余电力制氢，以及使用天然气管道输送氢气，并在公共交通领域、相对密闭的交通场所（港口、机场、仓库等）内推广使用。

六、立法保障

2020 年 12 月 17 日至 18 日，德国联邦议院和联邦参议院决定修改《可再生能源法》，进一步推进能源转型。该法已于 2021 年 1 月 1 日生效，旨在大幅提高可再生能源在总电力消费中的份额，同时限制成本负担，保持对能源转型的认可。

碳中和的国际共识与路径选择

| 薛奕曦　任　婕

习近平总书记在第七十五届联合国大会一般性辩论上向国际社会作出"碳达峰、碳中和"郑重承诺，我国承诺2030年前，二氧化碳的排放不再增长，达到峰值之后逐步降低，确立了在2060年前实现碳中和的战略目标。

党的十九届五中全会、中央经济工作会议做出了相关工作部署。国家电网迅速认真贯彻党中央决策部署，组织开展深入研究，制定"碳达峰、碳中和"国家电网行动方案，明确6个方面18项重要举措，积极践行新发展理念，全力服务清洁能源发展，加快推进能源生产和消费革命。

面对气候变化，不仅中国做出了积极应对的战略部署，越来越多的国家政府也已经或正在将"碳中和"转化为国家战略，提出了"无碳未来"的愿景。

一、碳达峰与碳中和的国际背景

第一，全球气候变化已经成为人类发展的最大挑战之一，极大促进了全球应对气候变化的政治共识和重大行动。全球气候变化对全球人类社会构成重大威胁。政府间气候变化专门委员会(IPCC)2018年10月报告认为，为了避免极端危害，世界必须将全球变暖幅度控制在1.5℃以内。只有全球都在21世纪中叶实现温室气体净零排放，才能有可能实现这一目标。根据联合国气候变化框架公约(UNFCCO)秘书处2019年9月报告，目前全球已有60个国家承诺到2050年甚至更早实现零碳排放。

第二，欧盟带头宣布绝对减排目标。2020年9月16日，欧盟委员会主席冯德莱恩发表《盟情咨文》发布欧盟的减排目标：2030年，欧盟的温室气体排放量将比1990年至少减少55%；到2050年，欧洲将成为世界第一个"碳中和"的大陆。欧盟从1990年之后碳排放持续减少，累计减少23.3%。

第三，中国提出碳达峰、碳中和目标之后，日本、英国、加拿大、韩国等发达国家相继提出到2050年前实现碳中和目标的政治承诺。日本承诺将此前2050年排放量减少 80%的目标改为实现碳中和。英国提出,在 2045 年实现净零排放,2050 年实现碳中和。加拿大政府也明确提出,要在 2050 年实现碳中和。除美国、印度之外世界主要经济体和碳排放大国相继做出减少碳排放的承诺。但是不同于西方及日本发达国家,中国还处在碳排放上升阶段。在 2008—2018 年期间经济合作与发展组织(OECD)碳排放年均增速为-1.1%,中国则为 2.6%,是世界增速。

各个国家或经济组织都提出了应对全球气候变暖,实现碳中和的目标,那么具体都采取了哪些措施呢?本文搜集了英国、美国、欧盟和日本四个国家和地区的战略政策。

二、国家策略

1. 英国

英国是全球第一个通过净零排放法的主要经济体。英国气候变化委员会在《能源和排放量计划》报告中指出,英国想要达到 2025 年的碳达峰与碳中和目标就必须在 2020 底开始改变现有的气候目标,以更加高效的政策来应对挑战。这将意味着大多数行业需要将其排放量减少到接近于零,而无需依靠抵消或从大气中大量去除 CO_2。

为达到这样的目标,英国采取了一系列的措施与展望。

在技术方面,英国发展出碳捕获与封存(CCS)这一新兴技术,通过将大型发电厂、钢铁厂、化工厂等排放源产生的二氧化碳收集起来,并用各种方法储存以避免其排放到大气中,使单位发电碳排放减少 85%~90%。

在能源方面,碳中和意味着能源必须尽可能的清洁。英国运输和取暖等部门采取了电气化措施。这样的措施将导致电力需求翻番。根据英国气候变化委员会的预测,所有这些能源都需要由低碳能源生产,到 2050 年,这些能源的供应量必须增加四倍,同时氢还需要被用作工业过程、供暖、高重力车辆和船舶的燃料。另外,从更大规模的生物能源到合成燃料将在未来几十年发挥作用。

在金融方面,英国将在 2021 年夏天推出绿色金边债券与绿色零售储蓄产品。此外,英国还将建立“碳市场工作小组”,旨在将英国及伦敦金融城打造成为领先的自愿碳市场。

能源创新方面,英国宣布在其 10 亿英镑(约合 14 亿美元)净零创新投资组合中增加三项新技术投资项目:海上浮式风力发电、绿色能源存储系统以及能源作物和林业。

2. 美国

作为世界最大经济体,美国能源消耗产生的二氧化碳排放在2007年已经达峰,为美国政府开展国际能源气候外交打下了非常好的基础。近些年来,由于极端天气和其他气候影响造成的死亡人数不断上升,以及清洁能源转型带来的经济红利,美国各州、市和企业都在加紧努力。以下是美国气候联盟成员国针对气候变化采取的7项关键行动。

(1) 制定了减少温室气体排放的宏伟目标。所有加入该联盟的州都同意实施促进《巴黎协定》目标的政策——到2025年,至少将温室气体排放量减少26~28%,低于2005年的水平。例如,加利福尼亚州设定了一个全州目标,到2045年达到碳中和。新墨西哥州制定了到2030年温室气体排放量比2005年减少45%的全州目标。

(2) 签署了加强可再生能源的法案。清洁能源对于减少污染和创造就业机会至关重要,联盟中的国家正在加速发展绿色经济。内华达州通过了一项法案,到2030年将可再生能源发电量提高到总发电量50%。在明尼苏达州,州长蒂姆·沃尔兹和副州长佩吉·弗拉纳根宣布了一套新的政策建议,将使明尼苏达州电力行业在2050年实现清洁能源发电达100%。

(3) 推动提高能源效率。住宅和商业建筑占美国总能源使用量的40%,这使得能源效率成为任何一个州缓解气候变化计划的关键部分。在华盛顿,州长杰伊·英斯利签署了一项立法,确立了第一个此类标准,该标准将改善全州数千座大型商业建筑的能源性能。

(4) 零排放汽车加速政策。联盟国家在减少乘用车排放方面处于全国领先地位,而乘用车排放是运输业的最大排放源。2019年5月,科罗拉多州的空气质量控制委员会一致投票通过了一项决定,要求汽车制造商在2023年前将其生产的5%的汽车用于在科罗拉多州销售。夏威夷州立法机关通过了一项法案,向安装新的电动汽车充电系统或升级现有系统的人提供回扣。

(5) 削减有害空气污染物的拟议条例。尽管二氧化碳的污染最受关注,但诸如黑炭、甲烷和氢氟碳化合物(HFCs)等短期气候污染物也对气候和健康构成了关键挑战。2019年,弗吉尼亚州宣布计划限制天然气基础设施和垃圾填埋场的甲烷泄漏。康涅狄格州、马里兰州和纽约计划在2019年提出法规,禁止使用有害的氢氟碳化合物,并支持联邦政府的削减法案;华盛顿和佛蒙特州最近也通过了类似的立法。

（6）为清洁能源和弹性社区创造新的融资机会。在马萨诸塞州，州长查理·贝克签署了两党立法，批准超过 24 亿美元的投资，用于保护居民、市政当局和企业免受气候变化的影响，以及保护环境资源和改善娱乐机会。科罗拉多州还成立了一家新的“绿色银行”，利用私营部门的资金刺激清洁能源项目的投资。

（7）开发特殊工具和资源，帮助国家应对气候变化。为了跟踪各国在气候行动方面取得的进展，并评估气候影响带来的风险，各国需要特殊的工具和资源。例如，在北卡罗来纳州，州长罗伊·库珀发布了该州温室气体清单，该清单跟踪并预测了未来的排放量。该州还创建了一个新的沿海适应和恢复网站，帮助北卡罗来纳州的沿海社区应对气候影响带来的挑战，如海平面上升。

3. 欧盟

根据 2019 年 12 月公布的“绿色协议”，欧盟委员会正在努力实现整个欧盟 2050 年净零排放目标，该长期战略于 2020 年 3 月提交至联合国。绿色协议中，主要从以下七点讲述了欧盟的战略方针。

（1）提高欧盟 2030 年和 2050 年的气候雄心。具体来看，欧盟委员会于 2020 年 3 月前提出首部欧洲《气候法》，将到 2050 年实现气候中和的目标载入该法律。提升欧盟 2030 年温室气体减排目标，即比 1990 年水平降低至少 50%，力争 55%（原目标为降低 40%）。在 2021 年 6 月前审查所有气候相关的政策工具，必要时提出修订的建议。包括碳排放交易体系，比如可能会在新行业引入欧洲碳排放交易；修订欧盟成员国针对碳排放交易体系覆盖范围外的行业的减排目标；以及修订关于土地利用、土地利用变化与林业的规定。

（2）提供清洁、可负担的、安全的能源。欧盟委员会于 2020 年年中发布推动实现可再生能源、能效和各领域可持续解决方案智能融合的措施。同时，通过加大对脱碳天然气开发应用的支持力度、设计面向未来的具有竞争力的脱碳天然气市场以及解决与能源相关的甲烷排放问题等途径，促进天然气部门脱碳。对能源基础设施的监管框架［包括泛欧能源网络（TEN-E）条例］予以审查，确保其与气候中和目标保持一致。这一框架应促进创新科技应用和基础设施建设，如智能电网、氢能网络或碳捕集封存和利用、储能，同时促进各部门融合。还须对一些现有基础设施和资产进行升级换代，以满足实际需求并适应气候变化。

（3）推动工业向清洁循环经济转型。2020 年 3 月，欧盟委员会通过一项《欧盟工业战略》，以应对绿色和数字转型的双重挑战。同时，新的循环经济行动计划将与工业战略相结合。新政策框架的一个关键目标是推动欧盟内外气候中性和可循环产品领导市场的发展。

(4) 高能效和高资源效率建造和翻新建筑。欧盟尝试将建筑物排放纳入欧洲碳排放交易体系;审查《建筑产品法规》,并确保各个阶段的新建与翻新建筑物设计能够满足循环经济的需求,提高存量建筑的数字化水平与气候防护水平。

(5) 加快向可持续与智慧出行转变。欧盟委员会将于 2021 年正式提出将目前 75%的内陆公路货物运输的绝大部分都转为铁路和内河运输这一倡议;欧盟委员会将利用"连接欧洲基金"(Connected Europe Facility)等融资工具,推动打造智慧交通运输管理系统与"出行即服务"解决方案;交通运输的价格必须体现其对环境与健康的影响。应当取消化石燃料补贴。计划提出将欧盟碳排放交易扩大至海运业,并减少无偿给航空公司的配额;欧盟委员会还会从政治角度重新考虑如何在欧盟内实现有效的公路收费定价,扩大可持续替代运输燃料的生产与部署。到 2025 年,欧洲零排放以及低排放汽车保有量将达到 1 300 万辆,需要大约 100 万座公共充电站与加油站。

(6) 建立公平、健康、环保的食品体系。"欧洲绿色协议"认为,欧盟应根据气候和环境标准评估原有的战略计划,帮助各成员国发展精准农业、有机农业,保护农业生态系统;采取包括立法在内的措施,显著减少农药、化肥和抗生素的使用;强化欧盟农民和渔民在应对气候变化、保护环境和生物多样性等方面的作用。2020 年年中,欧盟委员会发布了"从农场到餐桌战略",并邀请各界人士参与讨论,探索制定可持续的食品政策。

(7) 保护、修复生态系统和生物多样性。欧盟委员会将制定包括立法在内的措施,帮助各成员国改善和修复受损的生态系统(如富碳生态系统),使其达到良好的生态状态;提出相关提案,促进欧洲绿色城市发展,提高城市地区的生物多样性;考虑起草自然修复方案,寻找能够帮助各成员国实现此目标的融资方式;在《2030 年生物多样性战略》的基础之上,制定一项涵盖整个森林生命周期的《欧盟新森林战略》,促进森林各项功能正常运转,该战略以在欧洲实施有效的植树造林和森林保护与修复为主要目标;推动可持续的"蓝色经济",同时采取零容忍态度,解决非法、未报告和无管制的捕捞行为。

(8) 实现无毒环境、零污染的雄心。为改善对空气、水、土壤、消费品污染的监控、报告、预防和治理,欧盟委员会将于 2021 年颁布针对大气、水和土壤的零污染行动计划。

4. 日本

2020 年 10 月 26 日，日本首相菅义伟在向国会发表首次施政讲话时宣布，日本将在 2050 年实现温室气体净零排放，完全实现碳中和。2020 年 12 月 25 日，日本产业经济省发布了《绿色增长战略》战略，针对包括海上风电、燃料电池、氢能等在内的 14 个产业提出了具体的发展目标和重点发展任务。14 个绿色高增速潜力领域多集中在“交通/制造业”，其次是“能源”领域，最后是“居家/办公”领域。在“交通/制造业”，政府设定的目标包括加大电动汽车、混动汽车的推广，加大下一代电池技术的研发；建立大数据储存中心；打造智慧交通、物流系统等。其中，电力行业的“去碳化”是日本政府减排的重点领域。

在资金方面，日本经济产业省还将通过监管、补贴和税收优惠等激励措施，动员超过 240 万亿日元（约合 2.33 万亿美元）的私营领域绿色投资，力争到 2030 年实现 90 万亿日元（约合 8 700 亿美元）的经济增长，到 2050 年实现 190 万亿日元（约合 1.85 万亿美元）的经济增长。日本政府还将成立一个 2 万亿日元（约合 192 亿美元）的绿色基金，鼓励和支持私营领域绿色技术研发和投资。

颠覆式创新策动:德国飞跃式创新局的经验与启示

| 鲍悦华

一、颠覆式创新已成为科技发达国家关注焦点

正如互联网和智能手机给人类生活方式带来了巨大影响,颠覆式创新(Disruptive Innovation)有可能给人类的生存与发展带来革命性变革,它可以创造或从根本上改变现有市场,从而创造一个全新的产业生态系统,或者可以解决一个巨大的技术、社会或生态问题。掌握颠覆性技术在一定程度上意味着拥有了决定科技和产业变革的主动权,因此颠覆性技术在新一轮科技产业革命背景下被科技发达国家普遍关注。

颠覆式创新最早于 1995 年由美国哈佛大学 Christensen 教授提出,它有别于科研人员通过累积性知识增长来解决当前某一知识领域留下的谜题与难题的渐进式科技创新范式,被认为具有前瞻性、突破性、异轨性等特点,这使得它并不适于目前各国普遍使用的竞争性自主模式与项目管理机制,迫切需要创新自助模式与管理机制(图 1)。

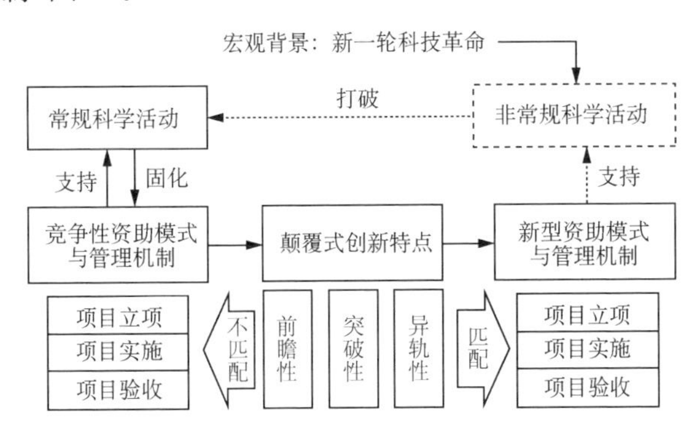

图 1　颠覆式创新下科研资助模式与管理机制的变革

来源:刘笑,胡雯,常旭华,2021。

美国国防高级研究规划局(DARPA)在 60 多年来通过对颠覆性技术的政府采购订购,成功实现了众多颠覆性技术向创新产品和武器装备的转化,形成了著名的“DARPA”模式。日本政府于 2014 年推出了“日本颠覆性技术创新计划”(ImPACT),以实现非连续创新、树立成功的创新案例与模式,将日本打造成为“全球最适合创新和充满创业精神的国度”。英国商业、能源和产业战略部于 2021 年 7 月宣布创建英国高级研究与发明局(ARIA),将 DARPA 引入英国,该机构未来 4 年内将获得 8 亿英镑的启动资金。德国联邦政府于 2018 年出台了“高技术战略 2025”(Hightech-Strategie 2025, HTS 2025),作为德国促进科技创新的指导方针。该战略聚焦三大行动领域,包含 12 个优先发展主题和 12 项重点任务。德国在 HTS 2025 框架下专门设立了“飞跃式创新局”(Die Bundesagentur für Sprunginnovationen, SPRIN-D),以应对基于 HTS 2025 中制定的对主题、学科和技术开放的主要社会挑战,为颠覆性技术提供专门的支持,促进彻底的技术和市场变革创新。

二、SPRIN-D 的治理结构

SPRIN-D 于 2019 年 12 月 16 日在莱比锡成立。它的定位是一个灵活、快速的国家对于颠覆式创新的资助工具,它代表了德国联邦政府在以竞争性项目资助为主的德国科学基金会(DFG)之外进行的一种面向未来的新尝试,创造了一种全新的可能性。联邦教育和研究部(BMBF)与联邦经济事务和能源部(BMWi)是 SPRIN-D 的支持机构,在 SPRIN-D 从 2019 年至 2022 年的启动阶段,为其提供至少 1.51 亿欧元的预算,在 2019 年起的十年内总预算预计达到 10 亿欧元,平均每年约 1 亿欧元。充分考虑到颠覆式创新的特点,SPRIN-D 以有限责任公司(GmbH)的形式运作。莱比锡总部预计将雇佣 30～50 人。

1. 股东会。SPRIN-D 唯一的股东是德国联邦政府,以 BMBF 作为代表履行股东职责,在适当程度上参与 SPRIN-D 的战略方向制订,并拥有任命监事会和管理层人员、决定年度财务报表、决定 SPRIN-D 章程和内部管理程序等方面的权力。

2. 监事会。SPRIN-D 监事会由其股东会任命,以自愿为基础开展工作。监事会成员除了德国政府股东代表外,还包括来自科学界、商界和政界的精英,另外还考虑了性别平等的要求。目前 SPRIN-D 监事会共由 10 名成员组成,具体信息如表 1 所示。

表 1　SPRIN-D 监事会成员信息

姓名	性别	职务
Peter Leibinger 博士,工程师	男	SPRIN-D 监事会主席,TRUMPF GmbH+Co. KG 首席技术官、董事会副主席
Birgitta Wolff 博士,教授	女	SPRIN-D 监事会副主席,法兰克福歌德大学主席团成员(原主席)
Yasmin Fahimi	女	德国联邦议院议员
Dietmar Harhoff 博士,教授	男	马普学会创新与竞争研究所所长
Ronja Kemmer	女	德国联邦议院议员
Kristina Klas 博士	女	SKion GmbH 负责人
Wolf-Dieter Lukas 博士,教授	男	BMBF 国务秘书
Ulrich Nußbaum 博士	男	BMWi 国务秘书
Maximilian Viessmann	男	Viessmann Werke GmbH & Co. KG 联席首席执行官

来源:SPRIN-D 官方网站

SPRIN-D 监事会和管理层以相互信任的方式协同工作。监事会至少每季度获悉 SPRIN-D 经营和业务发展情况,向管理层提出建议并监督管理层经营活动的合法性。监事会能向股东会提出解除管理人员职务的建议,还负责审议 SPRIN-D 年度财报、管理报告和净利润分配方案,并向股东会报告。

3. 管理层。SPRIN-D 管理层目前由 2 名负责人组成,领导 SPRIN-D 的日常管理与运营。

4. 顾问委员会。顾问委员会由管理层任命,以咨询身份评估 SPRIN-D 的研究计划和项目。

三、SPRIN-D 运行特点

1. 通过项目经理实现自身多重角色定位。根据德国联邦政府 2018 年 8 月制定的 SPRIN-D 运行方针,SPRIN-D 主要追求以下三个目标:一是以解决社会或潜在用户角度特定问题的视角识别和推广具有颠覆式创新潜力的研究想法。颠覆式创新的特点是具有彻底的技术新颖性和/或改变市场的巨大潜力。二是来自研究和科学的颠覆性想法通常会产生高度创新的产品、流程和服务,为德国经济开辟新的高科技领域、市场、行业和商业模式。三是在德国创造新的价值链或实现巨大社会效益。在这三重目标下，SPRIN-D 扮演着颠覆性技术项目寻找者、项目资助者、项目实施与转化者三个不同角色。与 DARPA 类似，SPRIN-D 聘用具备专业技能、有合同期限的项目经理，并赋予这些项目经理非常大的权力空间来实现上述三种角色。

2. 机构运行具备较强灵活性和容错性。SPRIN-D 在愿意承担风险、高容错的环境下工作，在分配不用偿还的资助方面享有极大的自由空间和灵活度。与 DFG 等传统政府科技创新资助部门不同，SPRIN-D 并没有项目指南，不根据标准化的项目资助计划开展工作。它面向所有主题领域开放，是否给予项目资助主要取决于对“人”和项目本身解决方案的判断。颠覆式创新本身非常罕见而且难以预测，因此 SPRIN-D 只支持一小部分的项目申请，资助率目前约为 2%。

3. 为颠覆式创新项目提供全方位支持。除了项目资助外，SPRIN-D 为项目提供的支持还包括：融资、为项目贡献其他技术和创业的专业知识、商业服务、团队建设、科学和商业网络拓展、定制协作模式等。

4. 灵活利用政府采购工具支持创新。SPRIN-D 是德国联邦政府全资子公司，在研发资助方面必须遵守德国和欧盟在公共采购方面相关政策。考虑到很多研发合同在提出采购时还很不成熟，创新产品及相应市场还不存在，在实际进行采购时，SPRIN-D 大量采用非竞争性谈判方式（Verhandlungsvergabe ohne Teilnahmewettbewerb, UVgO），在通过公共采购订购给予颠覆性技术早期研究和产品开发稳定资助的同时，规避外部竞争者进入。

四、SPRIN-D 运行现状

SPRIN-D 除了对通过评估的颠覆性技术项目进行资助外，还通过举行针对社会挑战的创新竞赛来寻找最具颠覆性潜力的解决方案。在 SPRIN-D 筹备时期，BMBF 共启动了三项不同领域的试点竞赛，寻找首批颠覆性技术。这三项试点竞赛包括：

1. 高能效人工智能系统创新竞赛。数据处理已经消耗了大量的电能。当今人工智能系统的能耗对于许多应用来说太高了，尤其是移动和安全关键领域缺乏高能效 AI 系统的技术基础。人类的大脑表明它可以变得更好、更节能。本次竞赛重点考察哪个研究小组为给定的任务创造了能耗最低的人工智能系统。获胜团队还有后续项目开发机会，他们可以借助这些项目与行业和用户一起进一步发展。

2. 实验室器官替代创新竞赛。在实验室培养的器官可以减少排异反应,减少对供体器官的依赖,甚至可以让器官捐赠变得多余。实验室器官替代创新竞赛的重点是在德国最常移植的五个器官:肾脏、肝脏、心脏、肺和胰腺。参赛团队在实验室中优化他们的器官模型,编制有意义的数据包,并在器官更换方向上争取获得进一步发展。三个最好的团队可以分别获得 300 万、200 万和 100 万欧元的资金用于后续研发。

3. 世界储能创新竞赛。本次比赛旨在推动普遍适用的家用储能设备开发。"世界储能"创新竞赛要求参赛方提供的解决方案至少与市场上现有的解决方案一样强大,但购买和维护要便宜得多。此外,它必须以环保的方式建造,并且能够与太阳能系统或其他可再生发电机一起良好运行。该竞赛共分为两个阶段,第一阶段为期一年,BMBF 将提供 25 万欧元的资金。第二阶段将从第一阶段成果中选择两个最有前途的概念,由 BMBF 资助最多 500 万欧元,最长期限为三年,要求形成实验室样机原型,并提出进入目标市场的构想。

由于成立时间不长,绝大多数 SPRIN-D 资助项目仍在实施过程中,能取得何种效果仍需继续观察。目前实施过程中的部分项目如表 2 所示。

表 2 SPRIN-D 部分运行中的颠覆式创新项目

项目名称	项目简介
全息甲板(DAS HOLODECK)	颠覆视频会议等远程交流模式。"全息甲板"上的交流与远程交流一样自然、友好和多层次。人体在这里以真人大小被捕捉,一个人有真正的眼神交流,可以通过面部表情、手势、姿势和动作进行非语言交流。你可以同时与几个人接触,感受和使用群体的动态。目前项目原型已经完成,正在集中精力进行下一步的批量生产
治疗阿尔茨海默氏症的 PRI-002	开发一种活性成分 PRI-002,它是一种所谓的全 D 肽,制造成本低廉且易于口服(不必静脉注射)。该活性成分的作用方式是将神经毒性蛋白质化合物分解成无害的单体成分。已完成涉及活性成分安全性和耐受性的临床Ⅰ期研究(针对健康志愿者),现正在开发治疗剂,并在阿尔茨海默病患者的临床Ⅱ期研究中对其进行初步测试
未来的内陆风力涡轮机	传统的风力涡轮机由于机舱在轮毂高度处的重量很大而动态负载很重。实际上不可能把它建得更高。它们在技术上太不稳定,在经济上太昂贵。未来的内陆风力涡轮机通过多项技术创新实现了塔重量减轻 50%,系统总成本降低 40%

（续表）

项目名称	项目简介
超级计算机 SPINNAKER2	SpiNNaker2 是人脑计划项目的一部分，它实际上是一个包含加速器的芯片，可以模拟神经元和突触，使芯片就像是一个自然启发的人工智能网络。SpiNNaker2 的颠覆之处在于它在能源效率和信息处理速度方面有可能实现飞跃
微塑性问题的宏观解决方案	将微气浮直接引入湖泊、河流和海洋，通过形成直径为 30～50 微米（头发直径的三分之一）的微气泡，像磁铁一样吸引最细小的微塑料颗料，将它们固定并运送到表面，达到去除水中塑料成分的净化目的，而且无需化学品，免维护，能耗极低
欧洲超级云 GAIA-X	第一个完全由欧洲控制的协作和联合云基础设施。包括数据中心、存储系统、网络和数据。一切都是作为开源软件开发的。该项目向网络迈出了一大步，打破了公司和公共机构的界限，在用户管理、系统监控和运营自动化方面的合作也是如此

来源：SPRIN-D 官方网站。

五、对我国的启示

德国等国家支持颠覆式创新的做法给志在成为科技创新强国的我国提供了很好的借鉴与参考。

对于我国而言，有必要在计划性项目资助体系外部建立起符合颠覆式创新特点的项目支持和培育机构和工作体系。具体而言，要根据颠覆式创新的特点进行相应的工作设计，在颠覆性技术项目识别上要创造出风险偏好型和高容错型工作文化，能够识别和寻找到颠覆性技术；在颠覆性技术项目评价上要以是否具有彻底的技术新颖性和/或改变市场的巨大潜力为导向，通过科学、市场、政府多维视角建立起更为科学的项目评价体系；在颠覆性技术的项目管理上要创造宽松良好氛围，除了资助外要提供更宽谱系的全方位服务支持，并宽容失败；在成果转化方面注重以市场为导向，使颠覆性技术尽快产生颠覆性生产力；在资助政策工具上，尝试开展颠覆式创新产品政府首购订购试点，帮助颠覆式创新解决前期稳定资助和后续市场开拓的部分问题。

颠覆式创新的支持一般对创新能力和创新资源有比较高的要求，并非每个地方都有条件实施。上海在创新资源和市场应用规模等方面具有得天独厚的优势，可以尽早布局颠覆式创新新赛道，并尝试开展颠覆式创新产品政府首购订购试点，作为“十四五”深化具有全球影响力科创中心核心功能建设和“基础研究特区”建设的重要举措。

美国国家科学基金对青年科技人才支持体系的启示

| 钟之阳　龙彦颖

习近平总书记在近日的中央人才工作会议上的重要讲话把青年科技人才工作摆在了前所未有的突出位置并寄予厚望，他指出："要造就规模宏大的青年科技人才队伍，把培育国家战略人才力量的政策重心放在青年科技人才上，支持青年人才挑大梁、当主角。"

人才是关键，青年是基础。青年科技人才是最有创新激情和创新能力的群体。科学史表明，科学家在 25～45 岁时最富有创造力和创新精神，重要的科学贡献通常在 40 岁以下的黄金时代做出。目前我国对"青年科技人才"没有明确定义，也没有明确的年龄范围界限。部分学者提出青年科技人才是指年龄在 35 岁及以下，接受过良好的教育和学术培养，具有较强的创新意识、突出的科研学术水平以及创新发展潜力的科技人才；按照联合国世界卫生组织的界定，18～44 岁为青年，部分学者将 18～44 岁科技人才界定为青年科技人才；还有部分学者提出的"科学创造最佳年龄规律"（25～45 岁）等因素，将青年科技人才界定为 45 岁以下的科技人才。从青年科技人才的来源来看，除了高校的青年教师和博士后、科研院所和企业等机构的青年科研人员，在广义上还可包括硕士和博士研究生。

一、美国国家科学基金针对青年科技人才的支持

青年科技人才是科研的潜在力量，完善对其的科研支持与培训，促进其早日成为独立的研究人才，将有利于国家科研的可持续发展。因此世界各国对青年科技人才的资助与培养成为其必不可少的重要组成部分。以美国为例，美国国家自然科学基金（NSF）设立了从本科生开始的各类人才资助计划体系。以下重点介绍 NSF 面向青年科技人才中的主要三类群体的资助计划。

1. 面向青年研究人员的资助计划

NSF 为青年科研人员提供支持的主要项目为职业早期科研人员发展计划 CAREER(The Faculty Early Career Development Program),以支持那些有潜力成为研究和教育领域的学术榜样,并在其部门或组织起带头作用的职业生涯早期研究人员。该计划是 NSF 影响广泛、基础深厚,最有声望的奖项,NSF 各学部为从事整合研究和教育的学者、教师提供支持,强调研究与教学(特别是本科生教育)的结合。NSF 鼓励所有符合职业资格的组织的早期职业教员提交职业生涯提案,特别鼓励女性、代表性不足的少数群体成员和残疾人申请。

CAREER 项目要求申请人在年度截止日期前拥有在 NSF 资助领域内的博士学位;从事 NSF 资助的科学、工程或教育领域的相关研究;还未获终身职位,并且来自在美国获得认证的高等教育机构或非营利性、非学术性组织,如与教学或研究活动有关的独立博物馆、观察站、研究实验室、专业协会和类似组织。CAREER 项目每年大约资助 500 位青年科研人员,资助周期为 5 年,预计在 5 年期间提供至少 40 万美元的资助。此外,若获得生物科学理事会、工程理事会或极地项目办公室的资助,则在 5 年期间获得至少 50 万美元的资助。

同时,NFS 每年还从 CAREER 获得者中选出最出色的 20 名作为科学家与工程师职业生涯早期总统奖 PECASE(Presidential Early Career Awards for Scientists and Engineers)的提名者。PECASE 由美国白宫设立,目的是促进科学和技术的创新发展,提高对科学和工程职业的认识,表彰参与机构的科学任务,加强基础研究与国家目标之间的联系,突出科学和技术对国家未来的重要性。值得注意的是,PECASE 奖是一个荣誉奖项,不提供额外的资金。

2. 面向博士后的资助

目前,NSF 面向博士后的大部分资助计划都可以提供直接或间接的资助。2021 年可申请的项目包括生物学博士后研究奖学金、美国教育学院博士后奖学金、极地项目办公室博士后研究奖学金、海洋科学博士后研究金、社会、行为和经济科学理事会博士后研究奖学金、美国国家科学基金会《天文与天体物理学报》博士后奖学金、数学科学博士后研究金和卓越科学与技术研究中心(CREST)等奖项。

3. 面向研究生的资助

NSF 面向研究生的资助是通过提供给研究生多种形式的奖学金资助机制发挥作用,如 NSF 研究生科研奖学金、国防部科学与工程研究生奖学金等。也有些资助项目会以提供科研训练的形式出现,包括短期和长期两种,并允许多次申请。

研究生助研奖学金计划 GRFP(Graduate Research Fellowship Program)于1952 年设立,是 NSF 的第一个项目,自设置以来已经支持了 6 万多名研究生,其中有 40 人获得了诺贝尔奖。在 2020 年,NSF 收到超过 1.3 万份申请,最后大约有 2 000 份获得通过,通过率约为 15%。其中为期 5 年项目的资助金额为13.8 万美元,为期 3 年项目的资助金额为每年 3.4 万美元的年度津贴加直接拨给研究生院的 1.2 万美元学杂费津贴。

二、启示与借鉴

1. 涵盖教育、培养和资助全成长过程的科研支持体系

通过美国 NSF 等资助体系可以发现,从早期阶段开始重视科技人才培养与开发,培养未来科研接班人。针对不同发展阶段的青年科技人才,划分了从本科生到独立科研工作者的不同职业生涯阶段,分类给予支持保障,阶梯式培养青年科技人才,支持青年科研人员全面发展。

2. 针对不同培养目标多元化地设计资助内容、资助范围和资助力度

针对人才发展规律,以多种方式支持青年科技人才的发展。学术生涯发展类资助主要支持受资助者本人提高研究能力进而成为具有潜力的独立研究者;研究项目类资助主要支持刚独立的青年科研人员组织队伍开展研究;研究培训基金主要支持受资助者进一步积累科研经验,以最大化发挥对青年科技人才发展的推动作用。

3. 以人为本的申请机制,不以年龄等条件进行一刀切

与我国当前大部分青年科研基金项目对申请者设置年龄门槛不同,美国NSF 和 NIH 等机构通过综合考虑青年科技人才取得最终学位的年龄、或考虑产假、病假、服役等因素来界定处于职业生涯起步阶段的科研人才,人性化地对青年科技人员的切身需求和实际情况予以全面考虑。

超前布局未来产业:德国量子框架计划的主要做法*

| 刘　笑

未来产业已成为衡量一个国家科技创新和综合实力的重要标志。国家“十四五”规划《纲要》指出,要在类脑智能、量子信息、基因技术、未来网络、深海空天开发等前沿科技和产业变革领域,组织实施未来产业孵化与加速计划,前瞻谋划布局一批未来产业。近年来,主要发达国家纷纷在人工智能、量子信息科学等前沿领域抢占发展制高点,这对我国培育未来产业竞争新优势提出了更高要求。例如,德国在量子信息科学方面持续提升国家的创新潜力,自 2011 年以来,德国联邦教研部便致力于量子通信领域的一系列合作研发项目,2018 年,德国联邦政府出台了第一个量子技术框架计划;2021 年,德国量子系统计划委员会向德国联邦教研部(BMBF)提交了新的量子研究议程《量子技术——从基础研究到市场的联邦政府框架计划》(*Quantum Technologies-from Basic Tesearch to Market*),该计划阐述了未来十年德国在量子系统领域的研究重点和面临挑战,并从政府、产业、大学、研究机构以及公众等方面明确了科学主导的量子物理研究向基于量子技术的新型应用转变过程中各主体的行动方针。这为我国超前布局量子信息产业相关前沿领域提供了以下五个方面的借鉴。

(1) 推动应用导向研究。尽管量子技术在很大程度上属于科学研究领域,但因其与产业具有高度相关性,德国联邦政府仍不断推动覆盖所有发展阶段的应用导向研究。一是支持潜在应用领域的企业主导协同研发项目。自 2011 年以来,BMBF 一直支持广泛的量子通信领域的合作研发项目,尤其是针对企业主导的协同研发项目。2017 年,首次将涉及企业参与的可能应用场景纳入提案征集,并开始了量子通信关键技术领域工业合作资助新阶段,主要包括三个试点项

* 本文为 2021 年度上海市软科学重点项目“面向有意义创新的上海未来产业培育政策研究”(项目编号:21692192100)的阶段性成果。

目和三个提案征集,具体见表1。资助合作项目不仅激发了科研力量对研究领域的探索,也促进了科学和工业之间的网络化。这些网络为技术的长期演进成为新的、商业意义上的产品奠定了重要的基础。

二是建立PTB量子技术卓越中心。为支持行业内的初创企业和中小型企业进行研究成果转化,联邦政府支持建立PTB量子技术卓越中心,主要赋予其四方面的功能:开发新技术;提供校准和技术咨询服务;搭建用户设施平台;提供孵化、培训以及技术转让支持。三是构建多元化的资金支持计划。联邦政府通过广泛的资助机会来支持商业创新,包括面向市场的、针对特定行业以及所有行业的各种技术开放计划。以市场为中心的研发由中小企业中央创新计划(ZIM)资助。针对量子特定行业的研发则由"KMU-innovativ"光子学和量子技术资助。国家空间和创新计划基金主要为未来航空航天应用开发量子技术提供支持。与上述三个主要资金计划提供前期资助不同的是,ERP专项基金(欧洲复苏计划)为后期增长阶段提供各种风险投资机会,年轻的企业往往难以获得资金来发展创新。

表1 2017年启动的试点项目和提案征集

名称	内容
BrianQSens试点项目	基于钻石的量子传感器原型的开发
Opticlock试点项目	研究和开发紧凑型的光学时钟,可用于同步大型通信网络
QUBE试点项目	将防窃听的全球通信系统硬件集成到卫星平台中
QuantERA提案征集	倡议QuantERA支持欧洲在所有基础量子技术主题上的应用导向合作研究
量子技术关键部件提案征集	倡议加强量子技术的关键组件资助
量子未来提案征集	倡议关注德国量子技术研究与发展的未来

(2)建立灯塔项目提高产业竞争力。科学研究成果与产业化之间存在较大差距,德国通过设置灯塔项目帮助缩小两者之间的差距,旨在向公众、企业等有关各方表明,量子技术不仅仅是抽象的科学概念,更是关于新技术和新工艺的产业化。BMBF目前领导了两个灯塔项目。一是共议主题举办量子通信竞赛:BMBF与科学家、工业界共同合作确定量子通信领域的"巨大挑战"难题,以竞赛的形式允许参赛者提供改善量子通信的关键实施方案,通过具体的技术目标实现产学研协同效应;二是资助卓越的量子计算集群:选择德国3个卓越的量子计

算集群进行资助，并引导其研究最有前途的量子计算方法，在明确实际应用目标的基础上开发硬件平台进行展示，在知识产权得到保护的前提下向全世界的研究人员开放使用。最终衡量集群发展成功的关键指标为：量子信息技术能力、国际网络能力、工业合作伙伴参与能力等。

（3）确保量子技术安全和技术主权。一是加快实现卫星量子技术主权。近年来，量子技术研究在国家空间与创新计划框架下开展，使德国不断拓展量子技术在地球监测、卫星通信和卫星导航上的应用。然而，仍存在诸多挑战，例如，量子技术预测卫星技术中使用的距离、位置和时间的测量精度有待提高，等等。为此，联邦政府支持在卫星开发方面最具经验的德国航空航天中心（DLR）建立两个新的研究所和伽利略高级研究中心，以支持卫星量子技术中工业基础的并行发展。二是加强数字通信的机密性和完整性。建筑与社区（BMI）和联邦国防部（BMVg）认为量子技术在推进数字化转型、数字通信加密以及机器辅助操作方面具有较高的潜力。开发抗量子密码系统尤为重要，这些系统必须能够抵抗量子计算机以及传统技术的攻击，同时也能够与现有的通信协议和网络协同工作，以确保德国保持其在加密领域的世界领先地位。

（4）加强国际合作。一是加强计量与标准方面的国际合作。尽管在科学、工业和安全领域的竞争日益激烈，但联邦政府仍致力于加强量子技术方面的国际合作。目前，随着国际时间标准精度要求的不断提高，以监测原子量子态为基础的标准已经难以满足要求，德国国家计量研究所（PTB）正在与美国国家标准与技术研究所（NIST）、日本国家计量研究所（NMIJ）、法国国家计量与分析实验室（LNE）等国际领先的计量研究所密切合作，共同开发下一代光学时钟和光学谐振器。除此之外，PTB 也在不断推动修订基于量子的新国际单位制取得进展；二是扩大在欧洲的国际合作。德国将与欧洲主要伙伴国家开展联合开发项目，旨在提高欧洲在量子技术研究方面的知名度和吸引力。一方面，德国积极参与欧盟量子旗舰项目（EU quantum Flagship），从一开始便密切配合这一重大项目，并为高层指导委员会提供个人和财政支持。与此同时，在 2003 年欧盟量子旗舰项目第一阶段活动方案和征集提案时，诸多德国申请人成功地参与了这些进程。另一方面，德国通过积极参与欧洲创新与研究计量计划（EMPIR）与其他各国建立了合作关系。

（5）提高大众参与度。一是以专业培训的方式帮助公众理解量子技术。为帮助公众更好地理解新技术以及新技术带来的一系列生态、经济、社会等方面的新问题,联邦政府通过授课、访问以及参与三种方式为公众提供学习平台:方式一是邀请量子物理学专业教授从理论的角度以更直观的方式或者采用更有趣的教学工具为公众授课,方式二是建议德国的博物馆和展览馆展示更多的量子技术实验和应用,方式三是开发面向 DIY 爱好者和中小企业的量子开放技术平台,在动手参与增加理解过程中提高年轻学术者和工业人才的积极性。二是激发青少年对量子技术的兴趣。将年轻人才吸纳到科学领域是联邦政府的一个主要关注点。联邦政府主要采取了以下几种手段:成立初级研究小组,以联合交流的方式培养年轻科学家的领导能力;与来自科学和工业界的合作伙伴共同成立量子未来学院,以讲座、实践工作等课程形式帮助学生们了解量子技术的最新发展趋势;提供多项量子技术领域的研发资助项目,同时设立德国航空航天中心空间管理计划等合作项目和技术开发项目,帮助年轻研究者完成硕士和博士论文;将量子技术整合到物理以外的课程中,并创建了一个最佳实践目录作为研究培训课程以外的补充内容。

重要国家人工智能战略分析与总体趋势判断

| 赵程程

作为全球人工智能重要节点城市的上海在制定和实施人工智能战略过程中，需放眼于全球，长期追踪全球重要国家/地区战略动向和实施举措。本文重点分析美国与德国人工智能战略发展动向，并对全球 AI 战略布局趋势做出判断。

一、美国政府人工智能战略动向

在种种猜测声中，2021 年 3 月，美国人工智能国家安全委员会(NSCAI)向总统和国会提交了最终报告——《人工智能：最后的报告》。700 多页的报告，从国土(信息)安全和技术竞争两个方面，全面、详尽地介绍了美国赢得人工智能时代的战略。随附的《行动蓝图》概述了美国政府为实施建议应采取的更为详细的步骤。

表 1　美国人工智能战略动向和主要举措

战略动向	战略目标	主要举措
中美 AI 关系	全面推动对华 AI 政策，通过国内投资提高美国 AI 竞争力和韧性	确定中美关系基调“在合作中竞争”
		建立中美高级别全面科技对话(CSTD)
人才竞争	本土人才培育	通过《国防教育法Ⅱ》，优化美国教育体系(K-12)和高校教育)
	国际人才吸引	扩宽人才签证渠道、降低申请标准、建立新型签证

（续表）

战略动向	战略目标	主要举措
创新加速	强化美国联邦政府主导地位	扩大和协调联邦 AI 基金
		通过国家人工智能研究基础设施（NAIRI）获取并开放更多 AI 资源
	深化公私合作关系	为 AI 等战略性技术创造应用场景
		发挥公私伙伴关系及作用
		共同应对重大科学、技术和社会挑战
知识产权	将知识产权视为维护国家安全利益的关系组成部分	将实施和制定国家知识产权政策和制度作为国家安全战略的一部分，用以激励、扩大和保护 AI 和新兴技术
		列出 10 项关于知识产权的优先考虑事项
微电子	重整美国在微电子领域的全球引领地位；维持领先中国至少两代的技术先进性；促进尖端微电子制造本土化、多元化	发布执行《国家微电子战略》；综合预算 350 亿美元，用以加大对微电子研究和基础设施投资
技术保护	建立现代化的出口管制和投资筛选机制	明确美国 AI 军民两用技术保护的总体原则
		加强美国技术保护政策的实施效能
		根据 2018 年出口控制改革法案的要求，必须加强控制的新兴和基础性技术
		加强美国外国投资委员会（CFIUS）改革，促进新兴技术竞争
		对关键半导体制造设备实施有针对性的出口管制
		保护美国研究环境完整性的建设能力
		与盟国和合作伙伴协作，进行国际研究保护工作
		加强对研究机构的网络安全支持
		对抗国外人才招聘计划
		限制与解放军相关人员和实体的合作

（续表）

战略动向	战略目标	主要举措
国际技术秩序	美国与盟友和伙伴，形成有利的国际技术秩序，赢得与威权国家（中国）的技术竞争	制定国际科技战略（ISTS）
		建立新兴技术联盟（ETC）
		启动国际数字民主倡议（IDDI）
		制定并实施一项全面的美国国家计划，以支持国际技术努力
		提高美国作为国际新兴技术研究的中心地位
		调整美国外交政策，及美国在数字时代的大国竞争关系
关联性技术	保持美国在至关重要的八项技术和相关平台保持全球领导地位	AI、微电子、生物技术、量子计算、5G 和先进网络、自主和机器人技术、先进和增材制造以及能源系统

《报告》提出，美国要想赢得全球 AI 技术竞争、保持技术领先优势，中国是强劲对手，人才是关键资源，微电子是重要领域，创新生态系统是保障，并详尽地进行了战略部署和政策论证。关于美国政府人工智能战略动向已在《赢得技术竞争：美国拜登政府人工智能动向判断——对〈最后的报告：人工智能〉的解读》中进行了详细的论述，这里不再展开。

二、德国政府人工智能战略动向

2020 年底，德国联邦政府根据近两年国际形势的变化以及新冠肺炎疫情对人工智能技术提出的新需求，对 2018 年版《德国人工智能发展战略》进行了更新，并在内阁表决通过了这一新的修订。新修订的战略从人才培养、基础研究、技术转移和应用、监管框架和社会认同五大重点领域确定了未来的一揽子计划。至 2025 年，德国联邦政府对人工智能领域的资助将从 30 亿欧元增加到 50 亿欧元。

1. 关注职业人才在岗培养

不同于美国，德国联邦政府人才培养政策重点部署对高等教育和职业教育阶段人工智能专业人才的培养和对人工智能技术研发人员工作和研究环境的创造。

表 2 德国联邦政府人才培养政策重点部署

侧重点	主要举措
资助青年研究者	为应用科技大学的青年研究者创造具有吸引力的工作和研究环境，加大资助力度
	开展人工智能挑战赛，创建“人工智能德国造”奖项以奖励人工智能人才
	与德意志学术交流中心(DAAD)共同设立新的青年研究者资助计划
数字化教学	资助基于人工智能和大数据的高校教育数字化创新
	开设人工智能课程以培养未来学术人才
	利用人工智能提高高校的教学质量和水平
资助职业教育	基于人工智能，构建职业教育在线技能提升网站
	开展创新挑战赛(职业教育数字平台)，以构建创新的、以用户为导向的、可持续的数字继续教育空间
提高相关者待遇	与各州协商提高人工智能教授的工资水平
资助女性教育	打造区域创新集群以设立针对青年女性的人工智能教育计划

2. 持续深化基础研究

当前德国的人工智能基础研究水平处于全球领先地位，现阶段需要维持和提高这一核心竞争力，借助在 AI 基础研究领域的重点部署，提升德国在欧洲人工智能技术发展中的主导权。

表 3 德国联邦政府 AI 基础研究重点部署

侧重点	主要举措
打造研发合作网络	建立全球领先的欧洲人工智能网络“人工智能欧洲制造”
推进基础设施建设	加快高斯超算中心百亿亿次超级计算机的扩建以及相关高性能算法的开发，在国家高性能计算邦州联合资助框架内建设基于需求的超算基础设施，供全国高校等相关主体使用
	通过德国宇航中心加强国家关键基础设施中安全人工智能系统的研发

（续表）

侧重点	主要举措
资助跨学科应用研究	推出新的资助计划支持医疗领域中用于流行病预测的人工智能辅助系统和护理领域人工智能系统的研发
	扩大“计算科学与生活”项目资助范围，重点关注“人工智能在传染病流行病学数字化中的应用”
	加大“地球观测中的人工智能应用”资助力度，重点支持人工智能在可持续经济中的创新应用
	加强公民安全领域可信赖人工智能应用研究
	设立生产制造领域中人工智能应用的资助措施
	开展“用于 IT 安全的人工智能”和“通信网络中的人工智能”资助计划的相关项目
	实施人工智能在农业、食品、健康饮食和农村领域应用的相关资助项目
	构建应用于出行领域的人工智能和自学习系统创新中心，加大对自动驾驶复杂场景应用的研发力度
	继续和扩大“环境、气候、自然和资源领域的人工智能灯塔项目”，重点开展人工智能在气候保护和资源节约领域的创新应用
资助数据研究	设立合成数据生成资助措施
	构建数字健康发展中心，支持基于数据的数字医疗，特别是数据在癌症治疗和传染病学领域的应用
资助商业模式研究	开展创业资助计划 StartUpSecure，加强基于人工智能的商业模式和产品的安全性
资助人工智能系统研发	开展试验性创新挑战项目“节能型人工智能系统”和“面向未来的专用处理器和开发平台”
	加强对人工智能系统安全性和鲁棒性的研究
	开发用于检测人工智能系统特性的方法和工具

3. 全面拓宽应用场景

为了巩固和提升德国和欧洲在全球人工智能领域的竞争优势，德国联邦政府指出要全面开拓人工智能技术应用场景，加快人工智能从技术研发向行业应用转化。

表 4　德国联邦政府加强人工智能技术成果转化应用的战略部署

侧重点	主要举措
加强 AI 创业环境建设	在现有的“EXIST 大学创业资助计划”中新设立人工智能资助重点和相关具体措施
	在“德国加速器计划”中新设针对人工智能初创企业的资助计划
	在硅谷设立创业和服务代表处，为德国相关政府部门、机构和人员提供服务
资助 AI 中小企业发展	成立新的应用中心，促进中小企业 4.0 能力中心和人工智能研究中心的交流与合作，并使中小企业成为研究全流程的重要一环
	通过“欧洲数据云计划(GAIA-X)”构建具有竞争力且安全可靠的互联数据基础设施，重点资助中小企业和农业领域的应用案例
	加大对中小企业人工智能研发和应用的资助力度
拓宽 AI 应用场景	建立各行业和专门领域的人工智能应用中心
	资助基于人工智能的创新型出行方式，重点是城市出行、乡村地区连接和社会接受度
	评估和测试人工智能技术在联邦信息通信项目中的应用
	通过创新挑战赛促进人工智能在解决流行病危机方面的应用
	加强人工智能在基础研究中的应用，通过大型研究基础设施探索宇宙和物质
	利用人工智能处理和评估遥感信息
	促进人工智能作为关键技术在航天领域的应用
加速 AI 技术转移	每年举办人工智能技术转移大会，加强人工智能成果转化方面的计划和机构间的联系
	促进人工智能方法在物理、地球科学和系统生物学中的跨学科应用和技术转移
	促进人工智能在汽车制造、现代交通、船舶制造、农业和护理等领域的技术转移
推动 AI 技术应用创新平台建设	构建物流领域人工智能创新集群，在数据和平台竞争中加强德国的物流能力
	资助人工智能学习和试验区
	继续发展和扩大现实实验室网络，并加大跨主题“现实实验室”项目遴选力度
	建立“人工智能和大数据应用实验室”，利用人工智能实现更好的环境监测

（续表）

侧重点	主要举措
加强对 AI 技术应用的监管	构建一套指标体系，监测人工智能在社会领域的应用，特别是在就业领域的引入和应用
加强国际合作	参与并扩大“全球人工智能合作伙伴关系（GPAI）”

三、总体趋势判断

1. 人才将成为各国竞相争夺的首要资源

纵观全球重要创新型国家，人才俨然成为各国竞相争夺的首要资源，是赢得 AI 技术竞争的首要资源。美国出台《国防教育法案Ⅱ》，完善本土基础教育 & 高等教育体系，将与 AI 相关的统计学、计算机原理等基础性学科融入 K-12 教学课程，从根源出发培育 AI 本土人才。无独有偶，韩国重视建立和完善 AI 高等教育培养体系，德国关注 AI 职业人才的培养。

2. 各国将聚焦建立更为紧密的公私合作关系，凸显人工智能企业的军民两用性

一方面，美国和韩国正在建设一个国防部统筹下的数字系统生态系统，整合通过验证的人工智能企业和人工智能商业产品，扩宽商业人工智能技术的应用场景。另一方面，美国一改以往“不干预”的政策传统，规划设计人工智能等战略性新兴技术的创新集群。通过为集群内人工智能企业和个人提供税收优惠、提高研究资助和准入标准，干预企业由民用向军用的转型。这种“公私合作模式”值得我国长期跟踪和研究。人工智能的发展已然不是企业之间的竞争，而是“企业＋政府”组合式的竞争。公与私如何合作，不仅是美国面临的问题，也是中国人工智能发展存在的探索性难题。

3. AI 基础研究将成为各国研发投入的重点领域

基础层的研究突破将会颠覆整个 AI 产业。哪个国家首先赢得类脑科学突破，将引领新的第三代 AI 产业革命。因此，基础研究将成为各国研发投入的重点领域。美国将研发重点部署在类脑科学、微电子等基础层领域；德国聚焦算力的提升；韩国聚焦算法的优化。

4. 美欧韩日将形成更为紧密的 AI 战略联盟，加快技术标准的出台

美国将纵横欧洲重要国家、韩国日本等盟国，形成更为紧密的 AI 战略同盟，加快构建 AI 技术与监测标准框架。在此过程中，美国将采取一贯的“胡萝卜加大棒”的方式。美国利用国际影响力，游说盟友中断或放弃与中国企业的商务合作，建立反华联盟，后期这一局面将进一步加剧，甚至会波及生物基因等敏感领域。

新经济、新产业、新模式、新技术与创新治理

人工智能的发展亟需夯实数据生态基础

| 曾彩霞　尤建新

美国数据创新中心(Center for Data Innovation)于2021年1月发布了针对美国、中国及欧盟三大地区的人工智能最新发展报告——《中美欧人工智能比较》。该报告从人才、开发、研究、应用、数据和硬件六大指标体系对中国、欧盟、美国人工智能现状进行了比较。报告显示,尽管我国在人工智能领域持续发力,但美国仍然保持整体领先,特别是在人才、硬件以及法律法规等生态基础方面,我国严重落后于美国和欧洲。

从发展生态的视角来看,美欧已经开始制定相关法律法规和政策鼓励数据的共享和流通,包括建立数据交换标准,要求开放应用程序接口等。虽然欧盟在发展的各单项指标上都未能占据领先地位,但在规制研究和实施方面已经展现出明显优势。由于人工智能的开发需要大量数据的喂养,欧盟的规则优势可能对中美人工智能未来的开发产生重要影响。

相比较而言,我国虽然在数据和应用方面占据优势,但这种优势主要来自人口红利以及公民对数据隐私保护意识薄弱。近年来,这种优势正在遭遇挑战。随着数据隐私纠纷案频发,以及GDPR的实施,我国消费者对个人数据的保护意识正逐渐提高,特别是数字化转型,将加快促进个人信息保护和数据安全等规则的进一步完善。

从中美欧人工智能产业发展现状对比来看,我国不仅要在人才和硬件方面加快补短板步伐,更要关注夯实以下几方面的数据生态基础。首先,确保丰富的本土数据供给。从中美欧人工智能发展现状来看,我国目前的优势主要体现在应用和数据上。我国是否能够一如既往地保持数据优势将决定着我国人工智能是否能够得到长足的发展。从2017年顺丰菜鸟数据争夺战,华为与腾讯的数据之争、阿里巴巴的"二选一"事件,到前不久的"杭州人脸识别案",可以看出我国数据矛盾已从企业间不正当竞争的商业利益矛盾转移到企业与消费者之间的利益矛盾。如果这种矛盾不能得到及时有效的解决,将对数据供给市场产生消极的影响。消费者对企业收集数据行为的不信任，以及个人隐私权益无法得到法律保障的情况，将大大地降低消费者供给数据的动力，从而抑制我国数据市场的发展，这将最终影响人工智能乃至整个数字化转型的进程。因此，我国应尽快颁布个人信息保护法，给予消费者维权渠道。

其次，开拓国际数据供给渠道。从中美欧人工智能现状发展来看，虽然我国具有数据竞争优势，但我国的数据竞争优势主要是体现在本土数据上。实际上，从全球市场来看，美国具有绝对的领先地位。目前，全球搜索引擎服务市场、社交网络服务市场几乎都被美国企业所占据着，这就意味着美国实际上控制着全球大量的消费者数据，这些数据都可以反哺美国人工智能的开发。如果我国要在人工智能领域与美国展开竞争，需要在确保目前本土数据优势的基础上，进一步开拓国际数据供给渠道，尽快完善数据跨境的相关法律法规，加强与其他国家的合作。

最后，积极参与国际组织和多边组织对人工智能数据伦理规则的制定。从《中美欧人工智能比较》中可以看出，欧盟人工智能在各个指标中都处于劣势，但欧盟在过去五年积极制定各方面的规范。欧盟一方面积极参与国际组织和多边组织的规则制定，另一方面吸纳国际组织和多边组织规则，实现国际数据伦理规则与欧盟自身数据伦理规则的融合，为欧盟人工智能未来的发展提供了法律稳定性和政策指引。目前，我国在规范领域以及国际参与方面都处于劣势，可能对我国人工智能的未来发展高度产生消极影响。对此，我国应积极参与国际组织和多边组织人工智能数据伦理规则的制定。

智能技术背景下的未来机场展望

| 杨　琪　袁娜娜　臧邵彬　史　轲　彭琪琴　马军杰

一、智能技术发展概况

当前，新一轮的科技革命和产业变革正在如火如荼地进行，以大数据、云计算、物联网、5G、人工智能等为代表的新一代信息技术不断更新迭代，并应用于人类社会生产生活的各个领域。这股信息化浪潮深刻影响了人们的生活方式，使得人们对于安全、效率、质量、环境等提出了更高的要求。

表 1　新一代信息技术汇总

技术	概念	特征	解决问题与实际应用	发展趋势
大数据 (Big Data)	或称巨量数据、海量数据、大资料，指大小超出常规的数据库工具获取、存储、管理和分析能力的数据集	规模性(volume) 多样性(variety) 高速性(velocity) 价值性(value) 真实性(veracity)	1. 描述性分析：总结和抽取信息并呈现 2. 预测性分析：分析事物发展趋势并进行预测 3. 指导性分析：指导和优化决策，增强决策科学性 可应用于舆情监控、信息检索、数据工程、情报分析、市场营销、医药卫生等领域	1. 预测、指导性深层次应用成为发展重点 2. 隐私保护和数据安全规范化、制度化 3. 带来大数据信息技术体系和大数据治理体系的变革

（续表）

技术	概念	特征	解决问题与实际应用	发展趋势
云计算（Cloud Computing）	用户可通过其提供的可用的、便捷的、按需的网络访问，按照使用量计费，进入可配置的计算资源共享池。这些资源能够被快速提供，同时实现管理成本或与服务供应商交互的最小化。包括三种服务模式：1. IaaS（基础设施即服务）；2. PaaS（平台即服务）；3. SaaS（软件即服务）	宽带投入 动态扩展 资源共享 计费服务 按需部署	1. 随时随地联网工作 2. 数据存储安全可靠 3. 运算能力强大 4. 用户使用方便快捷 5. 价格低廉 6. 效率提升 7. 便于集中监管和控制 应用于社交云、医疗云、教育云、金融云、交通云、电信云、政务云，等等	1. 总体趋势向开放、互通、融合、安全方向发展 2. 云计算产业规模不断扩大；多云策略成为企业云共计
物联网（The Internet of Things，IoT）	通过信息传感设备，按照约定的协议，把任何物品与互联网连接起来，进行信息交换和通信，以实现智能化识别、定位、跟踪、监控和管理的一种网络	全面感知 可靠传送 智能处理	1. 计算与服务：海量感知信息计算与处理 2. 网络与通信：接入与组网、通信与频管 3. 感知与标识：传感技术、识别技术（二维码、RFID 标识技术等） 4. 管理与支持：测量分析、网络管理、安全保障 实现物体之间的沟通与联系，赋予物体智能，建设智慧交通、智慧医疗、智慧安防以及智慧城市	1. 未来将集中于工业、交通和公共服务部门 2. 数据安全重视程度升高 3. 更多移动终端接入物联网，如智能家具、智能穿戴、自动化汽车等，物联网服务渐趋丰富 4. 高精度室内定位技术不断发展

(续表)

技术	概念	特征	解决问题与实际应用	发展趋势
人工智能(Artificial Intelligence, AI)	研究、开发用于模拟、延伸和扩展人的智能的理论、方法、技术及应用系统的一门新的技术科学	渗透性(pervasiveness) 替代性(substitution) 协同性(synergy/coope rativeness) 创造性(creativeness)	1. 生物识别:采用人体的生物特征(指纹、人脸、虹膜等)进行身份识别 2. 自动驾驶:自动识别路况信息,供自动驾驶系统作为汽车运行的依据;完成数据分析,从而自主完成决策制定 3. 自然语言处理:通过深度学习人类语言的一般性规律来理解人类语言并进行处理,包括声音/文本语义处理、声学/语义模型建模等 ……	1. 由"弱人工智能"向"强人工智能"和"超人工智能"发展,通过深度学习分析大量数据,甚至模拟人类智慧获得自主意识和思维 2. 未来进入"人工智能+"时代,广泛应用于社会生活生产各个领域 3. 道德伦理和法律问题研究不断深入
5G(5th-Generation)	第五代蜂窝移动通信技术,继4G(LTE-A、WiMax)系统之后的延伸	高数据速率 减少延迟 节省能源 降低成本 高系统容量 大规模设备连接	1. 智慧交通:智能联网汽车、车路协同构建智慧交通 2. 智能工业:利用互联网实现智能工厂、智能制造、产业智能升级 3. 远程医疗:实现远程诊断与指导、远程监测与护理、医疗资源实时共享 ……	1. 通信数据吞吐和传输速率提升,速度更快、效率更高、更智能化 2. 普及更多用户,注重提升用户体验 3. 为大数据、物联网、云计算等技术提供支撑、相互交叉融合

(续表)

技术	概念	特征	解决问题与实际应用	发展趋势
VR 技术(Virtual Reality)	虚拟现实技术囊括计算机、电子信息、仿真技术于一体,其基本实现方式是计算机模拟虚拟环境从而给人以环境沉浸感	沉浸性 交互性 多感知性 构想性 自主性	1. 动态环境建模 2. 实时三维图形生成 3. 多元数据处理 4. 实时动作捕捉 5. 立体显示和传感器技术 应用于影视娱乐、教育、设计、医学、军事等领域,如 VR 游戏、VR 实验室、虚拟购物,等等	1. 关键核心技术突破,如近眼显示、感知交互、渲染处理等 2. 产品有效供给更丰富 3. 重点行业应用,培育新模式、新业态 4. 搭建公共服务平台 5. 建立标准规范体系,增强安全保障能力
无线射频识别技术(Radio Frequency Identification,RFID)	非接触的自动识别技术,通过无线射频方式进行非接触双向数据通信,利用无线射频方式对记录媒体(电子标签或射频卡)进行读写,从而达到识别目标和数据交换的目的	适用性 高效性 独一性 简易性	1. 物流:货物追踪、信息自动采集、仓储管理应用、快递等 2. 交通:出租车管理、公交车枢纽管理、铁路机车识别 3. 身份识别:二代身份证、电子护照等电子证件 4. 防伪:贵重物件防伪、票证防伪 ……	1. 成本更低、识别距离更远、体积更小 2. 超高频系统的应用将会更加广泛 3. 网络化管理实现系统的远程控制与管理 4. 射频识别阅读器设计与制造向多功能、多接口、多制式发展;多阅读器协调与组网技术发展

二、我国机场现存问题

改革开放以来,我国民用机场运输业务量持续快速增长,机场数量持续增加、密度持续加大、规模持续扩大,运行保障能力实现了质的飞跃。但是,我国民用机场建设与世界其他民航强国相比还有一定差距,存在安全保障能力不够强、运行效率不够高、旅客服务不到位、环境质量不够好等发展不平衡、不充分的问题。

表 2　我国机场现存问题

安全	运行	管理	服务	环保
1. 跑道入侵 2. 道面和相关设施失效 3. 外来物损害(Foreign Object Debris,简称 FOD) 4. 航空器地面剐蹭 5. 鸟害及野生动物入侵 6. 机场净空破坏	1. 航班正常率较低(包括航班正常放行率、航班延误情况等) 2. 地面保障资源饱和 3. 信息共享不足、沟通协调不畅	1. 经营规模较小 2. 精细化程度较低 3. 专业化程度较低 4. 资源配置不合理	1. 值机程序繁琐 2. 安检时间过长 3. 行李托运流程繁琐 4. 员工服务态度较差 5. 硬件服务设施欠缺	1. 噪声污染 2. 碳排放污染 3. 资源利用率较低

为全面贯彻落实习近平总书记对机场建设的指示要求,推进新时代民用机场高质量发展和民航强国建设,民航局于今年制定出台了《推进四型机场建设行动纲要(2020—2035 年)》以及配套的《四型机场建设导则》,旨在指导建设安全高效、绿色环保、智慧便捷、和谐美好全方位发展的四型机场,明确了四型机场发展的基本原则、建设目标、主要任务和实施步骤,为建设现代化民航强国提供重要依据和支撑。其中,智慧机场建设是推动机场转型升级极为重要的一环,在四型机场建设中起到了贯穿和引领的作用,为机场建设提供技术支持和技术平台,是未来机场和未来民航建设的题中之义。

现代机场首先具有基本公共服务设施的属性,它的首要任务和功能是满足旅客基本的出行需求,一个大型机场每天的旅客吞吐量可达 20 万人次;其次,机场具有企业化经营的特点,在主营航空业务以外还会运营非航空业务,例如零售、餐饮、居住、广告、绿化等,为旅客提供多样化的商业服务和产品。从机场每天的旅客吞吐量以及经营的业务范围来看,机场本身就是一个"小城市",未来机场将趋向综合化、商业化、城市化发展,拥有城市的基本功能、提供城市的基本服务。

而新一代信息技术的应用和智慧机场的建设,不仅可以丰富和优化机场的综合服务功能，解决上述机场安全保障能力不足、运行管理效率不高、旅客服务质量不好等问题，促进未来机场综合化、城市化发展，满足旅客日益增长的高质量、多元化需求，从而给旅客带来安全感、幸福感、获得感；还可以构建高效运转的智慧交通网络，为智慧城市建设提供基础设施保障，推动智慧城市基础设施智能化、公共服务便捷化，加速城市数字转型和智能升级。此外，当前新冠肺炎疫情也已经进入常态化阶段，旅客对于"无接触"的安全出行需求十分紧迫，未来机场亟需将信息化、智能化技术应用于日常服务，保障人们安全、放心、便捷地出行。因此，本文将结合部分信息化技术的应用以及我国机场现存的亟待解决的问题，从旅客感知的角度生发想象对未来机场作出展望，为智慧机场及四型机场建设提供开拓性思路。

三、未来机场全景式展望

1. 基于用户画像的智能推送

在大数据时代背景下，用户信息布满于网络中，用户画像智能推送服务将用户的每个具体信息抽象成标签，利用这些标签将用户形象具体化，并识别和预测各种用户的兴趣或偏好，从而有针对性地、及时地向用户主动推送所需信息，以满足不同用户的个性化需求。

（1）"One ID"出行

机场可以利用生物识别技术，以旅客面部特征信息为核心，将旅客身份信息与出行信息相结合，建立与旅客信息数据库相联结的"用户画像"，将之作为识别身份的"One ID"。从值机到登机再到下机，整个流程只需要刷脸即可畅行无阻。比如旅客人在家或者酒店，通过手机端应用程序刷脸就可以进行场外电子化值机；进入机场后，直接进行生物识别即可登机，不再需要提供纸质登机牌、身份证或护照。"One ID"通行简化了登机流程，既节省了旅客的等候时间、优化了旅客出行体验，也提高了机场的运行效率。

（2）机场 App

未来机场将普遍开发应用机场 App，在旅客登机前夕对旅客的的登机口、登机时间、乘坐航班等基本信息进行收集整理分析，并且可以实时定位乘客位置，结合交通状况与航班延误情况，为旅客推送出行时间与出行路线选择建议。到达机场后，机场将通过大数据分析旅客进入机场的时间与登机状态，统筹安检口的拥挤程度、每一安检口到旅客登机口的距离与旅客随身携带行李的重量等，在

App 中为旅客推送最优安检口路径选择建议。

(3) 全息影像 AI

未来机场或许会推出全息影像 AI 个性化服务。全息影像 AI 代替传统人工和实体机器人为旅客推送所需信息,AI 全息投影可以和旅客进行对话、互动,全流程指引旅客办理登机。全息影像 AI 也可以依据乘客历史数据、消费偏好、乘机信息等提供乘机需求、购物推荐等个性化内容,提供私人定制服务。

2. 基于先进技术的智慧安检

机场安检效率的提高是机场整体运行效率提升的关键点。如果安检程序繁琐、速度过慢,就会造成大量旅客在安检口聚集,影响旅客的出行体验和机场的运行效率;另外,安检安全问题防范也是加强机场安全保障能力的重要课题。

(1) 长廊式快速安检通道

旅客不用再费力气把笨重的行李箱提到安检传送带上,而是直接携带行李从长廊式安检通道通过,通道内的传感器扫描仪和 CT 设备等可以进行人身和行李的安检,并将实时图像发送至后台系统,节省排队等候安检的时间。

(2) 旅客安全级别评估体系

旅客进入机场时采用生物识别技术对其身份进行识别,并通过以往的飞机乘坐记录扫描旅客信息,再结合征信和航行记录进行评估,对不同安全级别的旅客进行分级,以往的飞机乘坐记录和旅客信息均显示没有不良记录的,则鉴定为安全级别高,该类旅客可以免于传统安检,加快安检速度。

(3) 扫描技术升级

①液体扫描仪:现行的扫描安检完全不允许携带大容量的液体的根本原因在于没有专业的监测仪器监测液体是否有毒有害,液体扫描仪能将无害的液体与其他液体区分开来。②身体行为扫描仪:该扫描仪可以分析肢体语言,并指出可疑的行为,检查出是否有旅客需要机场人员的协助。③扫描地垫:扫描地垫可以单纯针对脚部进行扫描,侦测藏在鞋子里面的违禁品及物质,不再需要旅客脱鞋配合检查。④生物特征扫描仪:对旅客进行生物特征识别扫描,以验证其身份。

3. 基于智能追踪的行李服务

现今我国大部分机场行李托运流程都较为繁琐,旅客办理完值机后往往需要拖着沉重的行李去行李托运平台单独办理托运,到达目的地后在行李转盘处等待行李的时间也较为漫长,还有可能出现行李丢失、损坏和误拿的情况。智能追踪技术的应用和机场行李服务的升级可以有效解决这个问题。

（1）行李追踪

RFID标签和RFID Reader识别技术可以有效地对行李进行自动识别和自动分拣，提升机场行李系统实际处理能力，同时为实现全流程行李跟踪提供技术支撑。机场可以与航空公司合作开发手机端应用程序，为旅客提供行李的实时位置信息，旅客可以在手机端实时跟踪自己行李的位置，以防行李丢失。

（2）行李搬运机器人

该自动化机器人可以帮助旅客搬运行李，旅客只需扫描电子登机牌或刷脸即可使用。机器人内置专属标签程序，用来托运旅客行李，和旅客的手机绑定后，形成点对点的智能跟踪，根据旅客的行动方向自动规划路线，为旅客减少随身搬运行李的麻烦，同时也会降低丢失行李的风险。此外，未来机场可能实现机场地铁联动的运输模式，旅客可以在机场预定行李搬运机器人，机器人会与旅客手机端实现实时位置共享，旅客进入地铁乘客专仓，行李机器人进入地铁行李机器人专仓，乘客下地铁时，行李机器人通过智能识别追踪与乘客在同一地铁站下车，并为乘客提供行李配送至地铁口模式，最终行李机器人复位到各个地铁站与机场，投入下一次的联动行李输送。

（3）一站式行李托运

未来机场可以开发一种行李传送处理系统，旅客一进入机场航站楼，就可以直接放下托运行李到行李传送带上，由行李传送平台统一处理并传送到指定的位置进行单独托运，不用再拖着沉重的行李去托运平台托运。如果旅客有需要，机场可以提供一站式托运行李服务，旅客出行不需要再带着行李，机场会提供车辆，从旅客的家中或酒店将行李搬出，并单独进行托运，直接运往旅客的目的地。旅客同样可以使用手机端实时定位追踪行李以防行李丢失。

4. 基于虚拟技术的商业服务

（1）虚拟商店

未来机场会利用AR、VR等技术，通过多媒体、三维建模等方式打造虚拟商店，取代传统的实体商店，旅客可以模拟试用并挑选虚拟商品、自助付款，比如彩妆护肤店铺可以实现线上肤质测试、肤色识别，特产店铺可以通过VR等技术为旅客介绍产品的背景文化、展示产品的功能效用等。商店还可以根据旅客的心理价位预期，为其推荐合适的产品，同时可以结合旅客在机场的采购记录，建议旅客可能喜欢的商品与品牌。旅客可以选择由机场机器人流水线邮寄配送到家服务，无需在实体商店自提。

（2）模拟飞行

未来机场或许会在航站区或飞机上提供 VR 游戏娱乐或 VR 模拟飞行服务，例如旅客带上 VR 眼镜，展示驾驶舱全景，体验自己开飞机的感觉；或者将外界的即时影像投射在飞机舱体，模拟播放白云蓝天、日出日落，让旅客在享受飞行的同时能比较轻松地应对时差。

5. 基于高度自动化的基础设施

（1）自动化机器人

未来机场航站楼内将会实现高度自动化运转，会有各种智能的机器人投入到机场工作中，承担不同的职责，包括引导乘客、卫生清洁、餐饮服务、行李装运等，这些服务性工作全部由机器人完成，能在节省人力的同时提高机场的服务质量和运行效率。

（2）自动化助力车

一般大型机场登机口众多，涉及范围广，通常安检之后要走很久才可以到达登机牌上指定的登机口。因此，针对老幼残特殊人群、时间紧急的旅客，机场可以配备自动到登机口的自动化助力车，缩短旅客由安检口步行到登机口的时间，加快运转速度，并减少旅客步行造成的体力浪费。助力车内置自动导航、自动避让、自动驾驶等功能，旅客只需输入所要到达的登机口，电动助力车即可自动将旅客带到登机口。

（3）智能卫生间

携带小孩的旅客可能存在自由行动上的不便，尤其有些机场还未实现母婴幼童特殊人士卫生间的设置。未来机场可能会设置智能卫生间，不仅具备洗浴设备和哺乳室，还配置移动功能，旅客仅需在手机 App 上预定该项服务，该智能卫生间便可以自动识别乘客位置，随时随地为父母提供便捷的婴孩照顾服务，体现机场的人文关怀。同时，智能卫生间运用物联网（IoT）提示卫生间数量、使用、排队情况，马桶座和供水部位安装了传感器，如果长时间未被使用，其会判断是否有污垢或是故障，便于及时进行清扫、维修。

（4）智能座椅

航站区可以开发自由行动的智能座椅，该座椅拥有自由伸缩、放置行李、点餐、看视频、按摩等功能和服务；此外座位上安装了调温装置，一旦有旅客落座即弹出调温外套覆盖旅客全身，自动感应旅客人体温度并为之调节至适宜温度，避免部分旅客无法适应航站楼设置的统一空调温度。

(5) 飞行区自动化设施

未来机场的飞行区可以安置微型无人机进行监视，一旦发现有 FOD (Foreign Object Debris，即外来物损害)情况出现立即降落清理，或者拍摄图像后发送至系统后台，系统向附近的地面自动化工作车发出清理指令，快速清理 FOD 以保障飞行区安全。另外，可以开发无人驾驶摆渡车或者飞行器，负责从航站楼运送旅客到登机处，从而提升登机效率。

(6) 空侧交通自动化设施

未来机场停车场可以配置共享式自动化无人驾驶汽车，为旅客提供远程预订、自动接送等服务。另外，未来可能会发明新型自动化载人飞行舱或飞行胶囊来实现机场到城市各站点间的短途运送，空中交通也许会成为新的交通方式。

未雨绸缪早当先，未来产业谋长远

| 刘　笑

新一轮科技革命和产业变革正在兴起，以量子科学、区块链、新材料等为代表的前沿科技持续涌现。世界主要国家之间的科技竞争最终要归结于颠覆式创新技术支撑下的未来产业之争，因此发达国家大多对未来产业进行了提前布局。例如，美国于2019年发布了《美国将主导未来产业》前沿报告；2020年颁布《2020年未来产业法案》，从立法层面推动未来产业发展；2021年从组织层面提出要构建未来产业研究所等新型组织模式。又如，欧盟成员国于2019年联合设立了“欧洲未来基金”，致力于对具有战略性意义的未来领域相关企业进行长期资助。

当前，我国科技创新已经进入自立自强发展阶段，科技创新迈入更多“无人区”，可供借鉴的经验骤然减少，在突出科技创新原创性的基础上，进一步超前布局未来产业对经济高质量发展具有日益凸显的重要意义。“十四五”规划期间，北京、湖南等多个省市超前布局了区块链、量子通讯等未来产业。2020年以来，党中央多次强调要布局未来产业、培育未来产业，将未来产业视为决胜未来的关键战略。

一、什么是未来产业？

针对未来产业，诸多学者从不同视角进行了初步探索，潘教峰认为未来产业是以满足未来人类和社会发展中涌现的新需求为目标，以新兴技术创新为驱动力，旨在扩展人类认识空间、提升人类自身能力以及推动社会可持续发展的产业；陈劲认为未来产业是基于前沿、重大科技创新而形成的产业，虽然尚处于孕育阶段或成长初期，但未来最具活力与发展潜力，是对生产、生活影响巨大、对经济社会具有全局带动和重大引领作用的的产业，是面向未来并决定未来产业竞争力和区域经济实力的前瞻性产业，是影响未来发展方向的先导性产业，是支撑未来经济发展的主导产业。除此之外，未来产业的概念界定也来源于产业发展实践中，例如，韩国在2013年就开始布局《未来增长动力落实计划》，并在十三大未来增长新动力产业中明确将智能机器人、可穿戴智能设备以及实感内容三大产业认定为未来产业。又如,深圳在2009年确定生命健康、航空航天、海洋、机器人、可穿戴设备和智能装备为六大未来产业,并在十四五规划中进一步提出"未来产业引领"计划,前瞻布局量子科技、深海深空、氢燃料电池、增材制造、微纳米材料等前沿技术创新领域。由此可见,目前各界对未来产业的概念尚未达成共识,但普遍认为未来产业是以满足人类和社会未来发展需求为目标,通过颠覆式创新科技或前瞻性创新科技等手段影响全球未来经济社会变迁的关键新兴产业。

二、未来产业与战略性新兴产业的区别

未来产业常常被拿来与战略性新兴产业作比较。2010年,国务院将战略性新兴产业界定为"以重大技术突破和重大发展需求为基础,对经济社会全局和长远发展具有重大引领带动作用,知识技术密集、物质资源消耗少、成长潜力大、综合效益好的产业",并提出节能环保、新一代信息技术、生物、高端装备制造、新能源、新材料和新能源汽车七大重点领域。与战略性新兴产业相比,未来产业具有以下3个方面的不同点。

(1) 发展目标:未来产业侧重未来经济社会发展中的新需求,这种需求尚处于萌芽阶段,具有很大的想象空间;而战略新兴产业则较为侧重国家战略需求,注重产业发展对经济社会全局和国家长远发展所产生的引导带动作用。

(2) 所处阶段:一是未来产业与战略性新兴产业所处技术发展生命周期存在差异,由于未来产业具有前瞻性、新颖性等特点,相关技术基础相对薄弱,而战略新兴产业是在一定产业基础上发展起来的,技术基础相对较好;二是未来产业与战略性新兴产业所处产业发展生命周期存在差异,未来产业处于产业发展生命周期的萌芽阶段,规模相对比较小,而战略性新兴产业则处于产业发展的相对成熟阶段,规模相对比较大。

(3) 投入风险:一是从新兴技术风险程度来看,与战略性新兴产业相比,未来产业涉及的新兴技术存在较大难度和较高复杂性,受限于研究者和投资者自身知识和能力的有限性,存在较高的内部风险和外部风险,其潜在的负向影响可能导致安全隐患,也可能进一步破坏生态环境和社会秩序;二是从新兴技术风险的特征来看,未来产业涉及的新兴技术风险具有更高的耦合性,尤其是在第四次工业革命背景下,新兴技术集群不断涌现,科学领域间的交叉融合更加频繁,同时技术体系向社会系统全面渗透,大大增强了未来产业发展的连锁反应风险。

三、上海未来产业的培育机制

未来产业的独特性、战略性、风险性以及周期性，决定了要提前布局规划，采取适当的措施加快培育才能抓住未来科技创新的发展先机，才能将其快速转化成战略新兴产业。因此，上海要构建与之特点相适应的培育机制可以从以下几个方面着手。

(1) 战略层面：着眼于科学预测，加强顶层设计。一是组建高行政级别的领导小组。建议未来产业领导小组由市长、副市长、发改委等相关部门的主要负责人组成，直接指导未来产业发展规划的编制，充分解决跨组织、跨领域协同问题；二是要加强科学预测，在结合国外未来产业发展重点的基础上，根据上海市产业基础、发展目标等做好未来产业顶层设计，通过编制未来产业发展专项规划，重点明确各产业细分领域的未来发展方向，做好方向性引导工作。

(2) 组织层面：着眼于机制弹性，设置适宜的组织架构保障未来产业发展。一是建立未来产业行业协会等相关组织。比如深圳在推动未来产业时专门成立了未来产业促进会，在开展未来产业调查、相关政策制定、市场预测、创业大赛举办、孵化器平台提供等环节发挥了关键作用，增强了政府与企业沟通、产业和资本融合。二是组建适宜未来产业发展的新型研究机构。未来产业涉及诸多领域的融合发展，因此，新型研究机构需要充分具有多部门协作推动前沿科技创新的能力，确保研究机构在管理机制、人员配置、资金使用、管理流程等方面具有最大的灵活性以支持未来产业发展。

(3) 资源层面：着眼于原始创新，多方并举强化资源体系。一是专门制定上海未来产业资金扶持体系。当前，上海将未来产业统筹在战略性新兴产业范畴内，对两者之间的区分不够清晰，资金支持无差异化。考虑到两类产业之间的不同侧重，建议构建差异化的支持体系，安排专项资金从直接资助、股权投资、贷款补贴等维度提供全面支撑。二是结合现有园区定位，开辟专门空间为发展提供空间保障。例如，深圳率先启动了十大未来产业集聚区建设，并为每个区域明确了产业规划和功能定位，并在“十四五”规划期间强调建设未来产业试验区。三是内育与外引并重，强化未来人才体系。将未来产业相关人才纳入到高层次人才认定范围，并给予相应的资金支持，同时设置专项资金支持未来产业创业人才；除此之外，要建立人才支撑体系，鼓励高校院所创建特色学院，设立未来产业相关学科，多渠道强化人才培养，建立未来产业专业人才库和专家库。

（本文受到上海市青年科技英才扬帆计划资助）

数字资产的兴起与挑战

| 徐　涛　尤建新

习近平总书记在中共中央政治局第三十四次集体学习时强调，要把握数字经济发展趋势和规律，推动我国数字经济健康发展。数字资产作为数字经济发展下的新资产形态，对数字资产的概念、分类与场景以及面临的挑战进行探讨将有助于推动数字资产更好地融入和服务经济社会发展。

一、数字资产概念

在数字经济迅猛发展下，数字资产化和资产数字化不断发展，数字资产的应用场景也更加多元。尽管数字资产还没有设置专门的会计科目，但本质是一种能够带来经济利益或财富的资源，辨析数字资产的概念至关重要。《企业会计准则》将资产定义为企业过去的交易或事项形成的、由企业拥有或者控制的、预期会给企业带来经济利益的资源。根据资产是否具有实物形态，可将资产分为有形资产和无形资产；根据资产未来经济利益流入的确定性情况，可以将资产货币资产和非货币性资产。

为明晰数字资产的定义，本文对数字资产与传统资产的联系和区别进行讨论。

首先，数字资产是社会主体在参与经济活动中产生或获取的，应当具有明晰的归属权或收益权。政府部门、企业、个人都可以成为数字资产的归属或收益主体。区别于与传统资产的归属主体明晰，由于现阶段没有相关法规涉及数据权属问题，本文认为企业对依法依规获得的数据，应当享有获得收益的权利。从现有企业和地方实践来看，《上海市数据条例(征求意见稿)》中就引入了数据权益概念。

其次，数字资产在形态上与无形资产存在一致性。无形资产是指企业拥有或者控制的没有实物形态的可辨认的非货币性资产。由于数字资产需要借助数字技术进行存储，同样没有实物形态，与无形资产存在相似性。但不同于无形资产的非货币性，以加密货币和代币形式存在的数字资产，就是一种货币性数字资产。对于数字资产中的非货币性数字资产，可以理解为企业的无形资产。图 1 中，左边部分为无形资产，右边部分为数字资产。无形资产与数字资产交叉的部分为以数字形体存在的非货币性资产，左半部分为其他无形资产，右半部分为企业的货币性数字资产。

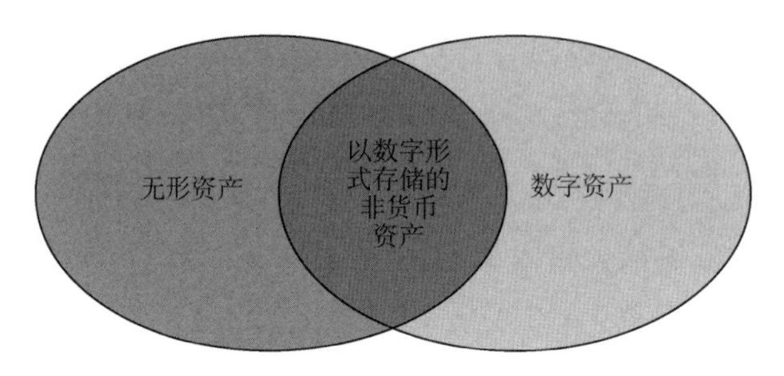

图 1　无形资产与数字资产

再次，数字资产分为货币性数字资产和非货币性数字资产。图 2 中，依据资产的货币性，可以将数字资产分为货币性数字资产和非货币性数字资产，本文认为货币性数字资产也是货币资产的一种类型，如数字人民币；非货币性数字资产可以理解为企业的数据资产、数字知识资产等。

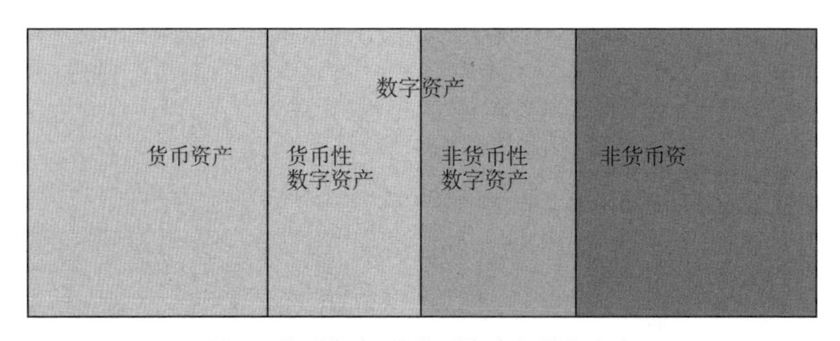

图 2　货币资产、非货币资产与数字资产

本文将数字资产定义为社会主体在参与经济活动中产生或获取，借助数字技术实现数字化存储，在不违反现有法律和行政法规的前提下具有所有权或收益权，能够带来经济效益的资源。

二、数字资产类别与应用场景

由于数字技术的发展和数字化转型推进，数字资产的边界也在不断拓展，数字资产类型不断出现。本文将数字资产类别归纳为数字货币、数据资产、数字知识资产。

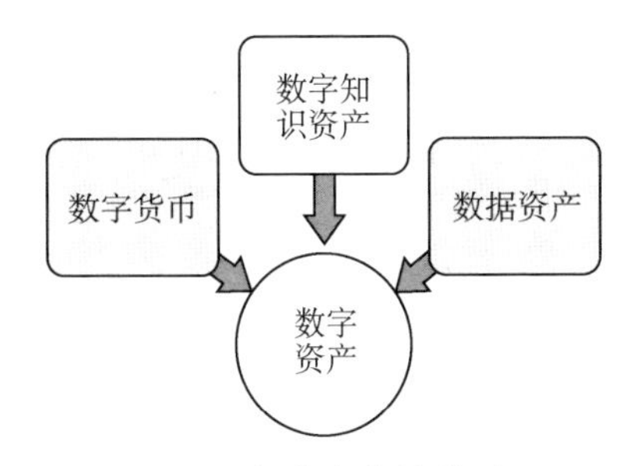

图 3　数字资产的类别

1. 数字货币

在区块链和数字加密技术发展下，数字货币已经从理论框架走向实践。数字货币以数字方式存储且有支付能力，可以用于真实和虚拟商品交易。数字货币又可以分为法定数字货币和虚拟数字货币，前者由政府部门发行，如数字人民币；后者为非政府机构发行，如比特币、Diem（原 Libra）。

从使用场景来看，由于法定数字货币较传统货币使用便捷、保管安全、追溯方便，受到了各国央行的关注。据国际清算银行发布的数据，全球 80％的央行正在研究数字货币，10％的央行即将发行本国央行数字货币。我国目前已在深圳、上海、苏州等多个城市试点数字货币。虚拟数字货币大多采用区块链和加密技术，可以实现货币交易的去中心化，点对点支付、匿名交易等。但由于币值波动大、去中心化的发行和交易体系难以被控制和监管，各国对虚拟数字货币都采取谨慎态度，并布局去中心化体系的法定数字货币。

2. 数据资产

王汉生《数据资产论》一书将数据资产定义为：在企业过去的交易或者事项中形成的，由企业拥有或控制的、预期会给企业带来经济利益的以电子化方式记录的数据资源。由于数据可能存在权属无法明确的问题，从现有企业实践来看，在不违反现有法律和行政法规的前提下，可以引入资产所有权和收益权进行区分。例如《上海市数据条例（征求意见稿）》中就引入了数据权益概念。本文对数据资产的概念界定如下：社会主体在生产经营或交易过程中产生的，在不违反法律法规禁止性规定以及与被收集主体约定的情况下，具有所有权或使用权限，并且预期能够产生经济效益的采用电子方式进行记录的数据。

关于数据资产的使用场景，笔者在 2020 年 12 月 18 日在爱科创公众号发表的《大数据时代数据资产化的发展与挑战》一文对组织内部数据资产的分析和使用，企业内外部的流通融合，以及市场的竞争垄断等方面进行了讨论。需要强调的是，数据资产化的方式在一定程度上取决于企业所采用的商业模式，通过新模式、新场景的引入帮助企业在运营过程中减少成本、增加收入和控制风险，从而实现数据资产的价值。

3. 数字知识资产

数字知识资产指数字化的知识产权资产以及知识产权资产的数字化。其中，数字化的知识产权资产是指原生状态以数字形态存在的知识产权资产，通常以电子记录的方式存储在计算机或系统中，例如企业开发算法、系统、软件等。知识产权资产的数字化是指借助数字技术对传统知识作品进行数字化处理，如对传统的报纸、图书、期刊等作品、出版物进行电子化。

数字知识资产正在成为企业的核心竞争力以及新的知识传播和分享途径。对于企业而言，在大数据环境下对于数据的加工和分析很大程度上需要相关的算法、网络平台进行支撑，从而持续推动企业数字化转型和商业模式创新。传统知识产权的数字化也正在改变人们学习习惯。中国新闻出版研究院日前发布的国民阅读调查结果称，2019 年，成年国民人均纸质图书阅读量为 4.65 册，数字化阅读渐受青睐，数字化阅读方式的接触率达到 79.3%。

三、数字资产发展面临的挑战

作为新生资产形态，数字资产在发展过程中，仍然面临评估体系、隐私与安全和监管等诸多挑战。

1. 数字资产的评估体系有待完善

当前，针对数字货币或是数据资产的价值评估仍然没有明确的体系，包括质量评价体系、风险衡量体系、价值评估体系等。事实上，传统的价值评估方法在对数字资产进行评估和分析时都会存在一定的局限。如数据资产具备使用场景多样化、可重复使用的特点。同样的数据在不同场景下的收益不同，数据资产的价值体现也就不同。就数字货币而言，非法定的虚拟货币缺乏资产支持，导致其价值波动大，公信力较弱。此外，国家难以对虚拟货币进行有效监管，从而影响金融市场稳定。

2. 数字资产的隐私与安全存在隐患

当前，数字资产的隐私保护与安全隐患正在成为社会关注的焦点问题。根据艾媒咨询发布的《2020年中国手机App隐私权限测评报告》,目前我国多数手机App存在强制超范围收集用户信息的情况。巨量的数据泄露带来严重损失,根据IBM《2019年数据泄露成本报告》,2019年全球数据泄露的平均业务成本高达392万美元。就数字货币而言,伴随着数字货币的价值暴涨,数字货币的盗取事件也频频发生。2019年7月,日本持牌加密货币交易所BITPoint Japan发生加密货币热钱包受不法侵害事件,损失金额约合35亿日元;同年5月,币安官方发布公告称有黑客使用包括网络钓鱼、病毒等攻击手段,盗取7 000个比特币,致使交易所损失4 100万美元。此外,知识产权资产在数字化后更有利于复制和分享,公众可以通过网络迅速地获取相关资源,也使得侵权的问题越来越多。

3. 数字资产的监管体系面临挑战

数字资产与传统的货币和资产存在方式不同,意味着以往的监管工具、监管技术,监管理念,都需要做全新的调整和转换。在数字货币领域,美国、加拿大、英国和欧盟等一些国家对数字资产表现出了积极的态度,监管并监督指导他们的活动。例如,英国金融行为监管局要求所有进行加密监管活动的公司向该机构注册,作为遵守反洗钱法规的一种手段。另一方面,中国、俄罗斯等国对数字货币采取了谨慎的态度。2017年,中国人民银行联合七部委发布《关于防范代币发行融资风险的公告》,全面禁止利用相关概念进行投机炒作。关于数据资产的监管问题,笔者2021年5月11日在爱科创公众号上发布的文章《数据资产化的监管挑战与思考》从规制建设、开放共享以及隐私保护等方面指出监管部门面前的严峻挑战,并指出面对数据资产化监管挑战,政府部门应当勇于创新,步子要快、胆子要大、心思要细,进一步完善法律规制、构建开放共享体系、加强隐私保护。

企业牵头创新联合体:现状与主要特征

| 操友根　任声策

一、为什么要发展企业牵头创新联合体

我国已进入高质量发展的新阶段,面向新一轮科技革命,需要坚持新发展理念,构建新发展格局,要求创新发挥更大支撑作用,加快实现关键核心技术突破,提升产业链与创新链安全,保障国民经济循环畅通。而随着创新向纵深推进,科技进步加速,关键核心技术日益呈现出高投入与长周期、知识复杂性和嵌入性、商用生态依赖性等特点,创新活动越来越需要不同科技创新体单元力量深度协同。

现有创新协作模式如研发联盟、研究联合体、产学研合作等都难以适应新发展格局对关键核心技术突破与前沿技术突破的需要。而由龙头或领军企业牵头,联合高校或科研院所等其他机构组建的创新联合体是对现有创新联合体攻关模式的进一步发展,能够从本质上实现提出问题和解决问题的高效匹配,具有三大优势:第一,强调确立企业在合作中的创新主体地位,坚持市场导向,发挥市场机制作用,更能够发挥需求导向和问题导向在新阶段创新中的作用。第二,提出以龙头和领军企业牵头,能够把握关键核心技术的前沿导向,且这类企业自身具有较强的研发领导与抗风险能力。最后,政府的规划和引导,推动创新联合体调动各类优势资源,承担国家或产业重大科技攻关项目。以上企业牵头创新联合体优势有利于促进双链深度耦合,形成自主可控的技术创新和产业体系。

二、企业牵头创新联合体发展现状与主要特征

通过以 2000—2019 年国家科技进步奖项目为研究样本,分析企业牵头创新联合体发展现状(如图 1),发现随着时间推移,企业牵头创新联合体合作趋势不断增加,并呈现以下 7 个特征。

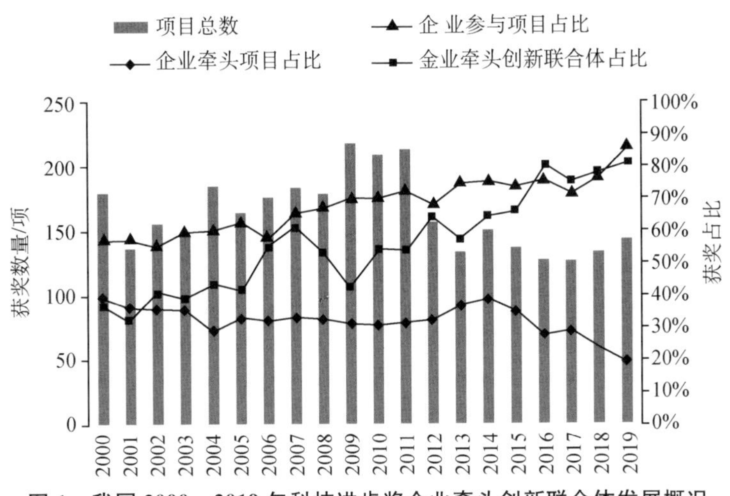

图 1　我国 2000—2019 年科技进步奖企业牵头创新联合体发展概况

(注:企业牵头项目占比与企业参与项目占比是指在总体项目总数中所占比例,企业牵头创新联合体占比则是指在企业牵头项目中所占比例)

1. 企业牵头创新联合体合作中高校为主导地位,科研院所参与不足

企业牵头创新联合体中最主要的创新主体合作类型是企业—企业和企业—高校,但随时间推移,企业—高校成为占绝对主导地位的创新合作类型,说明高校在企业牵头创新联合体中发挥重要作用,且与企业间合作相比,与高校开展创新合作有利于避免专利权属引发的(潜在)冲突。然而,作为与企业、高校并列为国家创新三大支撑体系之一的科研院所参与不足,135 家科研院所仅参与 130 项企业牵头创新联合体合作项目。

2. 企业牵头创新联合体合作主要集中在重大资源、重大基础设施等产业

企业牵头创新联合体合作领域表现出明显的国民经济阶段性发展特征,即合作领域随着国家重点产业的变化而变化,产业越重要、发展越早,其企业牵头创新联合体合作越成熟和稳定。我国早期重点建设重大基础设施,大力发展重工业,因此在重大资源和重大基础设施两类产业群中形成了系统稳定的企业主导技术创新合作体系。而由于战略新兴产业起步晚,基础相对薄弱,科学创新体系尚不完备,企业创新能力不强,因此,这类产业中企业牵头创新联合体发展不足。

3. 企业牵头创新联合体合作以国有企业牵头为主,民营企业牵头占比提升

创新联合体合作中的牵头企业以国有企业为主,源于国有企业通常规模大、

资源丰富，与政府关系密切，因而研发领导能力与抗风险能力较强。同时国有企业大多处于国家战略行业领先地位，能准确把握行业关键核心技术的前沿导向，更具有牵头组建创新联合体的能力。而民营企业因资源限制与竞争需要而具有强烈的原始创新与正向创新的诉求，随着国家营商环境优化与创新政策支持，民营企业实力和创新能力得以提升，故其牵头组建创新联合体的比例也不断增加。

4. 企业牵头创新联合体合作网络中基于业缘型核心集群逐渐形成

企业牵头创新联合体合作网络关系、节点与密度逐步增加，已形成多核心集群网络模式。主要核心集群有三个，第一是由中国电力科学研究院有限公司等牵头共约 29 个机构组成，第二是由中国长江三峡集团公司等牵头共约 30 个机构组成，第三是由中国铁道科学研究院集团有限公司等牵头共约 30 个机构组成。这三个核心集群的创新联合体合作网络分别分布在电气、水利、交通领域，各核心集群内都整合了高校、科研院所和企业的力量。通过进一步观察高校、科研院所的技术优势和企业核心业务，还可以发现当前三个创新联合体主要是基于业缘型的合作模式，这有利于提升各主体间信息、知识及技术的交流与整合效率。

5. 企业牵头创新联合体合作网络中长期核心创新主体在稳步增长

由于国家各阶段发展战略与企业技术诉求不同，企业牵头创新联合体合作网络经历了创新主体增加与合作程度提高的过程。第一，各阶段新增创新主体数都在增加，表明企业为拓展技术来源渠道或获取新的技术会寻求与新的创新主体合作。第二，企业牵头创新联合体中核心创新主体的数量在稳步增长，说明更多的创新主体发展成为合作网络中的核心主体，有效推动了合作网络主体间的合作程度提升。第三，随着时间推移，长期参与的创新主体数量逐渐减少，同时对长期创新主体与核心创新主体进行交叉比较后发现，两者重叠度逐年增加，说明了这些企业在合作过程中，创新能力、创新关系、创新体系都得到极大提升，它们在合作网络中的角色正从早期参与者向网络资源控制者转变。

6. 企业牵头创新联合体合作网络时空发展向“亲缘型＋地缘型＋业缘性”模式演化

企业牵头创新联合体合作网络时空演化从“亲缘型”向“亲缘型＋地缘型＋业缘型”发展。早期阶段传统产业如能源、建筑、交通等合作网络中以基于初级发展阶段的亲缘型合作为主，创新主体主要来自国(央)企系统内部数量庞大的各种机构，典型企业如中国石油集团及其各地分公司、子公司、研究院(中心)等。

而随着泛城市经济带如京津冀、长三角、粤港澳、成渝等一体化政策的支持与推动,基于地缘关系的合作网络成为各区域创新的主要模式之一,尤其体现于江浙沪皖的创新发展过程中。最后作为高级发展阶段的业缘型模式也成为企业建立合作网络的重要战略考虑。这种模式下,如广东省与东三省企业寻求产业基础比较发达或者科技研究处于前沿的地区进行创新合作。

数据是一种怎样的新型生产资料

| 邵鲁宁

2020 年 4 月发布的《中共中央国务院关于构建更加完善的要素市场化配置体制机制的意见》，将数据作为一种新型生产要素与土地、劳动力、资本、技术一起写入政策文件。在中国移动互联网快速发展的过程中，我们已经真切地感受到互联网和高科技公司走入了传统行业，为不同的产业创造了巨大价值，如零售、物流、教育，等等。数据驱动成为未来发展的趋势，不断受到各行业内外的瞩目。瑞幸咖啡创始人、前 CEO 钱治亚曾强调瑞幸是“数据咖啡”，联合创始人、CMO 杨飞强调瑞幸将 App 作为营销的流量入口是为瑞幸后续的精细化数据运营做准备的。造车新势力的威马汽车提出要拥有驾驭数据的能力，成为数据驱动的智能化公司。

数据概念本身并不新，数据分析的理论方法也不新，为什么大数据逐渐成为潮流，成为新老企业战略的核心？今天的数据是什么？数据与传统的生产要素有什么不同？掌握了数据，企业就可以把这些数据变成可用的产品、可用的模型、可用的行业解决方案吗？《创新者的窘境》的作者克雷顿・克里斯滕森认为 99％的企业的数字化转变是失败的。Google 数据科学家彭晨认为“移动计算和云计算使得我们千百年来对于获取信息和提炼信息的各种非分之想一夜之间成为可能”。

数据是可以被收集和存储的，数据是可以复制和增长的，在某种程度上可以突破成为无限的资源，但是数据都是有价值的吗？今天被认为有价值的数据，明天还有价值吗？数据可以不断产生，过度地复制和增长，会不会隐藏或者模糊其真正的意义和价值呢？数据是无形的，摸不着，不会因为使用而被消耗，任何人使用过后，它还是存储在那里，这可能导致在一次使用过后就事实上获得了数据的所有权，那么应如何确定原始数据的归属权呢？一家公司的数据无法实现价值，再加上另外一家公司的数据可能会被发现新价值，这种“1＋1＞2”的聚合效应，又应如何分配利益呢？可以事先分别估算 2 家公司投入数据的价值吗？国务院发展研究中心创新发展研究部研究员吕薇认为“数据作为新型生产要素，只有流动、分享、加工处理才能创造价值”。《精益数据分析》作者阿利斯泰尔·克罗尔(Alistair Croll)认为数据是新石油，仅仅收集数据并无价值，需要提取、清洗、分析，让分析结果得以执行与运用，并反馈至“生态系统”中。

基于现有的数据获取技术，我们可以获得精确的、系统的、实时的、全方位的、永久地获取、记录、分析、并保存的海量数据。数据越存越多，成本越来越高，如果不能适时发挥数据的价值，企业持续投入的信心可能会被动摇，或者认为这不是一条正确的路径，认为数据可能一文不值。比如曾经红极一时的可穿戴设备行业，通过对个人生理数据的收集和访问，认为可以带来无尽的商业可能。但是该行业的价值更多的体现在对数据的分析和实用上，而不在于各类技术本身。可穿戴设备行业的关键在于将获得的数据转化为高质量服务，其垂直程度越深往往价值越大，比如收集健康类数据，测心率、血压、睡眠质量，等等，或者是监测慢性疾病的设备，如果只是将数据实时反馈给用户，是没有太大意义的，即使数据精度非常高。用户的确需要知道数据本身，但更要知道这些连续记录的数据对其健康状态来说意味着什么，如果出现异常，下一步应该如何做，如何可以回到正常合理的状态。同时，如果数据收集、分析和反馈过程出现任何偏差，都会极大地降低用户对于数据的信任和超前消费的兴趣。大家可以回想下，身边有多少号称可以把数据收集到 App 或者云端的产品，而有多少比例就仅仅是收集和简单可视化反馈数据，没有增加数据深度分析的服务价值。针对数据进行深度分析，不是一个公司可以完成的，需要多公司在跨界领域进行广泛的合作。大数据科学和新的 IT 标准提高了数据的集成能力，也使得数据跨行业的交互成为可能。

对于企业来说，是否可以在尽可能小地影响正常业务开展的同时将流程驱动的运营管理转变为数据驱动的运营管理？面对不断积累的数据，如何建立从 0 到 1 的数据中台？如何把脏乱差的数据变成高质量的数据，并使其成为有效的数据资产？如何开展数据治理？北京大学国家发展研究院陈春花教授认为传统产业数字化转型是一个极为艰难的旅程，根本就没有先例可循，没有样板可参照，需要坚定的领导者、开放性组织和协同共生文化，需要一个根本能力的打造，就是组织的数字化能力，亦即需要企业具有技术穿透整个业务的能力。英国帝国理工学院副校长 David Gann 博士提出“数据驱动创新的五种模式”，包括让产品产生数据，产品数字化，跨行业数据的整合，数据交易，数据服务产品化。

回到前面提到的咖啡，如果可以实现数据驱动的全新流程，某个下载了 App 的用户何时需要该咖啡，应该以何种促销力度促成下单，根据用户消费场景的预测捆绑推荐相关产品或者服务，都将成为个性化的服务。收集到的数据经过整理接口直接开放给供应商，能够提前预测出之后每家门店对物料的需求，可以灵活进货、补货，这将大大降低对员工管理能力的要求。当然也可以开放给咖啡生态的合作者，促进数据价值的溢出。同样，前面提到的汽车公司，提供的将不再是人流与物流交换的硬件工具，而是一个可以私享、也可以分享的品位空间，车身、内饰和空间完美匹配个性化出行需求。尤其是具备完全自动驾驶功能后，汽车公司的用户将有可能扩展到任何有出行需求的人，车这个硬件搭载充足算力后能够实现人和生活的信息共享和互联。这些将成为 David Gann 博士提出数据驱动创新的新场景、新模式。

无论对于传统企业还是新兴企业，由流程驱动的运营管理转变为以数据驱动的运营管理，都可以尝试融入场景驱动的商业模式创新。当然，在今天的中国市场掌握数据的主动权非常困难。但是，与其争论谁的数据更有价值，谁的数据质量更好，为了打通而打通分不清价值的数据链，为了整合而整合数据孤岛，不如以更开放的心态来共享数据，考察是否可以实现新的场景突破。对于能够掌握足够丰富数据的企业，没有好的商业模式也无法将数据转化为更大的、更持久的竞争力。而以新场景驱动的商业模式，将市场需求和新技术进行对接，以增加成功的可能性。因此，数据作为一种新型生产资料，其质量是经过一定治理后支持有应用价值的场景需求相一致的程度。这里的“治理”应该明确数据使用的目的、数据的使用者及使用的时间和商业环境。

数据质量和数据质量评价

| 武小军

一、数据质量的发展

数据质量的研究始于20世纪70年代前后，经过50多年的发展，至今已经形成了一系列经典的理论、技术和方法。20世纪70—90年代是数据质量研究的萌芽阶段，这一时期也正是电子计算机技术高速发展的时期，人们在使用计算机的过程中，意识到数据的重要性，也感受到不良数据对计算任务运行的影响，但这一时期还没有形成一个比较完整的关于数据质量的知识体系。20世纪90年代后，随着以麻省理工学院（MIT）为代表的学界对数据质量问题研究的深入，全面数据质量管理（TDQM）被提出，标志着人们对数据质量的认知进入到构筑理论、探索方法的阶段。进入21世纪后，数据质量研究随着电子商务的高速发展而逐步走向一个新的阶段，伴随着大量电子交易数据的出现以及Internet在全球的普及，数据进入“大数据”时代，对数据质量的认知和研究越来越受到理论界和实业界的重视。

国际标准化组织（International Organization for Standardization，ISO）针对越来越重要的数据质量和数据管理问题，专门制定了ISO8000数据质量标准。该标准发布之前，国际标准化组织发布过针对产品（服务）质量管理的ISO9000族标准。可以说，ISO8000数据质量标准是一个在ISO9000标准基础上，专门致力于管理数据质量的国际通用标准。该标准包括规范和管理数据质量活动、数据质量原则、数据质量术语、数据质量特征（标准）和数据质量测试。此外，与数据质量相关的国际标准还有：ISO25012软件产品质量要求和评估数据质量模型、ISO25024系统和软件的质量要求和评价—数据质量的测量等。

2018年国家市场监督管理总局和中国国家标准化管理委员会联合发布了

《信息技术　数据质量评价指标》(GB/T 36344—2018)，该标准于 2019 年 1 月 1 日正式实施。该标准对数据的定义为:数据是信息的可再解释的形式化表示，以适用于通讯、解释或处理。数据质量是指在制定条件下使用时，数据的特性满足明确的和隐含的要求的程度。该标准的发布和实施也表明我国对数据质量研究和应用的高度重视。

二、数据质量的评价

数据质量的评价研究是数据管理领域中一个非常重要的研究主题，很多学者都从不同的角度提出了针对数据质量的评价维度。从对当前数据质量评价的研究文献看，主要涉及技术和工程维度的数据质量评价研究，以及经济与管理维度的数据质量评价研究。前一个维度着重于数据质量形成的软件、硬件平台的构建、元数据和主数据等构建的方式和结构关系等;后者主要从数据使用者的角度评价数据使用过程中感知到的质量问题。前者是因，是数据质量的基础设施构建角度的评价，更多地体现为技术指标;后者是结果、效果角度的评价，更多体现为顾客感知质量、感知价值、满意度等。

技术维度评价方法比较典型的代表如:中国国家标准《信息技术　数据质量评价指标》(表 1)和《数据质量的历史沿革和发展趋势》中提到的国际机构和政府部门的常用数据质量评价维度(表 2)。

表 1　《信息技术　数据质量评价指标》中数据质量评价指标框架

维度	评价指标
规范性	数据标准、数据模型、元数据、业务规则、权威参考数据、安全规范
完整性	数据元素完整性、数据记录完整性
准确性	内容正确性、格式合规性、数据重复率、数据唯一性、脏数据出现率
一致性	相同数据一致性、关联数据一致性
时效性	基于时间段的正确性、基于时间点及时性、时序性
可访问性	可访问、可用性

表 2 国际机构和政府部门的常用数据质量维度

国际机构或者政府部门	数据质量维度
国际货币基金组织	诚信的保证、方法的健全、准确性和可靠性以及可获取性
欧盟统计局	相关性、准确性、可比性、连贯性、及时性和准时、可访问性和清晰
联合国粮食及农业组织	相关性、准确性、及时性、准时性、可访问性和明确性、可比性、一致性和完整性、源数据的完备性
美国联邦政府(公众传播)	实用性、客观性(准确、可靠、清晰、完整、无歧义)、安全性
美国商务部	可比性、准确性、适用性
美国国防部	准确性、完整性、一致性、适时性、唯一性及有效性
加拿大统计局	准确性、及时性、适用性、可访问性、衔接性、可解释性
澳大利亚国际收支统计局	准确性、及时性、适用性、可访问性、方法科学性

使用者维度的评价方法，比较典型的如数据的可用性(Usability)评价。数据本身也是一种产品，提供数据的过程是一种服务过程，因此传统上适用于产品质量和服务质量评价的方法，在一定程度上也适用于数据质量的评价，特别是从顾客(使用者)视角出发。为此，数据质量评价可以从数据的可用性视角进行，即对其的有效性(Effectiveness)、效率(Efficiency)和满意度(Satisfaction)进行评价。此外，工商业研究中的很多理论都可以用于从用户视角探索数据质量对用户行为和意图影响的研究，比较典型的应用如：感知质量—感知价值—满意度(Perceived quality, Perceived value, Satisfaction)研究、计划行为控制(TPC)理论等为代表的围绕使用意图(Intention to use)的研究，等等。

三、大数据时代对数据质量评价的思考

传统的数据及数据管理主要针对的是“小数据”，随着 ICT 技术的发展，信息系统被广泛应用于各行各业，大大增加了电子数据的容量，伴随着电子商务技术和商业的发展，大量出现的自动采集的数据进一步拓展了数据集的容量，传统上的“小数据”演变为“大数据”。这就为数据质量管理、数据质量评价提出了新的课题。通常认为“大数据”是指数据集的规模超出了典型的数据库软件工具捕捉、存储、管理和分析的能力。“大数据”有别于小数据的独特性在 2012 年 10 月发表于《哈佛商业评论》的一篇文章《大数据：管理变革》中被明确定义：数据容量

巨大、数据获取和使用高速、数据来源和形式多样化。在进行大数据质量评价时，除去考虑传统数据质量的维度外，要特别关注大数据表现出的这些新特性。

数据量大，意味着数据结构更加复杂，数据中包含的特征和实例更多，更容易导致各种脏数据、缺失数据等出现，这无疑会给构建高质量的数据集（数据库）带来更大的难度。用户在使用过程中，问题出现的概率会更大。

数据高速获取和使用，意味着需求更强大的计算机系统支撑数据采集、整理、储存和使用，高速运行的计算机系统会面临更大的系统崩溃、系统运行缓慢的问题；高速使用，意味着需要实时处理数据，例如高速的数据清理等特征工程手段的使用，需要更强大快速的 AI 算法的支撑，同时对原始数据质量的要求更高。

数据来源和形式的多样化，意味着各种格式、标准的数据被高速获得，如何对这些数据进行特征工程，形成标准化、格式统一的高质量数据集（数据库）是大数据时代对数据质量管理的更高要求。

除此之外，人工智能时代的大数据往往是 AI 算法的“原材料”，要想获得更高质量的 AI 应用模型，除去高速强大的计算能力、更好的算法之外，最重要的就是这些“原材料”的质量要高，否则无法获得所需的 AI 应用。例如智能对话机器人（chatbot）越来越多地被用作银行、电信、零售等行业的自动在线客服，但之前训练时数据质量的缺陷使得智能客服无法识别特定口音的用户的提问。究其原因，越是大数据，其对数据的完整性、代表性的要求就越高，这些都是传统“小数据”时代的数据质量所不具有的特征。也充分体现了“数据驱动”的各种应用对数据质量的高度敏感性。

数据资产化的监管挑战与思考

| 徐　涛　尤建新

随着新一代信息技术的发展，数据的性质已经发生了根本性的变化。帝国理工学院数据科学研究所所长郭毅可教授指出数据的“昨天”是数据产品阶段，数据的“今天”是数据资产阶段，数据的“明天”是数据资本阶段。

在数据资产化的今天，一方面数据赋能经济社会发展，重塑个人生活方式和商业模式，产生巨大价值。另一方面，数据资产化发展也面临诸多挑战。规制建设、开放共享以及隐私保护成为摆在监管部门面前的严峻挑战。

经合组织科学技术与创新局局长 Andrew Wyckoff 指出，当前全球范围内的数字政策与技术世界已经产生了巨大的差距，政策制定者必须立即采取行动来缩小差距。面对数据资产化监管挑战，政府部门应当勇于创新，步子要快、胆子要大、心思要细，进一步完善法律规制、构建开放共享体系、加强隐私保护。

一、数据法规制定，步子要快

数据权属确认是数据资产化的重要基础。当前，规制的缺失使得数据权属确认、监管缺少法律依据。近期特斯拉“刹车门”事件中，面对特斯拉拒绝向车主、监管部门提供行车数据，监管部门无法可依。大数据杀熟、不当竞争等案例屡见不鲜。因此，推进数据资产化，完善法律法规保障，出台操作性较强的法律规范和监管政策，进一步明确数据的所有权、使用权，让企业和用户都能从中受益。

面对数字资产领域的规制缺失，近日美国众议院通过《2021 年消除创新障碍法案》，法案要求国会在 90 天内组织证监会及行业专家，共同围绕该法案成立数字资产工作组，评估当前美国数字资产的法律法规框架，并在 1 年内提交一份报告，解决存在的问题。

关于数据权属问题，我国产业界、学术界已有诸多探讨。数据产权的界定是个复杂的问题，需要明晰企业、用户、监管部门三者的权责。但面对新经济新模式，尤其是在发展最快、创新最活跃的数字经济领域，新规的制定不能总是处于探索阶段。2020 年 7 月，深圳市发布《深圳经济特区数据条例（征求意见稿）》，尽管有专家对其中一些条款提出质疑，但深圳在地方立法上的创新举措值得肯定。当前，数据产业快速发展，当市场行为过于超前于监管，则可能会影响整个行业的公平和有序发展。因此，政府部门要加快完善法律法规框架，新规的制定步子要快，在借鉴欧美等国家经验和教训的基础上，结合我国实际情况，尽快进入法规出台倒计时阶段，并在意见稿或草案基础上，继续修订完善。

二、数据开放共享，胆子要大

数据开放共享是数据资产化的关键支撑。数据资产价值真正发挥，更重要的是在于数据资产在数据要素市场开放、共享和流动，从而进一步在其上下游及产业间发挥价值。当前，"数据壁垒"和"数据孤岛"是数据资产共享和流动的主要问题，不同主体间数据无法顺畅流通。因此，数据资产要进一步发挥价值，亟待建立多方参与的数据开放和共享体系，让更多主体参与数据要素市场建设。

欧美等国家对数据开放共享的探索和实践较早。美国自 2009 年发布《开放政府指令》后，便通过一站式的政府数据平台加快数据开放进程。2018 年，欧盟提出构建专有领域数字空间战略，涉及制造、交通、医疗、能源、教育等多个行业和领域，以此推动公共部门数据、科研数据和私营企业数据等共享流通。英国采用开放银行战略，对金融数据进行开发和利用，促进数据交易和流通。通过在金融市场开放安全的应用程序接口，将数据提供给授权的第三方使用，使金融市场中的中小企业和金融服务商更加安全、便捷地共享数据，激发市场活力。

目前，我国政务数据的开放和共享体系正在形成，2021 年 1 月，中央审议通过了《关于建立健全政务数据共享协调机制加快推进数据有序共享的意见》。强调建立健全政务数据共享协调机制、加快推进数据有序共享。由于数据往往涉及公共部门或企业的关键利益，且数据开放后可能会引起信息安全问题，导致政府、企业对共享开放数据过于谨慎。因此，数据的开放共享需要勇气和胆略，在政务数据开放共享的基础上，积极发挥大数据交易所、数据经纪商等市场中介作用，完善数据交易机制，加快推进私营企业数据开放和流通。

三、数据隐私保护，心思要细

数据隐私保护是数据资产化的核心保障。近年来，数据隐私泄露等公共安全事件频发。尤其是随着数据要素市场的不断发展，在数据开放、共享和交易过程中，系统、人员和流程等原因都有可能导致数据的泄露。根据 IBM 和波耐蒙研究所（Ponemon Institute）的 2020 年数据泄露报告显示，个人身份信息占所有泄露数据的 80％。因此，在数据资产化过程中，如何保证数据隐私和数据安全成为重要工作之一。

当前，国内外都相继出台法律法规以保障数据安全。2018 年 5 月，欧盟出台《通用数据保护条例》（GDPR）并正式生效。GDPR 的核心内容是更新有关数字时代隐私的相关法规，并确保机构保护用户的个人数据。2018 年 6 月，美国加利福尼亚州颁布《2018 年加州消费者隐私法案》，以防止消费者在不知情的情况下个人隐私信息遭到收集和被用于商业行为。该法案还赋予了消费者数据访问权、数据删除权等。我国的《数据安全法（草案）》《个人信息保护法（草案）》两部法律已进入征求意见阶段，将为保障数据安全提供法律依据。

随着数字化转型和数据资产化、资本化逐步向纵深发展，个人信息隐私暴露和名誉受损的风险也日益增大。但是数据管制也是一把双刃剑，管制太严会影响数据的流通和价值释放。所以，对于监管者来说，对于数据隐私的保护心思要细，要在数据使用和隐私保护之间积极寻求一个平衡点，在有效保护隐私的前提下，充分发挥大数据的应用优势，促进数字产业的发展。

浅析长三角一体化当中的数据治理问题

| 袁娜娜　马军杰

在互联网高速发展的今天，数据资源已经成为各行各业都需要的宝贵资源，“数据”的重要性有目共睹，有效配置数据这一资源与要素的呼声也日益高涨。随着我国进入“数字经济”活力大规模释放的时代，“构建以数据为关键要素的数字经济”迫在眉睫。2020年4月9日，中共中央、国务院发布了《中共中央国务院关于构建更加完善的要素市场化配置体制机制的意见》(以下简称《意见》)，《意见》明确指出要“加快培育数据要素市场”“提升社会数据资源价值，加强数据资源整合和安全保护”。这是中央颁布的第一份关于数据要素市场化配置的文件，反映了生产力发展的内在要求。无独有偶，《长江三角洲区域一体化发展规划纲要》中也明确指出要“共同打造数字长三角”。可见，以数据为支撑的数字经济的发展颇受重视。长三角是我国的高科技发展高地，但三省一市在数据治理方面却并没有打破在其他领域内曾面临的割断问题。数字化赋能长三角一体化不应只是口号和呼吁，这其中的实践难题更需要关注与解决，需要首先关注与解决的就是长三角的数据法治。而法律规范从来都是有滞后性的，新事物总是超脱于现有法律的调整范围，数据也不例外。

一、长三角一体化与数据治理的关系

(1) 长三角一体化发展亟需数据治理为其赋能。长三角一体化上升至我国国策后，其一体化发展迈入了新阶段。据《中国数字经济发展与就业白皮书(2019年)》报告，长三角地区数字产业已初具世界级规模，为产业数字化奠定了坚实基础。同时，长三角传统产业基础雄厚、量大面广，通过数字化转型升级和改造提升的任务更为艰巨，时间更加紧迫。在初步形成的区域分工中，长三角地区凭借已有的卓越的人才和技术优势，在数据流通交易和数据技术研发等业务上发展良好。长三角区域应当根据其独特的区域市场优势，制定与区域发展环境相适应的数据要素市场政策，以期充分释放数据的强劲动能，打造新的经济增长点，推动长三角一体化更高质量地发展。

(2) 长三角数据治理问题是国家政策层面和地区发展战略层面都需要解决的重要问题。区域一体化和数据治理这两个趋势的耦合在不断深化，分别从融合和治理两个发展方向为区域发展作出贡献。数据治理是区域一体化的重要手段之一，数据的协同治理能为一体化创造了更多便利和可能。长三角的数字治理水平已处于国内领先地位。而《规划纲要》对于“数字长三角”的目标也有明确要求。数据流通对区域一体化的带动作用将越来越明显。解决长三角一体化进程中数据治理问题的当务之急是充分发挥“尊重规则，管理精细，治理创新”的精神，在协议合作的基础上求同存异，努力构建数据敏捷治理、协同一致的整体框架和可协同操作的高效数据治理体系，克服政府主体间集体行动困境。

(3) 完善法治支撑是长三角数据治理的重要基点。区域经济一体化必然要求区域规则制度一体化，而规则制度一体化的关键在于法治一体化。在宏观层面上，法律是数据治理的手段，数据立法的重要性不言自明，但应该明确的是，数据中的法治不等于纯粹的立法，法治体系不仅取决于一套法律制度，而是依靠于一个非常宏大的制度框架。当前长三角区域各地发展的目标存在一定差异，数据步调不一、发展不平衡所导致的数据融合难度大、数据管理碎片化等问题频出。这其中既存在应对数据这类复杂新矛盾时的法律法规缺失或规范标准不一致的问题，也存在因地方利益、地域观念而怠于互动、联动的问题。基于此，应在遵循国家法治基本方向的前提下，根据长三角区域的发展需求，通过制度安排，进行“数据法治化建设”，确立数据流通涉及的各主体间的权利和义务以及它们之间的关系，使之符合法治要求。

二、长三角一体化当中数据治理的关键问题

2021 年 9 月 1 日即将正式实施的《中华人民共和国数据安全法》，从规范数据处理活动，保障数据安全，促进数据开发利用，保护个人、组织的合法权益，维护国家主权、安全和发展利益等方面做出了规定。而另一方面，长三角一体化进程当中数据治理的最大障碍是区域间政策的协同性与有效性不足，而要实现《规划纲要》中提出的“数字长三角”目标，首先要解决区域间的数据流通问题。从长三角一体化维度与数据治理的各自的问题维度出发进行思考(图 1)，可发现其中涉及对以下各类问题的解决：

(1) 长三角区域内的数据垄断问题如何监管?

(2) 长三角进行区域数据治理行为时的成本该如何分担?

(3) 当个人数据作为一种公共物品时在长三角各地区内该如何供给?

(4) 如何才能打通长三角数据交易市场使其达到一体化?

(5) 数据治理活动中的政府协同性如何保障?

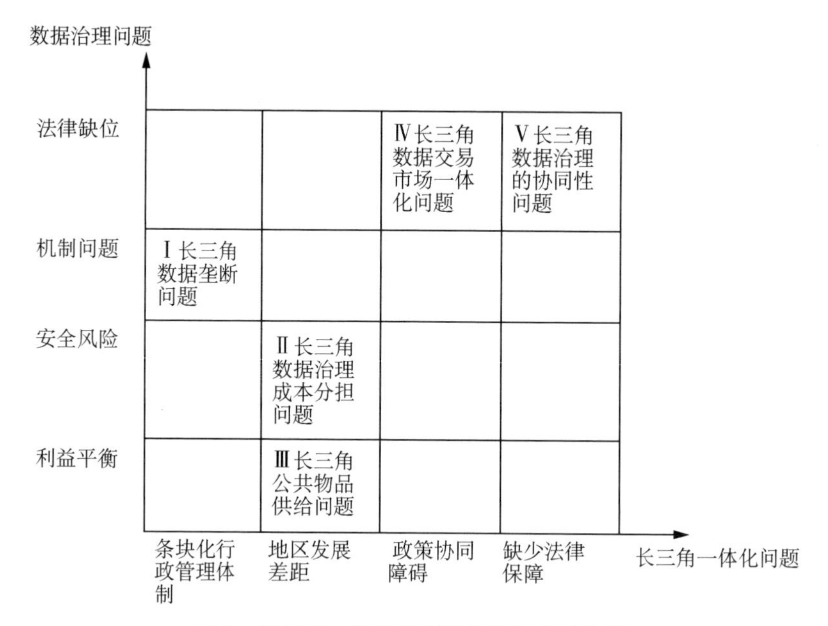

图 1 长三角一体化数据治理关键问题矩阵

总体来说,强化政策统筹协调、实现长三角区域内数据流通,使数据价值得到充分与安全的释放,从而成为长三角一体化的重要推动力,是安全有效实现数字长三角一体化建设目标的重要治理方向。而面向数据作为新要素亟待流通的现实需求,如何从制度上实现长三角区域间利益格局的平衡,继而形成有效解决区域数字经济高地建设当中当前与潜在困境的治理路径。

促进长三角一体化数据治理的立法思考*

| 袁娜娜　马军杰

作为我国经济最发达、对外开放程度最高、创造力最强的地区之一，长三角目前已进入国际公认的世界六大城市群行列。根据《长江三角洲区域一体化发展规划纲要》的指示，在长三角区域内政府间有必要也有义务和责任共同合作，协助并达成“数字长三角”的发展目标，期间尤其需要从立法层面对长三角数据治理进行制度构想。

一、授权长三角区域立法模式探索

长三角区域共涉及浙江省、江苏省、安徽省和上海市四个不同的行政区，其中存在着诸如各个省份法规不同、行政执法程序不同、一级行政管理标准不同等多种问题。虽然三省一市目前已有部分协同机制为基础，也在协同性上做了较大的探索并有所突破，但仍有一些问题是不能仅靠协同协调解决的，或者说，浅尝辄止的协同解决无法推进一体化的进一步深入。数据治理问题是一个超出了现有法律的宏大的现实问题，解决不好就会成为长三角区域一体化进程中不容忽视的绊脚石。政策层面的行政协议所能发挥的力量有限，需要站在更高层面考虑如何使其转向法治层面。在长三角洲区域如今已经形成的体系和制度下，三省一市内部的立法合作工作面临着区域立法和各个省份立法的矛盾和碰撞危险，这涉及长三角区域范围内立法权限的升级和长三角区域间立法体系的升华问题。其中探索授权区域立法模式，通过具有普遍约束力的法律形式来规范长三角区域一体化进程中的数据治理会更加有效。

* 本文为上海市人民政府决策咨询研究项目“公共数据资源市场化配置法律制度研究”(项目编号：2021-Z-B06)的阶段性研究成果。

二、健全长三角区域立法协同机制

当前,长三角区域立法活动各阶段主要协作方式为人大学习考察、主要领导座谈会、府际联席会、人大会议列席机制。这四种方式都是通过发表意见来实现相互间的沟通协调,虽然在长三角的区域立法协作过程中起到了重要作用,但仍无法满足长三角区域一体化发展的需求。

一方面,应构建立法信息和立法成果共享机制,同步长三角内部的年度立法规划、地方立法规划以及具体立法项目。如今,长三角地区的各个地方人大常委会法制工作机构已经建立了可以共享信息的微信平台,未来应在共享内容上进一步改进,如及时同步地方性法规,沟通交流各地数据立法工作进展,共同研究数据治理重要问题等。长三角内部各个地方人大及其常委会每年在制定本地区年度立法计划时,不仅应当预先考虑本区域内部的法治协同发展的需要,也要同时考虑到各地年度立法计划对长三角区域立法的作用,将数据治理的立法规划提上日程。

另一方面,应形成统一且具有约束力的协同立法程序。三省一市地方人大及其常委会可以每年签订地方立法协作协议,各地方以联席会议为中介,充分沟通协商长三角区域内对四地的数据的流通、共享、交易、安全的保障。每当各个地区的立法事项涉及长三角区域协同发展时,应当报联席会议,在联席会议通过后,再向本级人大报告,这样就可以避免各个地区各自立法不一致的现象,保证区域内部法律规范的一致性。

三、增加长三角数据法律制度供给

在长三角协同立法模式和协同立法程序构建健全之后,应将较多的关注点倾斜在区域内的数据治理基础性制度供给。长三角数据市场的规范化需要更多的法律制度供给。我国目前的数据交易中心发展不够成熟,数据要素市场化配置还处于起步阶段,基础性制度尚不完善。要推动长三角数据交易市场的不断发展,基础性制度是长三角数据交易市场的前提和保障,诸如主体准入政策、数据产权制度、数据的交易规则、流通标准以及数据的监管体系等都需要完善。所以,数据要素市场发展中至关重要的一环就是加快构建数据要素市场规则体系,数据要素市场规则体系需逐步建立并不断完善。长三角数据法律制度供给应首先从以下几个方面着手。

1. 明确数据的产权

现代产权理论的基本思路是合作中形成的资产产权应归属于对合作产出边际贡献更大的一方。个人数据的财产属性亦是用户与平台型企业合作的产出，因此这一思路可以用在数据要素和数据市场培育的讨论中。数据的确权应向在数据要素化过程中投入巨大、对数据价值创造更为重要的参与方倾斜，以此方能鼓励处于技术优势方的平台持续参与数据要素化过程。所以，在立法过程中，应当根据数据是否具有排他性和竞争性以及数据的人格性和财产性等特点，来明确区分基础性个人数据和衍生性个人数据，明确基础性个人数据的产权归属于个人，衍生性个人数据归属于平台型企业，并通过立法形式将其确定保护。

2. 引入数据可携带权

法律是调节社会中各主体利益相对平衡的一个杠杆，衍生性个人数据的产权应归于边际贡献更大的企业一方，但行业生态、市场竞争是我们无法忽视的重要问题。数据可携带权是一项重要的不可缺少的权利，只有赋予用户主体一定的数据可携带权，才能弱化互联网巨头的强势地位和数据垄断问题。长三角在进行个人数据保护与流通的立法工作时，应引入数据主体的可携带权，同时还应格外注重数据可携带权的权利属性和应用场景。

3. 明确自然人可以作为交易主体

在数据交易主体方面，目前数据交易中心在自然人是否能够成为其交易主体这一方面存在着明显的区别。目前部分数据交易平台例如上海大数据交易中心等都明确规定了自然人不可成为其交易主体，这背后有对交易安全的考量，有对维护平台秩序的利益抉择，也有对数据价值的衡量取舍，但实践中发现，对于自然人变相注册公司进行交易的行为，部分平台并不予以限制，因此，强制性地将自然人排除在数据交易平台的交易主体之外不是一个长期可取的办法，仍然有待考量。且按照目前的主流观点来说，“自然人对其个人数据享有数据权”意味着自然人享有对其个人数据收益进行处分的权利，完全排除自然人的数据交易主体资格也许会导致更多的数据黑产交易。数据交易主体资格也是不容忽视的先决问题，长三角在进行区域性数据立法时应予以慎重考虑。

4. 制定数据交易的传输标准

数据交易中心的业务流程与普通的交易基本上一致，但是里面有很多不一样的细节。效率、留存、安全、质量和价格都是交易中心关注的问题。其中最需要关注的是交易数据的质量标准，目前国内的数据交易平台并没有一个统一的数据标准，分散的数据处理标准影响数据处理效果，从而会影响到数据安全，尽管前文说到数据交易平台的角色是协调和连接供需双方，但数据脱敏标准一旦紊乱则极易引起个人隐私泄露等重大问题，因此长三角区域内的数据交易中心应有一套统一的可供遵循的数据处理标准，以保障数据流通的安全性。

5. 建立“使用者责任”机制

大数据产业发展中应对个人数据处理者建立“使用者责任”机制。个人数据的安全风险并非源于信息收集，更多地是源于具体的使用环节。规制的重心应放在个人数据在处理应用方面引发的风险以及问责机制。大数据时代背景下的个人数据安全流通的实质应是阻止个人数据的使用者(包括收集者、分析者、处理者以及使用者等)将其掌握的个人数据记录中的特定信息与数据主体关联起来，利用其通过大数据分析加工得来的“二次信息”侵犯数据主体的权利。实现数据安全流通的指引方向应从强调个人的知情同意转变至让数据流动过程中的“使用者”们承担责任，不论经手个人数据的主体与用户是否有直接联系，均进行统一标准的风险评估来确定各个主体相应的保障责任，建立“谁使用谁负责”的“使用者责任”机制。

6. 数据交易中心的运行规范

目前各大数据交易平台的交易规则还有待加强与完善，部分平台对数据交易主体的准入、平台自身的权利义务内容、用户行为规则与违规的责任负担等方面仍缺少详细规定，存在较大的风险敞口。数据交易中心作为我国数据要素市场的实践先驱，承担着试错补差的重要任务，一系列亟待填补的法律和制度空白，都预望通过高密度的交易，在实践中探索出解决方案。从要求平台健全用户协议和交易规则等方面入手，使数据交易中心的运行更规范。因此，数据交易中心的运行规范方面的法律制度供给问题亟待解决，从而为数据要素市场的培育和发展注入强大动力。

长三角一体化研究动态观察

| 袁娜娜　马军杰

改革开放促进经济高速发展,我国受益最大的地区无疑是三大国家级城市群,即粤港澳大湾区、长三角城市群和京津冀城市群,国家政策、项目、资金、人口向这三个地区高度倾斜,区域协同发展也逐渐跃入视野。长三角作为我国重点发展的区域,在 2018 年"长三角一体化"上升为国策后,其区域发展全面进入了新阶段。学界对长三角一体化的研究也日益深化、成果颇丰。笔者通过运用 CiteSpaceV 软件进行文献计量可视化分析,根据既有研究成果评述长三角一体化研究的相关热点及趋势。

一、数据来源与处理

本文数据选取自中国学术期刊网络出版总库(CNKI),通过检索 2009—2020 年所发表的文献,共得数据 3 878 条。排除标准:新年贺词、期刊导读、篇首语、编者按、工作概览、综合资讯、动态、短文时评、会议综述、学术信息、图书推介、时论摘要、新闻、地方建设发展论述以及具有长三角一体化字样却与长三角一体化无关的文献等无关数据。在浏览相关数据后,手动选择与剔除后,经去重得到样本 999 篇。

二、年度发文分布情况

研究领域内年度发文量是该研究领域发展的一项重要指标,根据从 CNKI 数据库提取的数据,在过去 12 年间,长三角一体化研究的发文量有着一定的规律性(图 1)。在时间上,2009—2011 年期间发文数量逐步上升,并在 2010 年达到一个小高峰,原因可能在于 2010 年 5 月由国务院批准实施的《长江三角洲地区区域规划》明确了长江三角洲地区发展的战略定位,即长三角是亚太地区重要的国际门户,是世界范围内现代服务业和先进制造业的重要中心、是具有较强国际竞争力的世界级城市群。规划实施前后,学界对长三角发展进

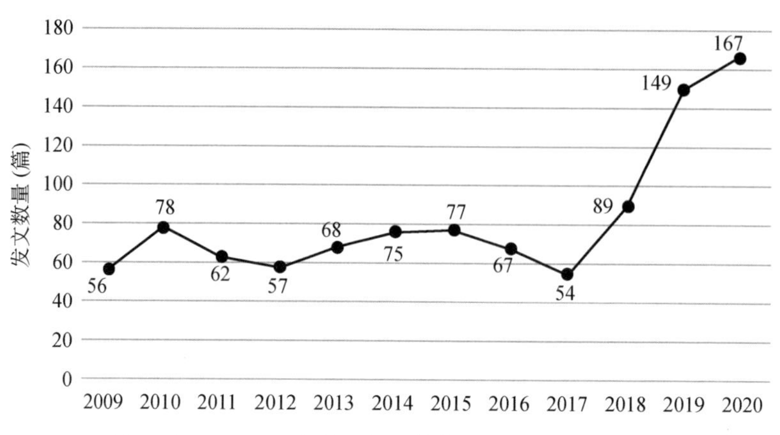

图 1　2009—2020 年长三角一体化研究文献数量走势图

行了初期的理论探索，提出了“长三角一体化”方向，并论证了其重要性和科学性。2012—2017 年发文较为零星。2018—2020 年发文数量剧增，增长趋势异常明显。2018 年，“长三角一体化”上升为国家发展战略，引发了学术界对长三角区域一体化发展理论研究的极大热情，学术界从长三角一体化的战略规划、经济发展、政府管理、合作机制、高质量转型等角度进行了大量研究，同时也对促进长三角在交通、环境、文旅产业、体育产业等方面的一体化也展开了各有特色的研究。根据普赖斯基于文献增长量得出的学科研究阶段特点的观点，关于长三角一体化的研究应处于大发展和日趋成熟这一阶段，论文产出成果仍在增长。

三、关键词共现聚类分析

对关键词进行分析，可以从多个角度观察该研究领域不同时期的热点与前沿问题。结合图 2 与图 3 所呈现出的信息来看，在长三角一体化研究中一些重要的节点（中心性＞0.1）主要有长三角、长三角一体化、长三角区域、区域一体化、区域经济一体化、一体化、城市群、都市圈等。

通过高频次关键词的梳理，反映出长三角一体化研究中的重点是区域经济一体化，发展问题包括“协同发展”“一体化发展”和“高质量发展”，这也是众多学者聚焦的问题。

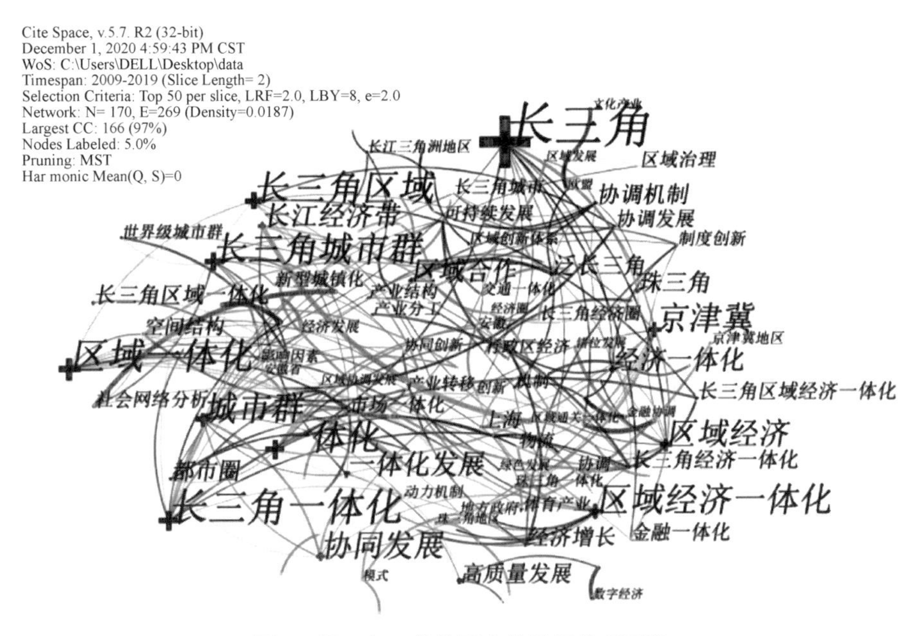

图 2　长三角一体化研究关键词共现图谱

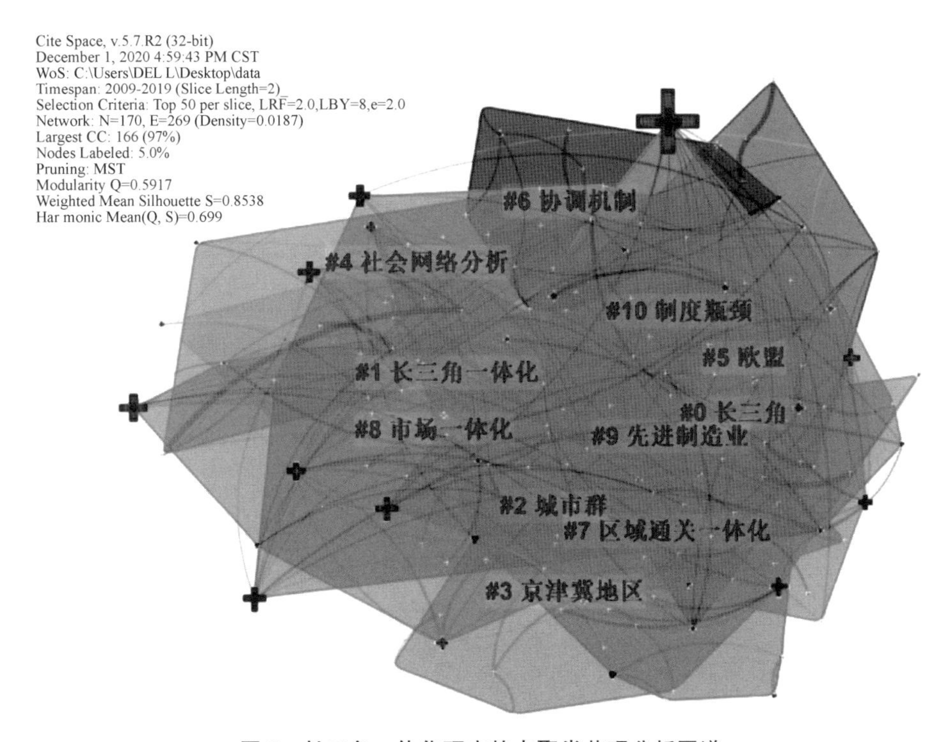

图 3　长三角一体化研究热点聚类共现分析图谱

表 1　长三角一体化研究的关键词聚类标识

聚类命名	主要关键词
长三角	区域立法、乡村振兴、地方政府合作、后世博、区域联动、同城化效应、京津冀经济圈、地方立法、趋势、物流一体化、产业集群、示范区、错位发展、创新、珠三角一体化、安徽、交通一体化、长三角经济圈、协调、物流、可持续发展、金融一体化、京泽冀一体化、珠三角、区域经济、京津冀、一体化、长三角
长三角一体化	生态绿色、长江经济带战略、科技创新区域、人工智能、区域协同发展、全球价值链、智能制造、“一带一路”战略、国内价值链、经济发展、产业分工、长三角城市、长三角区域经济一体化、协调发展、长三角经济一体化、长江三角洲、长三角区域、长三角一体化
城市群	区域文化、政府作用、整合、空间格局、中心城市、区域协调机制、高速铁路、协作发展、演化、路径、障碍、绿色发展、产业转移、空间结构、都市圈、城市群、区域一体化
京津冀地区	协同治理、建议、长三角都市圈、法解释、经济腹地、内涵、引力模型、都市群、市场、合肥经济圈、层次分析法、模式、珠三角地区、动力机制、京津冀地区、京津冀协同发展、区域经济一体化
社会网络分析	浙江省、江南文化、区域协同、公共服务、经济联系、城市网络、研讨会、城乡一体化、合作机制、对策、世界级城市群、新型城镇化、社会网络分析、长三角城市群、长三角地区
欧盟	产业同构、金融业、区位熵、文化政策、效应、金融协调、文化产业、欧盟、协同创新、机制、制度创新、经济增长、泛长三角、经济一体化、区域合作
协调机制	联动发展、《长江三角洲地区区域规划》、立法协调、教育合作、区域创新系统、城市群发展、生产性服务业、利益协调机制、上海经济区、区域发展、长江三角洲地区、区域创新体系、协调机制
区域通关一体化	全要素生产率、智慧城市群、体制机制、长江中游城市群、宁波都市圈、数字化转型、数字经济、区域通关一体化、高质量发展、长江经济带、一体化发展
市场一体化	一体化进程、面板数据、一体化改革、环境污染、区域协调发展、安徽省、影响因素、区域治理、市场一体化、长三角区域一体化
先进制造业	核心城市、旅游业、现代服务业、全球城市、区域交通、城市转型、旅游一体化、经济圈、体育产业、上海
制度瓶颈	利益协调、资源配置、产业结构、行政区经济

四、关键词突现分析

从关键词的突现持续时间来看，市场一体化的持续时间最长，为6年。其次，经济一体化、泛长三角、长三角经济一体化分别持续了5年。再次，除了协调机制、长三角、京津冀地区、区域协调发展、错位发展、区域创新体系、长江三角洲地区、区域通关一体化、珠三角地区、区域发展、长江三角洲这11个关键词之外，其余的例如协同发展、区域治理、经济增长等关键词分别持续了2～4年。

从研究时间来看，2009—2016年突现的关键词集中反映了该阶段的研究重点在于经济一体化、区域的协同发展、空间重构、产业布局和机制构建，选取的比较对象主要为京津冀和珠三角，该阶段的研究范围较大，有许多重复性的研究现象。2017—2020年突现的关键词为区域治理、长三角一体化、长三角区域一体化、长三角区域、世界级城市群、区域协调发展、高质量发展、数字经济、绿色发展、生态绿色、城市网络，表明该阶段研究的主要聚焦点仍然包括区域发展的协调性，该领域的研究有了进一步深入，并且在“区域治理”上有了更明显的倾向性。同时，研究范围开始向数字经济、高质量发展等方面拓宽，学界的共识都指出长三角地区的发展正处于新旧动能转换的关键时期，在科学技术快速迭代、区

Top 50 Keywords with the Strongest Citation Bursts
2009—2020

Keywords	year	strength	begin	end	Keywords	year	strength	begin	end
长三角一体化	2009	22.8	2018	2020	世界级城市群	2009	2.21	2018	2020
京津冀	2009	13.16	2014	2017	长三角城市	2009	2.15	2012	2015
高质量发展	2009	8.32	2019	2020	市场一体化	2009	2.05	2015	2020
经济一体化	2009	6.49	2009	2013	数字经济	2009	2.05	2019	2020
协同发展	2009	6.31	2014	2017	协调机制	2009	2.02	2010	2010
京津冀一体化	2009	6.11	2014	2016	协调	2009	2.01	2010	2012
区域经济一体化	2009	5.5	2010	2012	长三角经济一体化	2009	2.01	2009	2013
区域合作	2009	4.95	2011	2013	上海	2009	2	2014	2015
长三角区域一体化	2009	4.75	2018	2020	区域经济	2009	1.99	2015	2018
珠三角	2009	4.73	2014	2017	区域协调发展	2009	1.96	2018	2018
长江经济带	2009	4.69	2015	2018	长三角经济圈	2009	1.91	2014	2015
长三角	2009	4.5	2016	2016	新型城镇化	2009	1.91	2014	2015
长三角城市群	2009	4.3	2017	2018	错位发展	2009	1.8	2015	2015
京津冀协同发展	2009	3.89	2014	2015	区域创新体系	2009	1.79	2010	2010
一体化发展	2009	3.88	2017	2020	长江三角洲地区	2009	1.79	2010	2010
长三角区域	2009	3.84	2018	2020	区域通关一体化	2009	1.71	2014	2014
城市群	2009	3.48	2015	2017	珠三角地区	2009	1.71	2014	2014
长三角区域经济一体化	2009	3.24	2009	2010	区域发展	2009	1.71	2014	2014
泛长三角	2009	3.16	2009	2013	区域治理	2009	1.64	2017	2020
空间结构	2009	3.04	2013	2014	行政区经济	2009	1.63	2010	2012
产业结构	2009	3	2011	2012	长江三角洲	2009	1.57	2013	2013
机制	2009	2.7	2009	2010	绿色发展	2009	1.49	2019	2020
协调发展	2009	2.67	2009	2012	金融一体化	2009	1.48	2014	2015
经济增长	2009	2.47	2017	2020	生态绿色	2009	1.36	2019	2020
京津冀地区	2009	2.29	2014	2014	城市网络	2009	1.36	2019	2020

图4　长三角一体化研究前50个突现关键词

域竞争加剧的背景下，长三角一体化发展的内涵、框架都需不断升级。长三角一体化的高质量发展仍面临着诸多关键挑战，包括模糊的区域分工目标，固化的区际地位梯次，以及失衡的要素流动等。

五、结语

总体来说，长三角一体化研究总体呈现出良好的发展趋势，依据普赖斯理论，目前已进入大发展阶段，其研究范围涉及发展历程、发展模式、重点发展领域等诸多内容，研究主题有着典型的多样性特征，并与国家政策紧密相关。学术界对长三角一体化的研究取得了丰硕的成果，但是也存在一些不足。一是对区域协调机制构建问题的研究有待于更进一步深入，目前长三角一体化的发展正处于新旧动能转换的关键时期，长三角区域内的城市间经济联系程度不高，加之部门利益和地方利益客观存在，区域合作水平仍然不高，未能充分发挥长三角城市间的整体联动效应。二是数字经济下的区域治理问题，信息技术时代下出现了许多新商业模式和商业行为，长三角作为我国数字经济发展的高地，这一问题更加突出。目前长三角一体化研究中针对数字经济和区域治理的研究正处于起步阶段，中心度还不够，成果还比较欠缺。三是长三角一体化中的区域法治问题研究，面对新情况新问题应该如何实现在立法、执法、司法层面的协同？虽然学界也关注到了区域法治协同的相关问题，但还不够透彻和深入，还有待于进一步的深化。

长三角数据要素市场化配置现状与法治保障思考*

| 袁娜娜　马军杰

一、长三角数据产业发展现状

当前，长三角区域在国家政策指引下，凭借自身已有优势使区域内的数字经济迅猛发展，其中民营企业活跃，民间资本投资收益高，在发展过程中显示出强大的生命力，为长三角数字经济的发展提供了强有力的支持。同时，长三角区域内已经形成了完整的数据产业链条，包括数据的采集与汇聚、存储处理和挖掘分析、大数据应用与周边服务等，共有上千家企业机构。数量众多的企业机构为长三角大数据的未来发展提供了广阔空间。与之相应，长三角地区目前在数据源、数据存储及安全基础架构方面也已经具备了一定优势。

首先，大数据产业发展的基础是数据，得益于较高的互联网普及率，长三角域内的本地数据积累优势明显。域内阿里巴巴、网易、苏宁易购、携程等数据资源型互联网企业在各自领域内已拥有丰富的数据资源，并通过聚拢技术型、创意型以及其他资源型公司构建了主导型生态圈。各地政府、运营商、银行等主体也在探索数据创新应用的路上开始了不同程度的数据开放。物联网的发展也让各类智能硬件成为新的数据来源入口。

其次，在技术领域中，科大讯飞、海康威视等企业深耕于文本、图像、视频的细分技术方向，技术水平在国内领先。而针对大数据安全保障的企业如浪擎、安恒等也已经成为行业领先者。本区域内知名企业高校如阿里巴巴、复旦大学等在数据分析与挖掘的核心算法方面也做出了许多探索。同时，长三角区域内有四家大数据交易平台，有利于释放数据的经济红利，促进数据价值的最大化实现。

* 本文为上海市人民政府决策咨询研究项目“公共数据资源市场化配置法律制度研究”（项目编号：2021-Z-B06）的阶段性研究成果。

二、长三角数据交易市场现状及问题

大数据作为早期市场，需求侧有着跨越性大、非标准性的特点，供方根据自己理解所做的标签化产品和服务化产品跟需方的需求往往存在两个不同的标准体系，存在不匹配的问题，此时便衍生出了数据交易中心。数据交易中心的主要角色是协调与连接数据供方和数据需方的组织者，以上海大数据交易中心为例，上海数据交易中心采用专有知识产权的虚拟标识和二次加密的数据分发技术，以确保供需双方之间对数据产权和数据衍生产品的交易。大数据交易所的定位是数据要素的市场化交易平台，因此应该将其界定为狭义市场的概念，也就是“买卖双方进行商品交换的场所”。而广义的数据要素市场，还包括参与交换的各方（数据开放主体、数据应用主体、数据增值服务提供主体、市场监管和运营主体等），以及相配套的程序、法律、法规等。

长三角区域内共有四家数据交易中心（表 1），大多还处于起步阶段。首先，在交易主体、交易规则等方面的规定中仍存在较大分歧或空白。

表 1　长三角地区数据交易中心规则概览

名称	成立时间	地点	交易规则	交易主体	主要规定
华东大数据交易中心	2015 年	江苏盐城	《华东江苏大数据交易中心用户协议》	包括自然人	1. 平台与用户的权利义务； 2. 知识产权的保护
安徽大数据交易中心	2016 年	安徽淮南	《安徽大数据交易中心交易规则》	包括自然人	用户行为规则与争议处理办法
上海大数据交易中心	2016 年	上海	《数据互联规则》《流通数据处理准则》《个人数据保护原则》	不包括自然人	1. 平台的权利义务； 2. 个人数据的保护； 3. 流通数据禁止清单
浙江大数据交易中心	2016 年	浙江乌镇	无	无	无

第一,数据交易主体问题。在数据交易主体方面,分歧点主要在于自然人是否能够成为其交易主体。例如上海大数据交易中心等都明确规定了自然人不可成为其交易主体,这背后有对交易安全的考量,有对维护平台秩序的利益抉择,也有对数据价值的衡量取舍,但实践中发现,对于自然人变相注册公司进行交易的行为,部分平台并不予以限制,因此,强制性地将自然人排除在数据交易平台的交易主体之外始终不是一个长期可取的办法,仍然有待考量。且按照目前的主流观点来说,"自然人对其个人数据享有数据权"意味着自然人享有对其个人数据收益进行处分的权利,排除自然人的数据交易主体资格也许会导致更多的数据黑产交易。

第二,交易数据的标准问题。数据交易中心的业务流程与普通的交易基本上一致,但是里面有很多不一样的细节。效率、留存、安全、质量和价格都是交易中心关注的问题。其中最需要关注的是交易数据的质量标准,目前国内的数据交易平台并没有一个统一的数据标准,分散的数据处理标准影响数据处理效果,从而会影响到数据安全,尽管前文说到数据交易平台的角色是协调和连接供需双方,但数据脱敏标准一旦紊乱则极易引起个人隐私泄露等重大问题,因此长三角区域内的数据交易中心应有一套统一的可供遵循的数据处理标准,以保障数据流通的安全性。

第三,数据要素市场的交易规则问题。各数据交易平台的交易规则还有待加强与完善,部分平台对数据交易主体的准入、平台自身的权利义务内容、用户行为规则与违规的责任负担等方面仍缺少详细规定,存在较大的风险敞口。数据交易中心作为我国数据要素市场的实践先驱,承担着试错补差的重要任务,一系列亟待填补的法律和制度空白,都期望通过高密度的交易,在实践中探索出解决方案,只有从用户协议和平台交易规则入手不断修订,才能逐渐形成一套有规可依、行之有效的数据交易规范,以期为数据要素市场的培育和发展注入强大动力。

此外,从数据交易中心运营状态来看,目前各交易中心的数据交易动态与交易量并未实现对外公开,这与大部分中心"交易撮合者"的角色定位有关,也与部分交易中心实施"会员制"的制度有关。

三、长三角数据要素流动的法治保障现状与问题

在数字经济规模如此庞大的情况下,我国在数据治理层面的法律保护现状

却并不乐观，尤其表现在制度供给不足方面。近几年我国在大数据领域的立法步伐虽然逐步加快，意图在数据领域构建秩序，但是实际上，数据要素市场发展的速度和规模还是不可避免地受到了制度供给不足的制约，尤其是一些数据交易的基本问题无法解决，如数据产权制度的问题，在没有合理的制度作支撑的情况下，数据的权属无法界定，就更别提数据的交易和流通了。但是想要在数据领域构建制度和秩序却不是一件一蹴而就的事情，数据要素与传统生产要素差异很大，在构建权利体系和法律制度的过程中传统民事权利理论难以适用。2015 年国务院发布的《促进大数据发展行动纲要》中虽然明确提出"要明确各部门数据共享的边界和使用方式"，但这只是指导性意见，对于数据流通管理并未进行实质性区分，对于如何明确数据共享的边界和使用方式也并没有做出规定。2017 年 6 月 1 日起施行的《中华人民共和国网络安全法》虽然对公共信息加大了关注和保护力度，但是却未将个人信息和商业秘密等信息纳入其中，在数据保护方面也不尽完善。2017 年 12 月 29 日，我国信息安全标准化技术委员会正式发布《信息安全技术 个人信息安全规范》(GB/T 35273—2017)，该规范对个人信息的各个环节提出了要求，包括收集、保存、使用、流通、管理等。其主要内容涵盖了个人信息的基本定义、个人信息安全的基本原则、个人信息处理的各个环节，以及个人信息安全事件处理的要求等，在一定程度上填补了我国个人信息保护实践标准的空白。但是，《信息安全技术 个人信息安全规范》类属推荐性标准，并非强制性标准，从而不具有法律强制力。2019 年 1 月 30 日国家市场监管总局发布的《禁止滥用市场支配地位行为的规定(征求意见稿)》及 2020 年 1 月 2 日国家市场监管总局发布的《〈反垄断法〉修订草案(公开征求意见稿)》虽然均对数据垄断行为有所关注，但均只做出了概括性的规定，并未进行进一步的细化。2020 年 12 月，中共中央印发的《法治社会建设实施纲要(2020—2025 年)》也提出了建立健全数据安全管理制度，要求研究制定个人信息保护法，但是该纲要只是宏观的实施纲领，并没有具体的实施方式。2021 年 1 月 1 日起开始施行的《中华人民共和国民法典》将个人信息放置于人格权编加以保护，第一千零三十四条规定了自然人的个人信息受法律保护，加大了对个人信息的保护力度，但是个人信息的范围过于狭隘，且实际上并没有可供实施的保护措施。从上述立法现状来看，我国关于数据治理的立法工作尚不成熟，数据制度供给存在不足，难以满足市场规范化需求。

长三角地区作为国内经济最具活力、开放程度最高、创新能力最强的区域之一，行政执法协作机制起步较早，已经初步形成于多个领域。长三角区域目前在执法层面的协作主要侧重于工作机制，在涉及执法核心环节的协作方面尚无制度性的安排。由于长三角三省一市在行政级别上处于平等位置，四地之间形成的行政执法文件多为基于四方意愿签署的区域性执法合作协议或意向书，这些文件的执行并无有效的强制手段予以保证。同时，没有共同的领导小组和领导机构统领长三角地区的执法工作，导致执法的工作内容缺乏具体规定。更需要关注的是关于执法信息共享的问题，虽然当前对各地区的执法部门发出了及时上传执法信息的倡导，但毕竟有别于强制要求，没有明确限制上传时间，这就造成了执法部门信息共享不及时、选择性共享、共享内容不规范等问题。在区域间的执法工作尚存在许多问题的情况下，数据领域的违法隐蔽性使得个人数据治理领域的执法工作存在更多的困难与挑战，所以区域内各地需要更加紧密联合，强化联合监管，形成高效执法联动体系。

空间数据质量研究进展

| 马军杰

空间数据作为重要的生产要素与战略性资源，是支撑智慧城市建设的重要核心基础设施，同时也是天然的大数据(Big Data)，具备一切大数据的基本特征。空间数据类型繁多，传统来讲主要可以分为地图数据、影像数据、地形数据、属性数据和元数据。而对于当前的数据生产、处理与存储技术来说，一切含有空间信息的数据均可纳入空间数据的范畴。而空间数据的来源也从传统的测绘、遥感影像以及社会经济等属性数据的空间化向包括手机、互联网及物联网在内的平台和终端延伸。对多源异构特征极为显著的空间数据进行质量界定、描述与评价，极大程度上影响着我国空间信息化发展水平及智慧城市建设进程。事实上自 20 世纪 70 年代开始，GIS 作为数据驱动型研究的重要学科领域，就已进行了大量关于空间数据质量问题的探索，我国自 20 世纪 90 年代开始也逐渐步入该领域的研究。

关于空间数据质量的定义，陈述彭(1999)认为空间数据质量反映的是空间数据产品表达现实世界空间特征、专题特征和时间特征的准确性、一致性、完整性及三者之间统一性的程度。Howard(2000)认为空间数据质量是数据对特定用途的分析和操作的适用程度。但数据质量的概念对于数据生产领域和数据使用领域有着不同的含义："对于数据生产者来说，空间数据质量是通过真实标记的原则(truth in labeling)将地理信息产品的特性和特征通过一定的方式进行标记。对于数据使用者来说，数据质量是按满足指定应用需求的原则(fitness for use)进行标记"(朱庆，2004)。因此，空间数据质量的含义可被全面地理解为地理信息产品满足特定需要的特性和特征的总和或提供应用服务的能力(杜道生，2000)。在空间数据质量的范畴与框架当中，需要综合考虑空间数据的获取、生产与使用的整个过程。

空间数据反映的是现实世界空间实体或现象在数字世界的映射，是对现实世界的抽象描述和离散表达(毛先成，2015)。也是现实世界事物或现象空间特征、属性特征、时间特征的数字记录(龚健雅,2018)。而现实世界作为非线性多参数的复杂超级系统,本身具有强烈的不确定性与不稳定性,与之相应,空间目标、空间专题与空间过程均存在模糊性与不确定性。同时,空间数据的获取、生产及使用过程会受到人类个体间认知差异及人类整体对现实世界认知局限性的影响。因此在整个数据生产及使用流程当中均可能产生行为误差。而"空间数据生产是一项涉及多源数据处理、数据编辑与更新、拓扑关系处理、数据成果质量检查等环节的复杂系统工程,每个环节都有可能产生误差,并向下一个生产环节传播"(朱蕊,2018)。此外,受科技技术发展水平及阶段的影响,数据采集所使用的仪器设备、数据处理及分析的技术与算法等局限性,均会导致数据产生质量问题(陈述彭,1999;史文中,2005;郭黎,2009)。

国外的标准化组织针对数据质量的内容做过较深入的研究,先后提出一些数据质量元素用以标记数据质量。比较典型的如下。

国际标准化组织/地理信息技术委员会(ISO/TC211)在 2002 年发布了 ISO19113:2002,其中提出了"data quality element",主要包括完整性、逻辑一致性、位置准确度、专题准确度和时间准确度,以及"data quality overview element",包括目的、使用情况和数据日志等。并在 2013 年提出新的标准 ISO19157:2013 Geographic information-Data quality(地理信息—数据质量)中增加了可用性(usability)这一新的质量元素,用于描述数据集对于特定应用的适应性或者一组特定需求的满足程度。

数字地理信息工作组(Digital Geographic Information Working Group, DWIWG)于 1991 与 2000 年分别发布了 2 版 *Digital Geographic Information Exchange Standard*(《数字地理信息交换标准》),其中提出关于数据质量的描述包括:说明(specification)、源(source)、准确度(accuracy,包括位置准确度和属性准确度)、现势性(up-to-dateness/currency)、逻辑一致性(logical consistency)、完整性(completeness,包括要素完整性和属性完整性)、裁剪指标(clipping indicator)、保密等级(security classification)和可发布性(releasability)。

FGDC(美国联邦地理数据委员会)于 1999 年提出了 *Spatial Data Transfer Standard*(*SDTS*)(《空间数据转换标准》),该标准认为空间数据质量报告应该用下 5 个方面来描述:数据世系/历程(Lineage)、位置准确度(positional accuracy)、属性准确度(attribute accuracy)、逻辑一致性(logical consistency)和完整性(completeness)。

我国在 ISO19113:2002 的基础上进行了改动，由质量监督检验检疫总局与国家标准化管理委员会于 2008 年联合发布了《地理信息质量原则 Geographic information — Quality principles)》(GB/T 21337—2008)。其中空间数据质量元素分为空间数据质量量化元素(对应 ISO19113 标准的 data quality element)和空间数据质量非量化元素(对应 ISO19113 标准的 data quality overview element)。

结合上述国内外关于空间数据质量的标准以及我国诸多学者的研究(朱庆，2004;鲁立，2014;万义良，2015)，空间数据质量可以从空间数据的特性维度与数据质量维度来进行综合考察;同时，空间数据的生产目的与用途也应当被纳入空间数据质量的概念表达(图 1)。

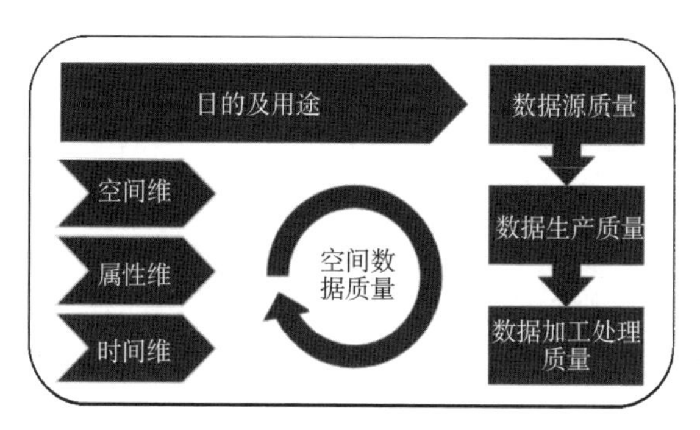

图 1　空间数据质量概念图

在此基础上，空间数据质量的内容和体系结构主要包括以下内容(图 2)。

(1) 精度或精确度(Precision)，指数据记录的精确程度，包括空间精确度(例如数学基础、空间参考系、平面位置精度、高程精度、接边精度等)、属性精确度(例如专题精确度、数据精确度)、时间精确度(时间测量精度与现势性)等，取决于随机误差。

(2) 准确度(Accuracy)，是指空间数据特征的表达与真实情况之间的接近程度(语义准确度)。可从位置、拓扑或非空间属性及时间等方面进行分类，并可用误差来衡量。

(3) 完整性(Completeness)是指空间数据、属性及其关系的存在性和缺失程度。包括空间范围的完整性、数据分层的完整性、实体类型的完整性、要素间关系的完整性、属性数据的完整性、注记的完整性、附件的完整性、元数据的完整性、时间的完整性等。

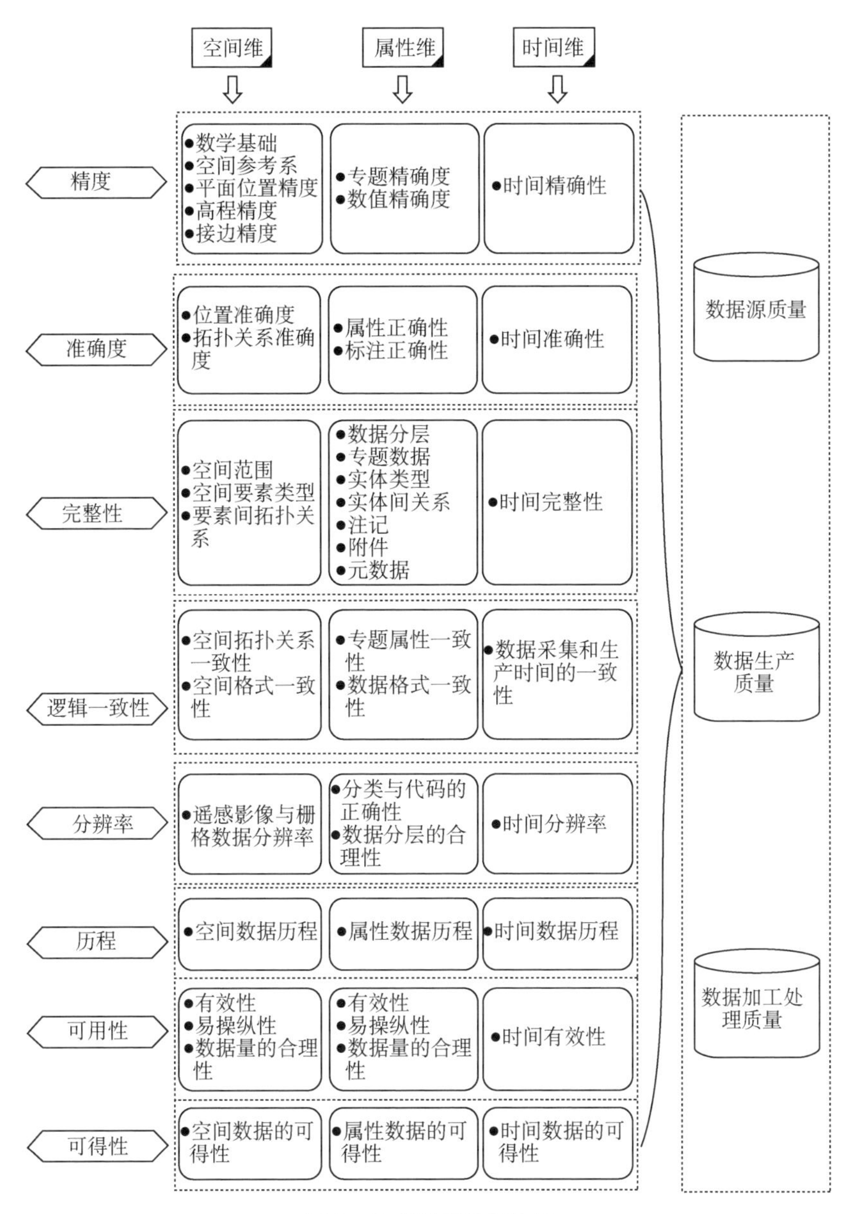

图 2　空间数据质量体系

(4) 逻辑一致性(Logical Consistency)是指空间数据结构、空间数据属性及其关系对于固有的或用户定义的逻辑规则的符合程度。包括空间拓扑关系的一致性、格式的一致性、数据采集和生产时间的一致性、属性的一致性及属性关系的一致性。

(5) 分辨率(Resolution)是指在空间数据某一维度上的特定范围内可以识别的要素或特征的详细程度。包括空间分辨率、时间分辨率、分类与代码的正确性、数据分层的合理性等。

(6) 历程(Lineage)是指空间数据的历史记录历程,包括在生产过程中空间数据获取的数据源描述和使用的获取方法。

(7) 可用性(Usability)是指空间数据满足用户特定要求的能力。包括数据的有效性、易操纵性数据量的合理性等。

(8) 可得性(Availability)与可访问性(Accessibility)分别指数据获取的难度与数据能被获取的权利。可得性与数据的获取成本相关,可访问性与数据密级和可发布性有关。

《个人信息保护法》的焦点与影响

| 徐　涛　尤建新

2021 年 8 月 20 日，十三届全国人大常委会第三十次会议表决通过了《中华人民共和国个人信息保护法》(以下简称“个保法”)，该法于 2021 年 11 月 1 日起正式实施。该法案的通过为破解个人信息保护中的热点和难点问题提供了有力的法律保障，是我国个人信息保护法治发展的一个重要里程碑。为更好地认识个保法立法现状，本文运用文本分析和数据挖掘方法对个保法关注焦点及公众期望进行分析，并对个保法实施后对个人、企业、监管等方面的影响进行探讨。

一、个保法关注哪些焦点问题

本文对首先对个保法文本做了分词处理，并依据词汇出现频率绘制出词云图。如图 1 所示，字体大小反映出现频次，前 20 个高频词如图 2 所示。从图 1 中可以看出，个人信息、处理和保护三词的出现频次明显高于其他词，在个保法中出现的次数分别为 296、206 和 60。出现频次最高的三个词分别对应了个保

图 1　个保法词云图

法中的三个主体:适用对象、监管对象和执法部门。对前 20 个高频词进行归纳,发现均可与三个主体相对应。结合文本内容来看,前 20 个高频词可以分为明确个保法适用对象、个人信息的处理规则和监管部门的执法要求三类,对应情况如表 1 所示。

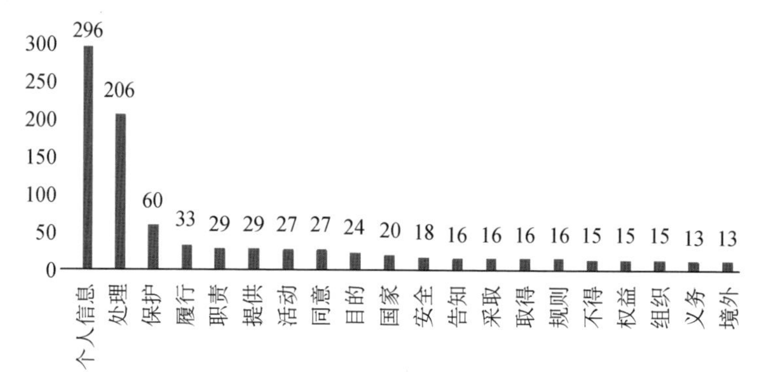

图 2 个保法高频词

表 1 主体与高频关键词的对应分析

主体	高频关键词
适用对象	个人信息、提供、同意、安全、权益
处理规则	处理、活动、目的、告知、采取、取得、规则、不得、义务
执法要求	保护、履行、职责、国家、境外

1. 明确个保法的适用对象

个人信息一词对应个保法的适用对象。该法将所有与可识别及已识别的自然人有关的各种信息都纳入了保护范围,也形成了对个人信息的定义。各国相关法律在个人信息界定方式、概念上也存在一定区别和联系。我国个保法与欧盟的《通用数据保护条例》(GDPR)、加州隐私法(CCPA&CPRA)对个人信息的定义对比如表 2 所示。可以看出我国个保法与 GDPR 在定义上更接近。个保法中还特别对敏感个人信息进行了列举,包括生物识别、宗教信仰、特定身份、医疗健康、金融账户、行踪轨迹等信息,以及不满十四周岁未成年人的个人信息。对于敏感数据的处理,除一般的需告知事项外,对敏感数据的告知内容还需包括处理的必要性和可能造成的不利影响,并需要单独获取同意。

表 2　个保法与 GDPR 和 CCPA&CPRA 对个人信息定义的区别

法律	个保法	GDPR	CCPA&CPRA
定义	以电子或者其他方式记录的与已识别或者可识别的自然人有关的各种信息	与任何已识别或可识别的自然人（"数据主体"）相关（relating to）的信息	直接或间接地识别、关联、描述能够合理地与某一特定消费者或家庭相关联或可以合理地与之相关联的信息

2. 明确个人信息的处理规则

处理对应了个保法的监管对象以及个人信息的处理规则。个保法的监管对象是个人信息的接收方和处理者，一般认为是收集个人信息的商业平台。个保法进一步细化、完善了个人信息处理规则，明确了个人信息处理活动中的边界。表 3 给出了个保法与 GDPR、CCPA&CPRA 的个人信息处理规则的异同点。我国个保法明确规定处理个人信息应当采取对个人权益影响最小的方式，保存期限应当为实现处理目的所必要的最短时间。针对当前互联网平台利用消费者信息进行大数据杀熟的行为，个保法规定个人信息处理者利用个人信息进行自动化决策，应当保证决策的透明度和结果公平、公正，不得对个人在交易价格等交易条件上实行不合理的差别待遇。对于大型互联网企业，个保法明确要求需要建立健全制度，做好独立机构的建立，要求由外部成员组成，监督个人信息处理活动。

表 3　个保法与 GDPR、CCPA&CPRA 的个人信息处理规则的异同点

法律	个保法	GDPR	CCPA&CPRA
处理规则	处理必须具有特定的目的和充分的必要性，并采取严格保护措施	特定情况下可以处理： 1. 数据主体明确同意； 2. 处理对于控制者履行责任、保护数据主体权利、另一自然人的核心利益是必要的； 3. 非盈利机构的正当性活动； 4. 相关个人数据已经明显公开； 5. 司法活动； 6. 公共利益（包括医学、公共健康、科学或历史研究）	企业需要在主页提供"限制使用或披露我的敏感个人信息"的链接

3. 明确个保法的执法部门

保护对应了个保法的执法部门，特别强调国家机关处理个人信息的活动适用本法。虽然没有单独设立个人信息保护机构，但第六章明确了履行个人信息保护职责部门、职责和可采取的工作措施。其中，国家网信部门负责统筹协调个人信息保护工作和相关监督管理工作；国务院有关部门和县级以上地方人民政府有关部门均负责个人信息保护和监督管理职责，统称为个人信息保护职责的部门。个保法还明确，国家网信部门和国务院有关部门在各自职责范围内负责个人信息保护和监督管理工作，同时，对个人信息保护和监管职责作出规定，包括开展个人信息保护宣传教育、指导监督个人信息保护工作、接受处理相关投诉举报、组织对应用程序等进行测评、调查处理违法个人信息等。

二、公众对个保法有哪些期待

对微博相关数据的收集和分析有助于了解个保法的影响层面和传播动态情况。对热门微博中的评论数据进行分析，也有助于了解社会公众对于个保法的情感表达和期待。

1. 个保法微博传播情况

个保法在微博中的传播始于 2021 年 8 月 13 日上午。当日，全国人大常委会法制工作委员会举行记者会，发言人臧铁伟介绍个保法草案三次审议稿。因此，本文对 2021 年 8 月 13 日至 9 月 1 日期间涉及个保法关键词的原创、转发和媒体微博数据进行分析，如图 3 所示。

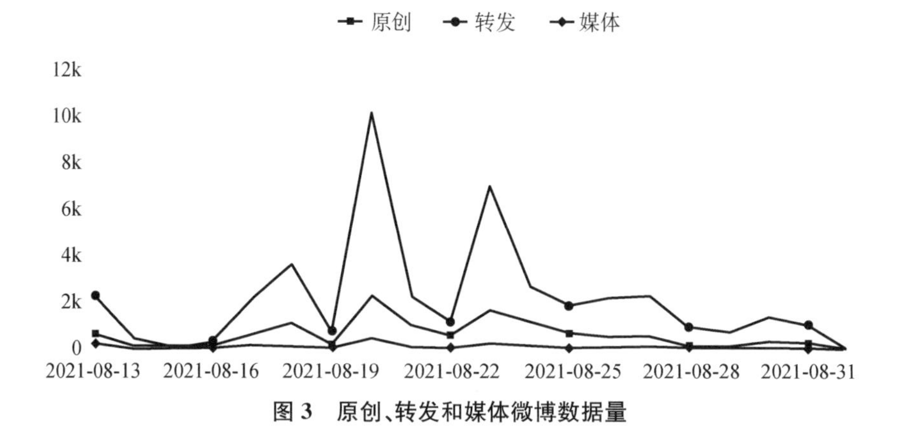

图 3　原创、转发和媒体微博数据量

从图 3 可以看出，2021 年 8 月 13 日已有多家媒体对个保法进行了报道。2021 年 8 月 17 日，全国人大常委会会议对个保法草案进行第三次审议，同样引起了大量关注。事件的爆发点是 2021 年 8 月 20 日，当日个保法表决通过，确定自

2021 年 11 月 1 日起施行。个保法表决通过的转发微博多达 10 000 余条,原创微博数量也达到峰值,将事件传播发展推向高点。此后,2021 年 8 月 23 日,多家媒体对个保法内容进行解读的微博内容同样受到了网友关注,微博转发量超 7 000。

2. 个保法微博评论情况

本文采集了原创微博中获得转发数最多的由人民日报和新华社发布的 2 条热门微博。2021 年 8 月 23 日人民日报发布的“与你有关！九图详解个保法”微博获得 4 133 条转发、3 010 条评论,获赞数为所有博文中最多,达 58 236 次。由新华社发布的“#个保法草案三审##我国拟立法禁止大数据杀熟#”获赞数达 48 236 次。为进一步了解微博网友的评论观点,对人民日报和新华社两条微博的网友评论数据进行分析。首先,采集了在上节中三条热门的微博的 1 142 条一级评论数据,做分词处理,并依据相关词出现的频次绘制出词云图,如图 4 所示,其中频次排名前 20 的分词如图 5 所示。

图 4 微博评论词云图

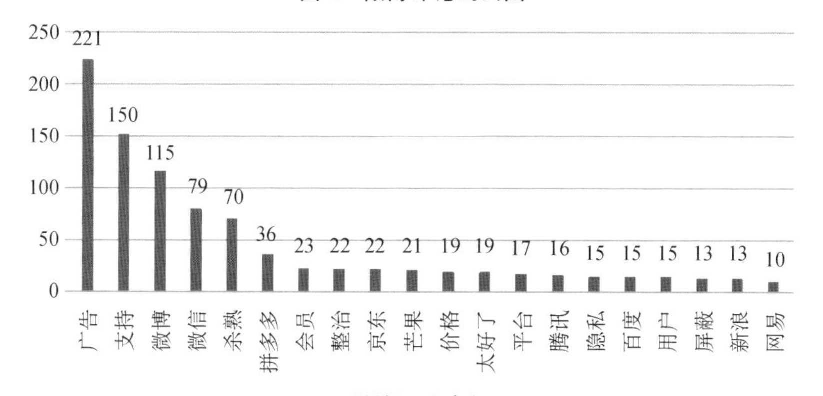

图 5 微博评论高频词汇

从评论分词结果来看,网友的主要观点表现在以下 2 个方面。

(1) 广告、杀熟等问题严重。从高频词看,广告在所有词汇中出现的频次最高。在高频词汇中,杀熟一词也被提及 70 次。而广告、杀熟的关联词主要有电脑软件、强迫、窃听、互联网、后台等,反映了微博网友对于广告和杀熟问题的关注度最高。尤其是一些互联网软件在后台搜集了大量用户数据,并对用户进行广告推荐。对此问题,网友评论表示希望可以关闭个性化广告推荐。此外,大数据杀熟问题也是为网友所诟病的主要话题,多个社交、电商平台被提及,包括微信、微博、拼多多、京东等。

(2) 支持,需要尽快实施。支持和太好了两词出现的频次分别在第 2 位(310)和第 12 位(62)。支持的社会网络关联词还包括个人隐私、利益、尽快、严格、罚款等,可以看出网友支持个保法是因为个保法涉及到对每个人的隐私和利益的保护,并且希望能够尽快实施。在实施过程中,不少微博网友表示支持对违反个保法规定的商业平台从严整治,进行重罚。

三、个保法实施可能会影响哪些方面

个保法将于 2021 年 11 月 1 日起正式实施,正式实施后,个保法或将有效遏制数据乱象,同时也将给企业和监管部门带来新的挑战。

1. 遏制数据乱象,用户有权撤回和迁移个人信息

当前,过度收集数据、大数据杀熟等现象屡禁不止。移动互联网应用程序(App)通过协议将数据与功能或服务进行捆绑。用户往往面临强制同意、授权等情况,部分商业平台从自身利益出发过度收集用户信息,甚至衍生出非法买卖个人信息的数据黑产,部分商业平台利用用户数据获得消费者画像并区别定价。个保法规定处理个人信息应当具有明确、合理的目的,并应当与处理目的直接相关,采取对个人权益影响最小的方式,并赋予个人撤回同意的权利,在个人撤回同意后,个人信息处理者应当停止处理或及时删除其个人信息。此外,个保法增加了数据可携权的规定,意味着允许用户把自己的所有个人数据从一个平台转移到另一个平台,有利于打破数据领域的垄断行为。

2. 规范数据流程,企业将面临更高数据合规标准

随着大数据、云计算等数字技术发展与应用,企业大量收集和处理个人信息,也成为普遍现象,数据泄露已经成为了经济发展过程中的痛点。为此,个保法引入守门人条款,包括按照国家规定建立健全个人信息保护合规制度体系,成

立主要由外部成员组成的独立机构进行监督等。个保法还规定，个人信息处理者应当定期对其处理个人信息遵守法律、行政法规的情况进行合规审计。个保法的出台，要求企业要根据不同的使用场景重新设计数据方案，包括更新数据采集流程、完善配套机制、监测技术风险等。与此同时，如何平衡收益与成本，权利与义务都是企业将面临的新的挑战。

3. 继续完善规则与标准，监管与执法将走向精细化

个保法的监管与执法涉及到具体的标准与规则问题。仅靠法律条文的表述可能无法满足业务实践，需要大量的规则、标准进行补充和细化。立法机关也意识到进一步补充规则、标准的重要性和紧迫性，并在《个保法》第六十二条，罗列了一系列工作计划，包括制定个人信息保护具体规则；针对小型个人信息处理者、处理敏感个人信息以及人脸识别、人工智能等新技术、新应用，制定专门的个人信息保护规则、标准；推进个人信息保护社会化服务体系等。在监管过程中，相关规则和标准的补充和细化将帮助有关机构根据不断发展变化的事实和具体场景，使个人信息保护法的原则落到实处。

关于数据权属问题的法律思考*

| 袁娜娜　马军杰

一、数据的权利性质

个人数据的确权一直是学界的争论焦点，也是实践中的难点。2012 年，全国人大常委会通过了《关于加强网络信息保护的决定》，其中明确了每一个公民的个人身份信息以及涉及个人隐私的电子信息都受到法律的保护。

1. 个人数据具有人格权属性

人格权是指为民事主体所固有而由法律直接赋予民事主体所享有的各种人身权利。人格权是一种支配权、绝对权、专属权，因而具有排他的效力，任何他人都不得妨碍其行使，他人不得代位行使。

表 1　我国关于"个人信息保护"的主要规定

名称	实施时间	现行有效	性质	具体条款	主要内容
《中华人民共和国消费者权益保护法》	2014 年 3 月 15 日	是	法律	第十四条、第二十九条、第五十条	经营者应公示其收集使用消费者个人信息的规则，且收集使用的范围限于法律规定和双方约定
《中华人民共和国网络安全法》	2017 年 6 月 1 日	是	法律	第三十七条、第四十一条、第四十二条、第四十三条	网络运营者对用户个人信息进行收集和使用的相关规定
《中华人民共和国民法总则》	2017 年 10 月 1 日	是	法律	第一百一十一条	明确个人信息受法律保护

* 本文为上海市人民政府决策咨询研究项目"公共数据资源市场化配置法律制度研究"（项目编号：2021-Z-B06）的阶段性研究成果。

(续表)

名称	实施时间	现行有效	性质	具体条款	主要内容
《中华人民共和国刑法(2017修正)》	2017年11月4日	是	法律	第二百五十三条之一	对侵犯公民个人信息罪的量刑规定
《中华人民共和国民法典》	2021年1月1日	尚未生效	法律	第四编第六章第一千零三十四条、一千零三十五条、一千零三十六条、一千零三十七条	界定了个人信息的定义,明确了处理原则和民事责任承担的除外范围
《个人信息保护法(专家建议稿)》	发布时间为2019年10月	无	立法草案		个人敏感信息和个人一般利益信息受到保护
《中华人民共和国数据安全法(草案)》	发布时间为2020年7月	无	立法草案		界定数据和数据活动的含义,构建数据安全制度框架,明确法律责任

在2020年5月28日发布的《中华人民共和国民法典》中第一次对“个人信息”作出了概念界定,综合我国现有的法律规定来看,个人信息是“可以识别个人身份”的信息,这一部分的个人数据是以电子形式记录下来的民事主体的生物信息和社会痕迹,是稍加整理就可直接定位到某个具体个人的带有强烈个人特征的数据集,依据我目国前的立法情况来看,也已经倾向于将其作为一项人格权来保护。

2. 个人信息数据具有财产权属性

财产权,是指以财产利益为内容,以物质财富为对象,直接与经济利益相联系的民事权利。财产权是与人格权相对的一种权利属性,不具专属性。其特点包括可以计算出相应的价值,可以让与,可以处分,也可以以货币的方式进行救济。“个人信息数据”则是指与个人有关的,收集起来后通过计算机识别、处理加工并输出的符号,与前文所述的具有强烈人格权的基础性个人信息的概念并不相同。笔者认为二者在概念上存在包含关系,即个人数据包括基础性个人信息数据。但在大数据的环境下,数据的使用范围已经远超于“基础性个人数据”,更多的是在数据的处理加工过程中产生的人工智能式的预测性个人数据或是一些伴生的衍生性的个人数据。这些数据已经脱离了强烈的个人属性，无法识别至具体个人，并具有巨大的潜在经济价值，若将此种类型下的个人数据也纳入人格权的保护范围之内，则会悖离“促进大数据的合法利用”这一目标。由此，当下的个人数据中并不仅仅包括传统意义上的基础性的个人信息数据，还有惊人数量的衍生性的个人数据。关于衍生性个人数据的权利属性，其讨论思路与数据法学中最为直接的一个问题“数据权利”完全一致。莱斯格《代码和网络中的其他法律》一书提出了颇具影响力的“数据财产化”理论，他认为应该赋予数据财产权从而打破传统法律思维下依据单纯的隐私权对用户的过度保护，因而对数据收集流通等活动造成限制和阻碍的僵化格局。因此，衍生性个人数据的财产权属性不容忽视，其具有绝对的财产价值。从某种意义上来说，赋予数据财产权才是符合时代发展、社会发展的趋势。

数据之所以无法当然地归置于传统民法视角下的“财产”，是因为数据既不在“无形资产”的概念范围之内，也不符合“有形资产”的物质特征。数据需要依托一定的载体才可存在，但这不是可以否定其独立性的理由。现有的交易实践表明，数据具有可交换性和可让与性。权利人可以对其进行占有控制、处理分析、使用处分，并通过这些方式获得可观的经济收益，这是数据的财产权属性的强烈体现。

二、数据的法律适用

数据权利化不会是一个简单的过程，因为数据本就不是我们现有的权利框架下的产物。在对数据资产和网络虚拟财产的法律属性及定位上几易其稿，却始终形不成立法定论。研究表明，现有的法律规范无法准确地适用于数据活动，数据资产尚无法得到切实有效的保护。

1. 知识产权法对于数据的法律适用范围

首先，不可否认的是，数据有可能成为著作权保护的对象。对于数据当中具有独创性的部分，依据《中华人民共和国著作权法》第十五条的规定，可以作为汇编作品对其保护。但在实践中，如用户的购买喜好、浏览记录以及购买记录等诸如此类的数据一般情况下都不会被认定为具有独创性。即便部分数据因其内容编排被认定为具有独创性，但也仅能被认定为汇编作品而无法穿透到数据本身。因此，知识产权法对于数据的保护适用效果微乎其微。

2. 反不正当竞争法对于数据的法律适用范围

对于无独创性的数据信息来说，若符合具有保密性和价值性特点，可以从商业秘密的角度寻求保护，可以适用《反不正当竞争法》有关商业秘密的条款。商业秘密是企业的财产权利，它关乎企业的竞争力，对企业的发展至关重要，有的甚至直接影响到企业的生存。实践中，由于商业秘密具有严格的条件限制，能够以商业秘密获得保护的数据信息占比极少，对于衍生性个人数据来说更是如此，所以反不正当竞争法对于数据保护的作用也很小。

3. 物权法对于数据的法律适用范围

将数据纳入物权法的体系保护之下是当今学界讨论的一个重要观点，但反驳的声音连续不断且掷地有声。《中华人民共和国物权法》第二条的规定明确了物权的特点是支配性和排他性，物权的客体是不动产、动产和法定权利。“物权法定”原则不容打破。互联网是开放环境，数据本身不具有排他性，数据可以同时在不同的场所由不同的人以各种方式加以收集和占有，同时也没有实体存在，不同于物权法中常规的“物”。即使随着技术的发展它在未来有可能成为有形物，但似乎想要达到“排他”基本不可能，以具有排他性的物权对数据进行保护，耗费的成本巨大且无益于社会经济发展。因此，数据无法寻求物权法角度的保护。

三、数据财产权的权利配置

确定个人数据的权利性质是认定权益归属的前提，基础性个人信息的人格权属性就已经决定了这部分数据理所当然地归个人所有。但衍生性个人数据的数据财产权利益涉及到多方主体，这部分的数据权益应该属于谁?

目前关于数据权益归属问题大致形成了四类主要观点。

第一种观点认为衍生性个人数据的权利依然只属于个人，数据收集方并不具备对用户数据的任何权利，第三方平台只是在用户授权的情形下进行数据获取行为，无权进行进一步的加工处理或独占用户在该平台内的行为痕迹。若以用户个人数据为基础和支撑进行了处理使用行为并获取了一定的经济收益，该收益应由个人用户享有。第二种观点认为，衍生性个人数据的权利主体应为企业平台，平台拥有限制用户对在该平台上所发布的内容进行再授权的权利，同时有权对收集到的用户信息进行加工处理，对再处理后产生的脱离“可识别性”的衍生性大数据享有处分和收益权。第三种观点认为，应适用均衡论的思想，数据的提供方与数据的收集处理方共同拥有数据权。数据的收集方首先取得用户许可授权而收集必要的数据，在作为数据收集方的平台向第三方平台授权使用用户信息时，第三方平台还应当明确告知用户其使用的目的、方式和范围，同时取得用户的授权（图1）。第四种观点来源于HIQ诉领英一案，HIQ方认为获取数据和信息的权利本质上属于受美国宪法第一修正案保护的言论自由权。这种观点认为数据的本质其实是一种言论话语，而言论的根本就是用于流通、共享。因此，对数据的获取是不需要网络平台授权，甚至也不需要个人授权。

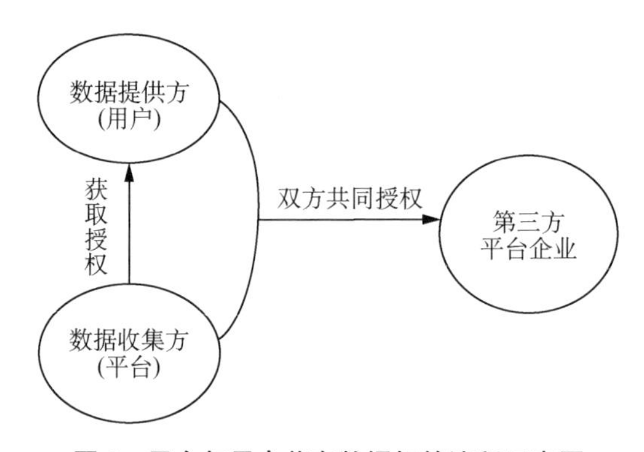

图1　平台与用户共有数据权的流程示意图

1. 衍生性个人数据的权利不应过多倾斜于用户个人

数据产业竞争乱象使数据保护与利用之间的矛盾日益凸显，以用户为中心的单边保护框架无法适应当前数据经济时代对数据运用及创新的需求。显然，将权利过多倾斜于用户个人是不可取的。同时，出于对流通成本和流通效率的考虑，衍生性个人数据存在巨大的经济价值和多样应用场景，实践中若采取“共有”模式，不仅会大大降低交易的成功性，同时对于经济利益的划分也会存在较多争议。认为数据权利应归属于“公共”所有的观点，仅可作为个案抗辩的理由，无法应用至数据法领域，否则将引起概念混淆和违背经济法的成本效益原则等问题。

个人数据通常可分为基础性个人数据和衍生性个人数据，基础性个人数据来源于个人授权，且具有人格权的性质，因此，基础性个人数据的权利属于个人。而衍生性个人数据多产生于平台企业的识别加工，是一个再处理的过程，对于已经剔除“可识别性”的个人数据来说，经过一系列再处理流程，产生出的新数据已经基本脱离了数据提供方（个人用户）给出的数据信息，具有强烈的财产权属性。

而加工处理的技术成本和人工成本等均由数据处理方负担，出于对流通成本和流通效率的考虑，这部分的数据财产权不应依然只属于个人。

2. 数据可携带权的引入

欧盟于2018年颁布生效的《一般数据保护条例》(以下简称《条例》)对数据权属问题有了较为明确的规定。其中，《条例》第二十条规定的“数据可携带权”引起了世界范围内的关注与讨论。数据携带权扩大了数据主体的网络访问权及对和自身有关的数据(不包括匿名化数据和与主体无关的数据)的控制权，使得数据主体有权不受阻挠地将这些数据从现在的数据控制主体转移到另一个控制主体。

如果权利给予主体以某种请求权，另一方就有责任履行相应义务。从第二十条的规定可知，与一般权利相比，数据携带权赋予了数据控制者更大的责任，就其附加给数据控制者的义务来说，不仅要求数据控制者提供方便的数据获取和移植，还要求数据控制者提供高难度的技术支持，这也使得数据携带权仍然面临着较大的争议。如果将数据携带权作为一项基本权利，不论场景如何都保障该权利的实施，即便有利于促进用户的数据权益，但仍有许多实践困境如技术成本高昂等，可能会难以落地或带来新的风险、产生某些混乱，诸如账号被盗导致数据泄露等隐患，也不利于数据经济价值的释放。此外，数据携带权的运用可能还面临着过宽或过窄的困境，关于在不同的应用场景之下数据携带权应被保障到何种程度，尚无定论。因此有学者提出数据携带权尚未具备成为一种成熟型权利的条件，现阶段应将数据携带权视为一种“柔性权利”。

数据携带权或许更接近于一种目标或理想状态，但其具有一定的合理性和平衡性。网络“锁定效应”的原因之一就是用户数据的转移壁垒问题，用户往往难以将自己的个人数据从现有平台上转移至新平台，类似于购物记录、听歌记录等，致使用户对现有平台依赖性强，即使出现同类的平台或服务，用户也不会轻易选择后发产品。互联网的这种先行者效应、赢者通吃效应、倾覆效应阻碍了互联网行业中后发企业的有效竞争，降低了市场竞争活力，极易导致数据垄断，从而对数据流动造成显著的负面影响。数据携带权使用户对于个人数据的获取和移植成为一种权利，从其设立目的来看具有一定的正当性，将有利于打破用户粘性及“锁定效应”，促进个人数据实现较为高效的流动和市场的良性竞争。

考虑到数据携带权的目的正当性、数据控制主体的合法利益及落地困境，结合我国的现实情况，本文认为应当在技术允许的情形下赋予用户以数据携带权，这符合数据保护与流通的基本原理，同时需要在不同场景中加以不同限定，以保证该权利的运用依赖于具体场景，不会侵犯其他主体的合法权益。例如微博等平台在与普通用户的用户协议中规定有排他性条款或与数据携带权相悖离的其他条款时，用户为使用该平台服务，往往受其限制无法与企业进行平等协商，其"同意"并非出自真实意愿表达，且用户在微博平台上发布的内容等产生的数据往往属于公开数据，在不涉及隐私、商业秘密知识产权，同时现有技术条件又允许的情况下，应当保护用户的数据携带权，从而认定该协议或条款违法或无效。数据携带权的改造应用应当以流动与安全为原则，只有这样，才能保护与平衡好各方主体的权益，为用户带来更为便捷的体验，促进互联网企业之间进行良性竞争，敦促互联网企业不断改善自身，以优质的产品设计来留住普通用户，而非依靠"先行者效应"。

四、结语

本文认为数据交易过程中数据的权利配置应主要有以下三部分：首先是基础性个人数据，这类数据的概念范围几近等同于《民法典》中界定的"个人信息"，具有很强的人格权属性，这部分的数据权利毫无疑问应被赋予数据主体。其次，关于衍生性个人数据，其财产属性较强，且这部分个人数据中的财产性利益并不具有普遍性和直接性，往往只能由个别群体享有。且单个数据内涵的财产价值即使存在也不甚显著，例如精准广告等商业行为是建立在对海量信息与数据进行分析处理的基础上的。因此，为了更好地激发数据活力、释放数据的经济价值，这部分权利应被配置给数据控制主体。最后，应赋予数据主体一定的数据可携带权，注重该权利的具体运用场景，平衡数据主体和数据控制主体的权利配置，更有效地促进数据的流通。

大数据杀熟：老问题新面孔

| 程敏倩　尤建新

随着科技的飞速发展尤其是大数据时代的到来，收集、存储和利用巨型体量的数据成为可能，互联网用户产生的海量数据一方面帮助企业提高了服务质量，为市场发展注入了新的活力，但另一方面，互联网巨头也在利用这些数据对不同用户进行分类从而收取不同的费用。现今，打车软件、外卖 App 等互联网服务平台都不同程度暴露出“大数据杀熟”现象。大数据杀熟，即对于同一件商品或同一种服务，互联网厂商显示给老用户的价格会高于新用户，这不仅侵害了消费者的合法权益，也严重地破坏了市场生态，引起了人们的广泛关注。

消费者对于“大数据杀熟”的认识才刚刚开始，但学者们已经有很多的探讨。从背景和手段的视角出发，学者认为是在大数据的推动下，互联网巨头利用算法对客户进行细分，从而设置个性化的定价，即认为算法是实现“大数据杀熟”这一行为的强大工具；从企业获利驱动和消费者行为的视角出发，学者认为互联网巨头基于消费者个人消费偏好，利用忠诚客户的路径依赖和信息不对称而实施“大数据杀熟”的经营策略。这方面的讨论已经有不少，但无论出于哪一种观点，大多认为“大数据杀熟”是“恶意损害消费者权益的行为”，并支持采取严格的规制予以消除。

问题出在哪里？至少有两方面主要因素：一方面是互联网巨头的社会责任意识不强，比如，在逐利驱动下忘却了对消费者权益的尊重；另一方面是市场生态不健全，对于公平公正的健康市场行为激励和保护不足，而对于负面的不健康市场行为缺乏严格规制。归结起来，仍然是市场生态的健康问题。健康市场生态往往从规制建设着手。2018 年 6 月，十三届全国人大常委会第三次会议对《电子商务法(草案)》三审稿进行了审议，对于电子商务经营者的定义、登记范围、大数据杀熟等都做出新的规定，并在多处强调了消费者权益的保护(胥雅楠等，2019)；2020 年 8 月 20 日，文化和旅游部发布了《在线旅游经营服务管理暂行规定》，明确在线旅游经营者不得滥用大数据分析等技术手段，侵犯旅游者合法权益;2020 年 11 月 10 日,国家市场监督管理总局发布《关于平台经济领域的反垄断指南(征求意见稿)》;2021 年 2 月 7 日,国务院反垄断委员会发布关于平台经济领域的反垄断指南,对消费者反映较多的“大数据杀熟”等问题作出专门规定;2021 年 6 月,深圳针对大数据杀熟问题发布征求意见稿,规定市场主体不得通过数据分析,无正当理由对交易条件相同的交易相对人实施差别对待,违者或可罚款 5 000 万元。相比较而言,欧美国家在立法保护消费者权益方面走在了前面,但其发展过程也是非常曲折的。比如,欧盟法院 2020 年 7 月作出判决,认定用于保护数据隐私的标准格式条款(SCC)合法,但是欧美之间签署的“隐私盾”协议无效。法院认为,美国的数据监视制度不尊重欧盟公民权利,并将美国国家利益置于公民个人利益之上。所以,如无法确保目的国数据保护合乎欧盟准则,则不得转移数据。显然,“大数据”下的消费者权益保护任重道远。

“大数据杀熟”是伴随着大数据而诞生的,这似乎是一个崭新的问题,因此,对于这方面问题的研究和规制建设的滞后虽然不断被诟病,但在认知态度上存在着一丝情有可原的缝隙。其实,深入分析一下不难发现,“大数据杀熟”的实质内容与“熟客好欺”是一样的,“熟客好欺”现象历史悠久,“大数据杀熟”只不过是在表现形式上“与时俱进”而已,是“换汤不换药”的老问题。根治这类老毛病需要双管齐下,其一是加速完善规制建设,这是健康市场生态的重要方面;其二是加快企业家队伍建设,这是新时代更加重要也是更加艰难的任务。强大的企业家队伍不仅仅能够积极赋能互联网企业健康发展,还能积极促进市场规制的完善、市场生态的健康。因此,他们也是新时代扭转“大数据杀熟”等问题的关键要素。

“大数据杀熟”为何屡禁不止　对准三个“滥用”下药是关键

| 徐　涛　尤建新

近日，为了有效治理“大数据杀熟”，监管部门重拳再出击。2021 年 8 月 17 日，个人信息保护法草案提请全国人大常委会第三次审议，其中对“大数据杀熟”作出了针对性规定。同日，市场监管总局公布《禁止网络不正当竞争行为规定（公开征求意见稿）》，直指网络领域的不正当竞争行为，对“大数据杀熟”进行规制。在此之前，《深圳经济特区数据条例（征求意见稿）》也提出对“大数据杀熟”行为给予重罚，情节严重的可处 5 000 万元以下罚款。

实际上，自“大数据杀熟”走入公众视野起，多部门都曾介入治理。消费者的质疑、投诉和诉讼也不时出现。但目前来看，尽管监管部门对“大数据杀熟”行为不断进行处罚和整治，依然难以有效遏制。

一、“大数据杀熟”的本质：三个“滥用”

关于“大数据杀熟”的本质，可以总结为三个“滥用”：滥用数据权益、滥用算法权力和滥用市场地位。

第一，从数据维度看，“大数据杀熟”是经营者对于数据权属的争夺和滥用。消费者在互联网平台消费过程中会产生个人信息、购买产品信息、商品的流转信息等数据。相关数据由消费者的购买行为产生，消费者应当对数据享有所有权。但实际上，消费数据存储于平台的系统和服务器中，因此常常被企业控制。“大数据杀熟”行为就是企业基于对于相关数据的滥用从而获得消费者的个人画像，并实施区别定价。目前，关于企业规范使用消费数据的问题，国家层面还没有清晰的法律规定。在规制缺失和商业利益的驱使下，一些企业肆无忌惮地对数据进行分析和滥用。

第二，从算法维度看，“大数据杀熟”是经营者对算法和技术的滥用。算法的优化和技术的进步本应该用于为消费者提供更精准高效的服务。但在互联网世界中，某些经营者利用算法的高技术性和高隐蔽性，采用歧视性的算法匹配侵犯消费者权益。而消费者无法获知互联网平台使用的算法及其目的等，导致解释算法的主动权掌握在平台手中，用户处于被动地位。

第三，从市场地位维度看，“大数据杀熟”是经营者滥用其市场支配地位设置的不平等交易。目前，已经发生“大数据杀熟”的平台多是在市场上有较多份额，在一些特定的服务行业内具有相对优势的平台。商业平台基于大数据和算法技术，并凭借其市场地位设置不平等的交易条件，区别对待消费者。2021 年 2 月发布的《国务院反垄断委员会关于平台经济领域的反垄断指南》就明确将“大数据杀熟”定义为滥用市场支配地位。

二、治理“大数据杀熟”，完善规制是关键

为有效治理“大数据杀熟”现象，可以通过明确数据权益边界、推进算法透明机制、抑制市场支配地位等进行遏制。

首先，明确数据权益边界。关于数据权益问题已有诸多探讨，但面对数据乱象，新规的制定不能总是处于探索阶段，急需加快步伐。具体而言，可以要求经营者明确向用户及监管部门告知平台收集用户数据的目的、手段、范围、用途等，扩大用户知情权范围，尤其是对数据是否会被用于定价进行详细说明。在数据权益使用问题上，上海准备先行出台相应规制。近日，上海数据立法起草组组长、市大数据中心主任朱宗尧对媒体透露，即将出台的《上海市数据条例（暂定名）》规定在不违反法律、行政法规禁止性规定的情况下，企业有权对自身产生和依法收集的数据，以及开发形成的数据产品和服务，进行管理、收益和转让。在《个人信息保护法（草案）》第三稿中也强调任何组织、个人不得利用个人信息进行自动化决策，不得对个人在交易价格等交易条件上实行不合理的差别待遇。

其次，推进算法透明机制。目前我国还没有有效的算法权力治理机制，而欧美国家在这方面已有不少探索实践。例如 2017 年，美国计算机学会公众政策委员会公布了针对企业算法的 6 项治理指导原则，指出算法透明的具体内容包括算法的运行原理、决策结果、数据来源等。通过推进算法透明机制，能够了解企业的算法运行过程和决策依据，从而对其是否合理利用技术进行辨别，这对规范互联网企业的经营行为，减少市场不正当竞争具有重要意义。同时，引导企业将算法伦理内化为企业准则，自行建立企业内部的算法管控制度，从根本上缓解算法权力滥用的问题。

再次，抑制市场支配地位。反垄断问题一直是对互联网平台监管的焦点之一。正常情况下，对于实施“大数据杀熟”的商业平台，消费者感知到其杀熟行为后可以选择其他商业平台。但是，一旦实施“大数据杀熟”的企业形成市场支配地位，消费者就无法选择，只能被迫继续使用其产品或服务。目前，《国务院反垄断委员会关于平台经济领域的反垄断指南》对不公平价格行为、限定交易、“大数据杀熟”等情况进行了明确界定。这意味着市场监管部门将会进一步抑制互联网平台的市场支配地位，治理“大数据杀熟”乱象。

大数据“杀熟”的经济法规制研究

| 臧邵彬　马军杰

一、研究背景

大数据“杀熟”行为主要集中在网约车、订机票、订酒店以及电商营销等领域。经营者通过收集用户的购物类型、颜色偏好、品牌偏好、购买力以及信用水平等消费数据，利用大数据技术形成用户画像，通过算法处理分析出消费者的价格敏感度，进而对拥有不同价格承受能力的消费者实行差异化定价。

大数据“杀熟”产生了一系列现实危害。首先，“强制获取授权”违背了市场公平竞争的原则，使得个人隐私保护面临困境，并且造成了社会资源的浪费；其次，商家利用大数据进行“杀熟”透支了消费者的信任，不利于产业的良性运行。如果不进行及时有效的规制，轻则会损害企业品牌形象，产生负面效应，重则会使行业危机凸显，并进一步演变成信用危机，而信用重塑是一个漫长而又艰难的过程，这无疑会给行业带来巨大的打击。

对大数据“杀熟”行为进行系统规制，需要深入了解该现象产生的动因：首先，在技术层面，大数据技术的发展使得去中心化面临困境，加大了消费者与经营者间信息不对称的鸿沟。其次，由于算法升级，使得用户接收信息固化，通过限定用户的选择范围，强化喜好偏向，进而形成了“信息茧房”。同时，算法升级也会导致价格共谋，这为大数据“杀熟”创造了条件。此外，在企业发展层面，互联网企业为了抢占消费份额，利用大数据最大程度地获取消费者剩余，使得电商产业发展畸形。最后，还存在个别生产经营者与地方保护伞相互勾结、主动作恶的现象。这些因素共同导致规制大数据“杀熟”行为在实践当中面临着难解的困境。

二、问题的提出

随着云时代的到来，数据资源的利用越来越成为各个行业与企业提升核心竞争力的关键因素。大数据是拥有数据获取、存储、管理、分析的数据集合，具有数据规模庞大、数据类型多样、数据流转快速与价值密度低的特征。将大数据技术作为技术基础，采用分布式架构从大量低信息密度的数据集中进行数据挖掘与数据分析，有利于把握行业的动态变化，促成更强的决策能力、洞察力与最佳优化处理。目前大数据在交通、教育、医疗卫生等多个领域发挥了巨大的优势，其中在商业领域，企业借助大数据及相关算法技术，对目标客户进行精准营销，通过跟踪消费者的喜好与流行趋势及时洞悉下一个消费热点，实现了营销水平的提升。同时，不容忽视的是随着移动支付与线上消费行为不断增多，大数据"杀熟"现象在商业领域时有发生，并一度成为消费者的关注热点。2021 年 2 月 7 日，国务院反垄断委员会发布《国务院反垄断委员会关于平台经济领域的反垄断指南》(以下简称《指南》)，其中对于大数据"杀熟"等有关问题作出了细化，这说明该现象已经引起了社会各界的重视，因此有必要对大数据"杀熟"现象作出全面而系统的剖析。本文主要对大数据"杀熟"现象的立法以及执法现状进行梳理，探究如何从经济法的角度提出相关完善建议。

三、解决方案

经济法的调整对象、方法以及原则具有其他部门法不可替代的特殊性，其法律法规中蕴含着经济规律，有利于促进社会经济朝国家意志所希望的轨道上运行。针对不符合市场规律的大数据"杀熟"现象，《消费者权益保护法》《反垄断法》《电子商务法》等经济法法律部门会发挥出强大的合力。坚持立法先行，为规制大数据"杀熟"现象设计出行之有效的经济法框架。

1. 消费者权益保护法规制内容以及完善建议

从商家大数据"杀熟"的定价策略上来看，《消费者权益保护法》(以下简称《消保法》)第二十条规定中的"明码标价"目的在于克服商家与用户之间信息不对称的积弊，通过提高市场的透明度以帮助用户准确比价，做出理性的交易选择。但在大数据"杀熟"的过程当中，商家采取了"千人千面"的定价策略，为消费者呈现的价格在形式上做到了"明码标价"，但实际上线上消费与线下消费存在质的差异，线下消费中，明码标价的服务或者商品可以让消费者即时知悉交易信息，且商家由于条件限制也不能将明码标价的价格信息随意更改。而线上消费的环境具有封闭性，针对不同的消费者制定不同的价格实际上不符合"明码标价"的内涵，网络消费环境的封闭性还会导致消费者无法及时知悉自己被"杀熟”，且“杀熟”产品多集中于旅游门票、车票等领域，由于这类产品具有较强的时效性，消费者常常难以获得退货的保护。此外，根据“谁主张谁举证”的原则，消费者要证明自己受到了损害，将自己与其他消费者针对同一商品或者服务的购买差价作为损失的理由则较为牵强。也就是说对于大数据“杀熟”，消费者无法依据经营者违反《消保法》中“明码标价义务”的条款进行维权。

《消保法》出现在消费者与经营者之间，该法对双方根据合同法而签订的合同进行强制性修正，这种修正有利于减少双方因信息不对称造成的利益纠纷，缓解消费者的劣势地位。具体措施包括提高救济途径的可操作性，简化消费者的维权程序，并加强对消费者的维权宣传教育，这一过程可借助大众媒体、社区宣传等媒介，提醒民众警惕大数据“杀熟”；加大对消费者的“倾斜保护”，遵循“倾斜保护”原则，并严格设定大数据“杀熟”中经营者的损害赔偿责任等。

2. 反垄断法规制内容以及完善建议

从《中华人民共和国反垄断法》（以下简称《反垄断法》）第十七条的内容看，价格歧视的违法性认定需要满足以下条件：首先该条款规制的主体主要是经营者与行业组织等，并且要求其中的一方经营者要有市场支配地位，这就把实施主体的范围限定在市场份额较大的垄断寡头企业之间；其次，《反垄断法》还要求“条件相同”，《指南》中特别规定，平台中交易相对人的个人偏好、交易历史、消费习惯以及隐私方面的差异不作为认定交易相对人条件形同的因素，这就对实践生活中利用此类因素进行差异化定价的行为的违法性进行了确认；再次，需要识别价格歧视带来的效果，消费者要有足够的损害证据证明，才能认定价格歧视违法；最后还要评估效应的长期性，如果由于商家实施价格歧视，消费者遭受的损害只具有暂时性，且能由市场本身解决，那么价格歧视不一定违法。在大数据“杀熟”问题上，需要综合考虑其行为性质、主体资格、正当事由等方面，如不满足《反垄断法》中所规定的基本要件，则不能适用相关条文进行规制。

《反垄断法》中对于大数据“杀熟”的法律责任体系规定还存在不完善之处，并且对相关责任人的处罚力度也不够。因此要完善法律责任体系，对于大数据“杀熟”企业的直接责任人员，应给予行政处分，如果情节严重、屡教不改，还应当追究其刑事责任，《刑法》应有相应的配套规定与《反垄断法》相结合，不断完善法律责任体系。不仅如此，我国反垄断法执法出现了“多头执法”的局面，造成了权力分散以及资源浪费，因此要提高反垄断委员会的地位与职权，增强反垄断委员会的权威性，主要途径包括为反垄断执法工作提供指导，发布指南等，还可以在人员遴选上设置严格标准，以专家执法为特点，切实为反垄断工作的开展扫清障碍。

3. 电子商务法内容以及完善建议

目前的监管体系对于电商平台利用大数据“杀熟”损害消费者权益的行为处罚力度远远不够。不管是国家发改委关于《禁止价格欺诈行为的规定》针对价格欺诈的处罚，还是《电子商务法》中规定的金额，对动辄数千亿元的垄断寡头企业来说，处罚力度都需要亟待加强，否则将会阻碍大数据的法制建设进度。因此建议在《电子商务法》中增加对实施大数据“杀熟”行为主要负责人的处罚条款，并与刑法的刑罚制度及民法中的民事赔偿制度相结合，制定史上最严的《电子商务法》。

《电子商务法》实施后，应由最高法院下发至各个下级法院，再由各级法院的政治处组织学习，认真开展、贯彻相关工作。各级法院要加强监察执法人员的培训与学习进度，促使其更好地应对新技术手段带来的法律应对挑战，更准确地把握新时期市场监管方向与定位。相关人员还要不断提高监管履职能力，以解决在规制大数据“杀熟”问题上存在的监管漏洞以及执法人员能力不足等问题。

2021年科创板上市公司科创力排行榜（重点行业篇）

——新一代信息技术领域

| 任声策　胡尚文 等

一、评价目的与范围

科创板在2021年6月13日迎来正式开板两周年，7月22日迎来正式开市两周年。截至2021年6月底，科创板上市申请企业619家，注册企业333家。科创板的初衷是改革我国资本市场，促进经济转型、高质量发展，加快培育发展一批硬科技领军企业。那么，科创板企业的科创力到底如何？本报告以已上市科创板企业为样本，按行业分析评价我国科创板企业创新能力，旨在及时把握科创板企业创新能力，促进科创企业提升科创力，促进我国高质量发展。

纳入本次排行榜分析的企业为截至2021年4月30日科创板已上市公司中已披露2020年年度报告的企业，共计247家，其中包含新一代信息技术领域企业70家。在这70家企业中，大多企业集中在沿海省份，其分布情况如表1所示。

表1　科创板信息技术企业地区分布

注册地/总部*	数量	注册地/总部*	数量
北京市	14	广东省	14
上海市	12	江苏省	9
浙江省	8	四川省	3
福建省	2	湖北省	2
山东省	2	安徽省	1
河南省	1	黑龙江省	1
湖南省	1		

* 注册地在中国境外的企业按实际经营总部统计，下同。

就业务门类来看,科创板新一代信息技术上市企业所属门类为信息传输、软件和信息技术服务业,以及制造业。具体而言,40家企业属于软件和信息技术服务业,27家企业属于计算机、通信和其他电子设备制造业,1家业属于电气机械和器材制造业,1家企业属于仪器仪表制造业,1家企业属于专用设备制造业。

二、指标构成与数据来源

科创板上市公司科创力评价指标主要根据科创板文件之《科创属性评价指引》,结合对企业科技创新能力的研究,本着简化有效目标的原则,本报告从创新投入、创新产出、创新效果等主要维度选择了9项指标。这9项指标分别为:发明专利数量与软件著作权数量、国际专利数量、研发人员数量、研发人员占比、研发投入、研发投入占营业收入的比例、主要研发投入业务的营业收入占营业收入的比重、所获得的重要科技奖项。根据重要程度,课题组经讨论确定赋予各项子指标5至15的分值,总计分数为100分。各项指标的具体含义参见附注中的指标说明。

报告将权威公开数据作为评价计算基准。在9项指标中,除国际专利数量来自于市场公开专利数据库之外,其他各项指标的原始数据均来自上市企业在上海证券交易所官网披露的2020年年度报告。

三、2021年科创板上市企业科创力排行榜——新一代信息技术领域

基于上述9项指标以及上市企业披露或可公开获取的数据,报告得出了2021年科创板新一代信息技术领域上市企业科创力得分及排行榜。为了衡量这些企业内生科创属性,本报告从上述9项指标选择了3项创新投入指标——研发人员数量、研发人员占比、研发人员投入——进行评价,得到了科创驱动力得分和排行。排行榜单如表2所示。可以看出,科创力领先企业的科创驱动力也较强,但是两者排行并不一致。

表2 2021年科创板信息技术领域上市企业科创力/内驱力排行

证券代码	公司简称	注册地/总部*	科创力总得分	科创力排行	科创驱动力得分	科创驱动力得分排行
688981	中芯国际	上海	64.06	1	27.77	1
688256	寒武纪-U	北京	36.96	2	16.18	5

（续表）

证券代码	公司简称	注册地/总部*	科创力总得分	科创力排行	科创驱动力得分	科创驱动力得分排行
688111	金山办公	北京	36.45	3	20.11	3
688036	传音控股	广东深圳	35.30	4	14.13	6
688521	芯原股份-U	上海	29.62	5	16.72	4
688561	奇安信-U	北京	29.49	6	22.67	2
688777	中控技术	浙江杭州	27.82	7	11.48	9
688579	山大地纬	山东济南	24.54	8	11.82	8
688568	中科星图	北京	24.25	9	10.50	13
688088	虹软科技	浙江杭州	23.32	10	10.61	12
688008	澜起科技	上海	23.06	11	10.20	14
688258	卓易信息	江苏宜兴	22.85	12	12.05	7
688039	当虹科技	浙江杭州	22.48	13	9.10	17
688018	乐鑫科技	上海	21.76	14	10.79	10
688396	华润微	江苏无锡	20.00	15	5.18	42
688083	中望软件	广东广州	19.98	16	7.99	28
688418	震有科技	广东深圳	19.79	17	8.06	26
688100	威胜信息	湖南长沙	19.74	18	7.16	30
688788	科思科技	广东深圳	19.67	19	8.72	20
688318	财富趋势	广东深圳	19.65	20	9.06	18
688002	睿创微纳	山东烟台	19.63	21	8.58	21
688023	安恒信息	浙江杭州	19.49	22	8.79	19
688536	思瑞浦	江苏苏州	19.48	23	8.22	23
688595	芯海科技	广东深圳	19.47	24	8.00	27
688158	优刻得-W	上海	19.27	25	8.18	25
688027	国盾量子	安徽合肥	19.16	26	6.19	37
688030	山石网科	江苏苏州	18.96	27	6.58	32
688159	有方科技	广东深圳	18.54	28	9.64	15

(续表)

证券代码	公司简称	注册地/总部*	科创力总得分	科创力排行	科创驱动力得分	科创驱动力得分排行
688081	兴图新科	湖北武汉	18.52	29	6.34	36
688609	九联科技	广东惠州	18.39	30	8.38	22
688508	芯朋微	江苏无锡	18.23	31	9.33	16
688288	鸿泉物联	浙江杭州	18.19	32	7.85	29
688109	品茗股份	浙江杭州	17.87	33	6.49	35
688608	恒玄科技	上海	17.81	34	10.71	11
688168	安博通	北京	17.56	35	7.12	31
688095	福昕软件	福建福州	17.56	36	6.52	34
688066	航天宏图	北京	17.49	37	3.98	53
688316	青云科技-U	北京	16.58	38	5.61	41
688368	晶丰明源	上海	16.39	39	8.22	24
688004	博汇科技	北京	15.84	40	4.71	47
688080	映翰通	北京	15.78	41	5.00	44
688365	光云科技	浙江杭州	15.58	42	4.22	51
688696	极米科技	四川成都	15.38	43	4.44	48
688123	聚辰股份	上海	15.28	44	4.84	46
688229	博睿数据	北京	15.20	45	6.56	33
688058	宝兰德	北京	14.89	46	6.06	38
688311	盟升电子	四川成都	14.62	47	3.91	54
688060	云涌科技	江苏泰州	14.52	48	4.01	52
688228	开普云	广东东莞	14.50	49	3.12	56
688618	三旺通信	广东深圳	14.41	50	4.88	45
688011	新光光电	黑龙江哈尔滨	14.37	51	5.06	43
688369	致远互联	北京	14.29	52	4.40	49
688183	生益电子	广东东莞	14.18	53	3.89	55
688286	敏芯股份	江苏苏州	13.67	54	2.98	58

（续表）

证券代码	公司简称	注册地/总部*	科创力总得分	科创力排行	科创驱动力得分	科创驱动力得分排行
688313	仕佳光子-U	河南鹤壁	13.03	55	1.59	68
688588	凌志软件	江苏苏州	13.02	56	2.26	61
688528	秦川物联	四川成都	12.95	57	2.30	60
688118	普元信息	上海	12.94	58	1.78	67
688699	明微电子	广东深圳	12.92	59	2.98	57
688665	四方光电	湖北武汉	12.50	60	1.92	66
688589	力合微	广东深圳	11.94	61	5.65	40
688330	宏力达	上海	11.55	62	2.21	63
688215	瑞晟智能	浙江宁波	11.20	63	2.32	59
688188	柏楚电子	上海	11.09	64	5.84	39
688135	利扬芯片	广东东莞	10.83	65	1.93	65
688078	龙软科技	北京	10.45	66	0.87	70
688689	银河微电	江苏常州	9.91	67	1.30	69
688590	新致软件	上海	8.63	68	2.21	62
688619	罗普特	福建厦门	7.95	69	4.36	50
688500	慧辰资讯	北京	2.74	70	2.19	64

四、2021 年新一代信息技术领域科创板上市企业科创力排行分析

1. 主要区域科创板上市企业科创力明显领先

结果表明，新一代信息技术领域科创力领先企业主要分布在经济发展领先地区。

在科创板上市的新一代信息技术领域企业中，除山大地纬注册地为山东外，科创力排名前 1/4 的企业的注册地或总部均位于该领域上市企业数量前五的省份，其中北京市 4 家，上海市 4 家，广东省 3 家，浙江省 3 家，江苏省 2 家。

2. 科创力领先企业科创力分层明显，多数企业科创力相近

结果表明，新一代信息技术领域科创力领先企业的科创力明显强于领域内的其他企业；对于领域内的大多数企业而言，其科创力差异不显著。

领域内科创力排名第一的企业为中芯国际,其科创力最强,评价得分超过第二名27.1分,远远领先领域内的其他企业。领域内排名第二至第四的企业分别为寒武纪、金山办公和传音控股,其科创力位于第二梯队,评价得分均在35分以上,领先第五名的企业5分以上。领域内排名第五至第八的企业分别为芯原股份、奇安信和中控技术,其科创力位于第三梯队,评价得分均在27.5分以上,领先第九名的企业3分以上。

领域内的科创力中坚企业的科创力差异不显著。其中,得分在15～20分的企业有31家,占领域内全部企业的44%;得分在10～15分的企业有21家,占领域内全部企业的30%。

3. 不同企业科创特征差异明显

结果表明,新一代信息技术领域科创板企业在专利、研发人员、研发投入等科创特征方面差异明显。

在发明专利和软件著作权数量方面,中芯国际拥有10 000件以上授权发明专利和1 700件国际专利,知识产权数量远超领域内其他企业。在研发人员方面,芯原股份的研发人员占比达到了85.98%,反映了企业人才储备的高科创属性。在研发投入方面,中芯国际年度46.72亿元的研发投入是领域内其他企业的数倍以上,寒武纪研发投入占营业收入的比例达到了167%,这反映了上述企业研发投入强度高。

指标说明参考2021年科创板上市公司科创力排行榜。

(本报告由同济大学上海国际知识产权学院、上海市产业创新生态系统研究中心任声策教授课题组发布,受到五角场创新创业学院、上海市科创企业上市服务联盟、上海浦东科技金融联合会的支持。课题组将围绕科创板上市企业科创力等继续跟踪分析。)

中国AI战略着力点探析

| 赵程程

近几年国内关于“人工智能创新”的研究大多是“对内”，即主要针对国内资源（创新资源、创新风险、财政激励等）的优化配置，提升AI企业创新绩效或是加速AI技术赋能其他行业转型。2021年美国AI战略《最后的报告：AI》中，明确中国是美国“赢得AI技术竞争”的最大劲敌，从接连不断的技术封锁到与同盟国联合抵制“中国技术”。面对国际新形势，中国要建成人工智能高地，赢得AI技术竞争，引领第四次工业革命，更加关注“对外”的几个难题和长期跟进的几个领域。

一、近期面临的几个难题

1. 赢得全球STEM类人才的青睐，形成AI人才集聚地

人才是实现AI技术突破的关键要素。美国实施全渠道人工智能人才战略：对内，敦促国会通过《国防教育法案Ⅱ》，从根源上优化美国基础教学体系；对外，将以“更加宽松的签证政策”弥补上届政府“失误”导致的绿卡问题，同期设立严苛的安全审核机制，维护国家安全。本质上，美国AI人才战略是通过“降低门槛”，加速全球STEM类人才集聚美国。人才集聚美国，是因为美国具有实现“人尽其才”的环境与条件。相比之下，中国近期虽未有明晰的人才战略，但中国抗疫成功彰显出的制度优势，使得中国正从人才输出国转变为人才引力场。如何放大这一优势，并衍生出更多的优势，建成AI人才集聚地，是中国赢得AI技术竞争的第一步。

中国近期的AI人才战略重点，不仅应聚焦“降低人才认定的门槛”，更要讨论如何建设一个“人尽其才”的创新硬环境和软环境，让人才获得更广泛的认同感和归属感。

2. “团结一切可以团结的力量”，紧握AI标准国际话语权

目前美国正着力推进国际科技战略（ISTS），联合多强国家建立“新兴技术

联盟”，以协调多国技术政策，以便制定新兴技术开发的国际规则、规范和标准，成为关键技术领域的领跑者，最终获得地缘政治优势。

客观上，AI 技术的进步带来了经济利益的同时，也引发了或即将引发新型的社会伦理安全等新问题、新难题。中国拥有丰富的应用场景可以为探索新技术新规则提供试验载体和空间，完全有底气、有实力，团结一切可以团结的力量，和美国等国家共同商讨人工智能治理的国际规则，制定人工智能研发与应用伦理道德框架，谱写人工智能全球社会治理的“共赢”方案。

3. 识别泛领域领军企业和单一领域专精企业，提升 AI 主体创新位势

在对全球人工智能相关学术文献和专利数据图谱进行分析后，发现尽管近几年中国论文数量和专利数量均超越美国，但其中心度却不及美国。中国创新主体在全球创新网络中的位势有待提升。

要解决这个问题，首先要对 AI 企业进行区分，可分为掌握共性关键技术、主导全球 AI 技术创新的泛领域领军企业，以及掌握某一 AI 应用领域的领先技术优势的专精型企业。两类企业关注的技术领域大相径庭，创新方式不尽相同。针不同类型的中国 AI 企业，根据所处不同的网络结构位势和技术优势，绘制企业位势提升路径图，用以提升中国企业在全球 AI 创新链的影响力和资源控制力。

二、需要长期跟进的几个领域

1. 持续深耕 AI 基础层研究，实现理论和技术的重大突破

科学理论体系上的重大突破，将推动人工智能技术体系和应用场景的重大变革。人工智能科学理论体系涉及八种理论：哲学、数学、经济学、神经科学、心理学、计算机工程、控制理论和控制论、语言学。人工智能赋能性根源在于科学理论的重大突破。AI 科学理论上的重大突破将是赢得 AI 技术竞争的关键。然而，科学理论的重大突破具有高风险性，少有企业愿意“注资”该领域。这需要政府承担这一风险，强化对该领域的持续性“押注式”注资。

技术体系由基础技术和通用技术构成。基础技术包括处理后的有序化数据（数据）、数据处理能力（算力）以及网络和通信通道（运力）。以庞大的数据体系与数据处理能力（算力）为核心的信息机构是人工智能信息机制与智能决策机制的重要基础。海量精准有效的数据信息流（数据）是计算机模拟预测和决策的科学依据。因此，中国 AI 战略重点应部署在影响算力的微电子领域、影响算法的量子计算，以及扩建海量 AI 数据资源的国家人工智能研究基础设施。通用技术

包括计算机视觉、自然语言处理、语音识别、机器学习、知识图谱、大数据服务平台。其中，大数据服务平台不仅具备资源快速整合与服务获取进行动态可伸缩扩展及供给的强大功能，而且还可以对海量信息进行有序化处理，以实现数据、技术、平台和资源的整合与交互。人工智能的平台体系建设，是人工智能技术扩散应用的前提。因此，中国 AI 战略要着重于国家人工智能测试平台的建设，服务于国内学界和业界的研究机构，聚力实现理论和技术的重大突破。

2. 遵循 AI 的技术赋能和军民两用等特性，构建完善的人工智能创新生态系统

人工智能技术是一门新兴技术。一是创新主体复杂多样。既有基础端的芯片类 IBM、Intel、英伟达（NVIDIA）、寒武纪科技、华为海思，也有应用端的科大讯飞（智能语音）、依图科技（智能安防）；既有 ICT 行业企业巨头百度、腾讯、阿里巴巴，也有 AI 赋能场景的专精类企业，如联影医疗（AI＋医疗）、点融信息（AI＋金融）。二是研发合作关系错综复杂。除了企业，高校、科研机构在 AI 技术创新领域发挥着不可替代的能动力，军工研究所的创新潜能不容小觑。企业、高校、科研机构、军工研究所之间的显性和隐形的研发合作关系更为错综复杂。三是人工智能具有较强的赋能性和军民两用性，能够加速已有产业智能化转型，深度影响国家安全和社会稳定。政府在公私合作和行业监管方面的主导力将进一步放大。政府策动行为将不只是聚焦促进 AI 技术创新或产业智能化转型的某个“点”，而是“赢得全球 AI 技术竞争”的政策集。综上，若是依托单一的专利数据、某一类的政策文本计量分析，以点概面，难以绘制出较为全面的人工智能创新生态系统。因此，要另辟蹊径，转换视角，融合创新生态理论、技术政治逻辑学等，绘制一套完善的人工智能创新生态系统。

3. 密切跟踪全球重要国家“技术—政治”战略动向，积极参与国际标准制定，提升话语权和影响力

人工智能的多场景适应和军事化应用不仅让其成为影响国家安全和国际权力均势的重要因素，而且也成为中美两国科技战略竞争的核心内容。经过长期的竞争之后，中美两国 AI 竞争体系蕴含着技术竞争与政治权力争夺的双重逻辑，表面上是 AI 技术竞赛，其本质是国家利益竞争。因此，要密切跟踪以美国为核心的同盟国在科技战略、军事战略与全球化战略的布局与动向，透视战略背后的“技术—政治”逻辑，通过整合国内外科技资源优势来提升国内企业 AI 技术创新的综合实力，不断完善科技创新的体制机制，同时又要通过不断加强多边合作来积极参与全球人工智能标准规则的制定工作，不断增大话语权和影响力。

创新与责任:自动驾驶技术路在何方

| 汪　万　蔡三发

作为世界十大新兴技术之一,自动驾驶会变革交通技术,将汽车从有人驾驶转变到无人驾驶,逐渐实现人机交互,并给人类生活带来深刻影响。因此,造车新势力纷纷利用自动驾驶展开错位竞争,试图撬动传统车企的市场份额。然而,近年来特斯拉、蔚来、丰田等品牌自动驾驶事故频发,对此讨论不绝于耳,也让各个利益相关者反思当前的自动驾驶技术问题,如伦理选择、责任归属、驾驶权争夺等问题。

创新被视为解决重大社会挑战的灵丹妙药,已嵌入到经济转型和社会的全面发展过程中;与此同时,也常被质疑是否天生就好,一些本身颇有前途的创新也往往因为没有适当考虑社会、道德和环境方面的影响而失败。此背景下,欧盟提出"责任式创新"(Responsible Innovation),试图通过对科学和创新的集体管理来实现包容性和可持续的未来。作为一个越来越流行的术语,责任式创新已被广泛应用到敏感类技术创新和创新负面影响的辩论与反思上。笔者从责任式创新的预期、自反、包容、响应(anticipation, reflexivity, inclusion, responsiveness)四个维度分析政府、企业、公众等利益相关者协同参与自动驾驶技术责任式创新,探索自动驾驶技术发展新路径。

一、加强利益相关者共同参与治理

在以往技术创新的决策程序中,技术开发人员或专家扮演主要角色,而自动驾驶技术的不确定性和特殊性会在发展过程中出现电车难题等伦理问题,导致仅依靠专家或者少数人的自上而下决策治理模式相较多元主体协同参与显得相形见绌。包容性强调技术创新过程中的广泛民主性和问责制,关注多元利益相关者,以通过参与、对话和讨论来解决挑战和问题。因此,自动驾驶技术创新过程中需要强调包容性,让政府、企业、公众、社交媒体、专家学者等利益相关者共同参与,增加决策过程中的新声音,明确各个主体的责任,保证决策的合法性、合

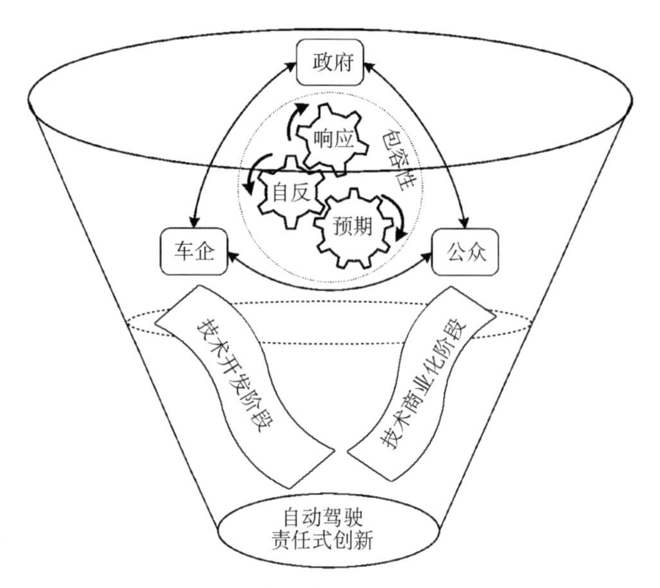

图 1　自动驾驶责任式创新维度

理性及合规性。例如，专家学者有着丰富的专业知识，对自动驾驶技术的发展发挥着重要作用，但其知识专一性导致其对自动驾驶技术所涉及的跨学科、跨领域等跨界责任问题未能深入理解，这说明自动驾驶技术创新时需要充分调动哲学、伦理学、社会学等学科领域专家学者的参与积极性，综合开展自动驾驶技术创新。同时，网络技术使社会进入全媒体时代，信息传播方式越来越快捷，传播途径越来越广阔，导致海量信息充斥泛滥，难辨真伪，媒体在传播自动驾驶技术时一方面要提升其科学素养，另一方面要履行媒体责任，坚决抵制传播虚假信息，以免造成社会恐慌。

二、推动自动驾驶创新“软环境”和“硬支持”建设

在自动驾驶发展的各个阶段，政府应“软硬兼施”，一方面，建立健全自动驾驶相关政策扶持体系，推动国家车联网产业标准体系建设，以研制自动驾驶及辅助驾驶相关标准，并提升自动驾驶关键共性技术创新能力；另一方面，加强自动驾驶法律法规制度建设，如美国《自动驾驶法案》，德、日、英等国的无人驾驶汽车路测指南，中国工信部发布的《汽车驾驶自动化分级》，北京和上海相继发布的有关智能网联汽车道路测试的管理规范，但这些法律法规缺乏全局性和普适性，甚至有些推荐性国家标准也未被强制规定厂商统一使用。因此，应坚持责任式创

新理念,发挥包容性作用,与利益相关者协商,从预测、自反及响应维度全面客观地健全自动驾驶法律法规制度体系,并通过前瞻性的伦理审查来规范自动驾驶方面涉及的伦理道德问题。显然这一法律法规制度体系仍需长时间实践才能逐步完善,因此政府更要扮演好守夜人的角色。

三、提升企业社会责任水平

企业经营追求的是利润最大化,有时为了利益至上,甚至不顾社会集体利益,最终导致产品质量下降,对社会造成严重危害。与新造成企业将汽车视为消费电子产品相比,传统车企则更为谨慎,将安全问题置于首位,严格引入新技术,并经过数年测试后,在确保安全的前提下才装备汽车。当前车企的自动驾驶技术更多处于 L2 级别,只是辅助驾驶技术,无法确保驾驶员的生命安全,而车企在自动驾驶技术仍未成熟的情况下,过度宣传、混淆概念,这是对用户的生命安全不负责的行为。对于车企而言,在技术创新时要充分预期技术的局限性,等待

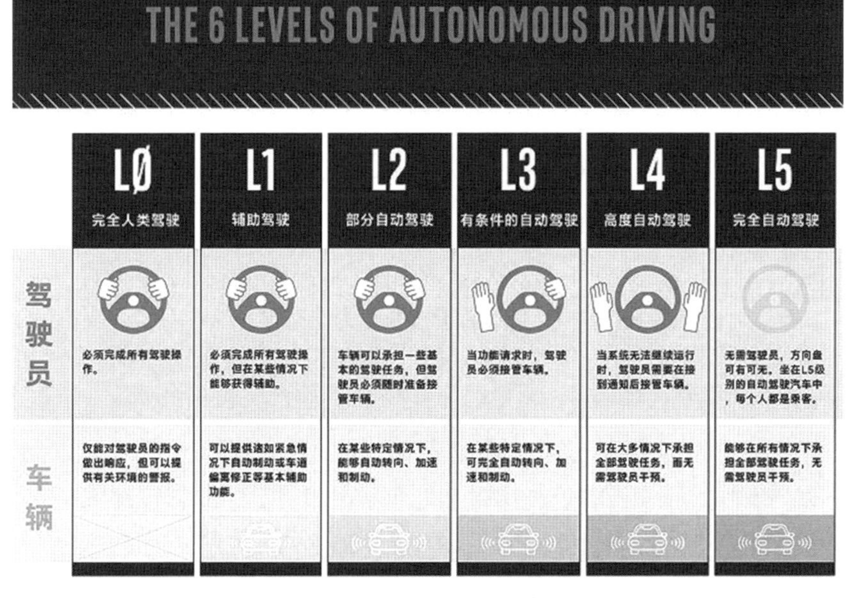

图 2　自动驾驶的六个等级

[数据来源:美国汽车工程师协会(SAE);美国国家公路交通安全管理局(NHTSA)]

技术成熟后再推向市场，而不是将不成熟的技术作为营销噱头；车企必须要承担社会责任，严谨规范宣传，明确告知消费者自动驾驶的局限，是对用户负责，也是对品牌形象负责。同时，各个车企应秉持着包容性态度，与利益相关者协同创新，促进自动驾驶技术快速发展。

三、培养公众参与创新治理的能力

对于自动驾驶技术，公众应理性对待，提升自身的科学技术素养，积极参与自动驾驶技术创新讨论，献计献策。此外，公众应遵守相关法律法规，善于辨别自动驾驶相关信息真伪，自觉抵制谣言。最重要的是，公众需提升自身的安全责任意识，明确认知自动驾驶技术，在日常生活中谨慎使用不懈怠。